大型风力发电机电磁故障及智能诊断

何 山 王维庆 袁 至 著

重庆大学出版社

内容提要

大型风力发电机早期的微弱电气故障智能诊断及其实验测试,既是风电系统故障诊断的研究热点,也是系统安全运行的重要保障。

本书主要介绍了大型风力发电机早期电气故障分析和故障智能诊断的相关研究和进展,以及设计和建设的大型风电机组全工况仿真实验测试平台。内容主要包括永磁风力发电机正常和多种短路故障时的电磁场分布规律,电枢反应及作用力分析,并耦合进行温度场的计算及实例;双馈风力发电机正常和电气故障时电磁场、温度场分析及其实例;永磁风力发电机转子偏心故障时的运算及实例;大型永磁发电机的保护方法和高电压穿越方案;综合运用多种故障智能诊断方法(BP、ELMAN、RBF 和 PNN 等),对大型风力发电机的早期电磁故障,进行基于多种信号的智能化故障诊断。

图书在版编目(CIP)数据

大型风力发电机电磁故障及智能诊断/何山,王维庆,袁至著. -- 重庆:重庆大学出版社,2023.1

(风力发电自主创新技术丛书)

ISBN 978-7-5689-2535-8

Ⅰ.①大… Ⅱ.①何… ②王… ③袁… Ⅲ.①风力发电机—故障诊断 Ⅳ.①TM315.07

中国版本图书馆 CIP 数据核字(2020)第 267740 号

大型风力发电机电磁故障及智能诊断

DAXING FENGLI FADIANJI DIANCI GUZHANG JI ZHINENG ZHENDUAN

何 山 王维庆 袁 至 著

策划编辑:鲁 黎 曾令维 杨粮菊

责任编辑:陈 力 版式设计:鲁 黎

责任校对:关德强 责任印制:张 策

*

重庆大学出版社出版发行

出版人:饶帮华

社址:重庆市沙坪坝区大学城西路 21 号

邮编:401331

电话:(023) 88617190 88617185(中小学)

传真:(023) 88617186 88617166

网址:http://www.cqup.com.cn

邮箱:fxk@cqup.com.cn (营销中心)

全国新华书店经销

重庆升光电力印务有限公司印刷

*

开本:720mm×1020mm 1/16 印张:15 字数:313 千

2023 年 1 月第 1 版 2023 年 1 月第 1 次印刷

印数:1—1 000

ISBN 978-7-5689-2535-8 定价:98.00 元

前　言

大型风力发电机的电磁故障及智能诊断，既是风力发电系统故障监测诊断的研究重点、难点和热点，也是风电系统安全运行的重要保障。本书主要介绍了大型风力发电机早期电磁故障分析和故障智能诊断的相关研究和进展，以及设计和建设的大型风电机组全工况仿真实验测试平台。

全书分为8章，主要内容包括：

第1章针对大型直驱永磁风力发电机的定子绕组结构及典型故障，计算了发电机正常运行和短路故障时的电磁场，并提出了对发电机结构的改进意见，也为后续的变流器设计及控制提供了计算依据。仿真研究结合现场实验数据，验证了分析的正确和有效。

第2章针对大型永磁风力发电机进行了温度场方面的研究。建立了大型直驱永磁风力发电机的实体温度场模型，计算了定、转子温度场，分析结果与实测数据基本相符。研究了绝缘材料老化对温度场的影响，并提出了减少发电机温度场故障的改进措施。

第3章以大型双馈风力发电机为例，在电磁场计算的基础上耦合计算正常运行以及多种典型故障发生时的温度场。通过现场温升实验测试，仿真研究与现场实验实测数据较为吻合，对发电机的温度场设计、优化分析进行了有益探索。

第4章主要介绍了大型永磁风力发电机转子偏心故障的分类，静态偏心对发电机主要参量的影响，偏心故障的有限元分析，偏心故障诊断的策略和方法。

第5章介绍了永磁风力发电机定子绕组基本结构和永磁风力发电系统的工作原理，对永磁同步发电机定子匝间短路的故障特征、发电机定子绕组短路保护的配置进行了分析研究。

第6章主要介绍了风电机组高电压穿越的概念，并针对高电压穿越期间并网逆变器的可控问题，提出了基于自适应算法实现并网逆变器高电压穿越的综合控制策略及仿真分析。

第7章综合运用多种故障智能诊断方法（BP、ELMAN、RBF和PNN等），对大型风力发电机的早期电磁故障，进行了基于电流、电磁场、温度场和振动等多种信号的智能融合故障诊断,为大型风力发电机的电磁故障诊断提供了参考依据。

第8章论述了设计和建设大型风电机组全工况实验测试平台的重要性和必要性,详细介绍了大型永磁风电机组全工况仿真实验测试平台的组成结构和所具备的实验测试功能。

本书由何山、王维庆、袁至编写,并受到国家自然科学基金项目(51767024)、新疆维吾尔自治区自然科学基金项目(2016D01C054)的资助,在编写过程中借鉴了风电研究领域同行专家、学者的一些学术研究思想,在此一并表示诚挚感谢。

由于作者撰写时间和水平所限,疏漏之处在所难免,恳请各位专家和广大读者批评指正。

著　者

2020年4月

目　录

第1章 大型永磁风力发电机电磁场计算

1.1 风电机组的基本情况

1.1.1 风电机组发展现状与趋势

恒速恒频和变速恒频机组是现代并网风电机组的两种机型。恒速恒频定桨距失速调节的风力机结构简单，整机造价低，整体安全系数和可靠性较高，在风机市场占有一定份额。变速恒频发电系统在20世纪70年代中期以后才开始发展，与恒速恒频风电系统相比，其主要优点如下所述。

(1)电能转换效率高

风轮变速运行，可在较宽的风速范围内保持最佳叶尖速比、最大功率点运行，从而提高风机的运行效率，与恒速恒频风电系统相比，年发电量一般高10%左右。

(2)能够吸收阵风能量

阵风能量以飞轮能量的形式存储在机械惯性中，降低阵风冲击给风机带来的疲劳损坏，能减弱机械应力和转矩脉动，延长风机寿命。当风速下降时，高速运转的风轮能量释放并转变为电能回送给电网。

(3)具有同步电机的运行特点，功率因数可调

不仅不消耗电网无功功率，还可改善电网功率因数，提高发电质量。

(4)可使变桨距调节简单化

可实现变速运行放宽对桨距控制时间常数的限制，在低风速时，桨距角固定；在高风速时，调节桨距角限制最大输出功率。既减少了运行噪声，又可进行动态功率和转矩脉动的补偿。

变速恒频风电机组需要变速运行，致使电气控制系统复杂，整机造价高。与恒速恒

频方案相比,变速恒频风电机组机械部分(包括风轮、齿轮箱、塔架等)的基本投资可减少10%~20%,电气部分(包括发电机和控制系统等)投资有较大增加,但电气成本在中、大型风电机组中所占比例不大。目前恒速恒频风电机组电气部分投资为机组总投资的10%~20%,即使变速恒频机组电气部分的投资为恒速机组电气部分投资的3~4倍,运营成本仍较低,说明大型变速恒频风电机组的经济效益十分明显。许多国家(如德国、美国、意大利、荷兰、俄罗斯等)都已开发了变速恒频风电机组,并且发展迅速。中、大型变速恒频风电机组已逐步占领风电机组市场。

变速恒频风电机组的技术主要在于其采用的发电机和变流技术的特点。按变流技术和变速恒频实现途径和方法,可分为下述几种。

(1)交—直—交变流器

通过采用交—直—交变流器,将变速风力发电机发出的频率变化的交流电转换为与电网频率、幅值和相位相同的电压后,再将风电机组输出的电能送入电网。直驱式永磁风电机组属于变速恒频方案。Lagerwey公司与ABB公司合作,推出了MW级直接驱动低速永磁发电机变速恒频风电系统。此方案结构简单、系统可靠,但发电机体积大、成本高、设计制造技术稍复杂。

(2)斩波调阻式变速恒频

属于采用感应式发电机的并网型风电机组,为扩大风机的转速变化范围,可采用具有较软机械特性的高转差率电机,通过增大转子电阻来达到。这种方案控制技术简单、发电机制造容易,但系统效率低,增加了机组的发热,不利于机组向更大型化发展。VestasV66型机组就属于此类型。

(3)串级式变速恒频

该方案是对上述斩波调阻式变速恒频机组控制方式的改进。其增加电机转差的实现,不依靠在转子绕组中串联电阻,而通过变流器改变转子绕组的电流频率,将原来消耗在串联电阻上的电能回馈给电网。此方案技术复杂程度和变流器成本与双馈方式相似,但变速范围小,因此在实际产品中应用较少,在发展趋势上竞争力不强。

(4)双馈式变速恒频发电系统

根据变速运行风力机的转速变化与电网电压频率的要求,通过变流器给发电机转子馈入相应转差频率的励磁电流,使定子绕组发出的电压频率与电网相同。此方案是当前变速恒频实现的较好方案。当前MW级的双馈式变速恒频风电机组,德国的Dewind Technik GmbH公司的技术比较成熟,已推出1 MW和1.25 MW的D6系列与2 MW的D9系列。德国的Enron Wind也有750 kW、900 kW和1.5 MW不同系列的变速恒频风电机组,采用了获得专利的动态无功控制器(DVAR)。

风力发电采用的发电机可以分为以下几种。

(1)鼠笼式异步发电机

鼠笼式异步发电机变速恒频风电机组,其变速恒频控制策略通过定子电路实现,变频器容量与发电机的容量相同,系统的成本、体积和质量显著增加。通过晶闸管控制的软并网装置接入电网。在同步速附近合闸并网,冲击电流较大,另外需要电容无功补偿装置。这种机型比较普遍,各大风力发电制造商如 Vestas, Nordex 以及金风科技都有此类产品。

(2)绕线转子异步发电机

外接可变转子电阻,使发电机的转差率增大至10%,通过一组电力电子器件来调整转子回路的电阻,从而调节发电机的转差率,如 Vestas 公司的 V47 机组。

(3)交流励磁双馈发电机变速恒频风电机组

其采用的发电机为转子励磁双馈发电机,结构与绕线式异步发电机类似。转子通过双向变流器与电网连接,可实现功率的双向流动。根据风速变化和发电机转速变化,调整转子电流频率的变化,实现恒频控制。流经转子电路的功率仅为额定功率的10%~25%,只需较小容量的变流器,可实现有功、无功功率的灵活控制,对电网可起到无功补偿作用,如 DeWind 公司的 D6 机组。

双馈电机变速恒频风电机组采用的变流器容量较小,技术相对成熟,普遍被各风电机组生产厂商选为兆瓦级风电机组的主流机型。如德国 Noulex 公司的 N80 型 2.5 MW 风电机组、德国 Suwind 公司的 S-70 型 1.5 MW 风电机组等。

(4)无刷双馈发电机变速恒频风电机组

电机的定子上有两套极数不同的绕组,一套为功率绕组,一套为控制绕组。两套绕组的作用分别相当于交流励磁双馈发电机的定子绕组和转子绕组。具有交流励磁双馈发电机的优点,既提高了系统运行可靠性,又减少了维护。目前这类机组仍处于试验研究阶段。

(5)永磁发电机变速恒频风电机组

该系统定子结构与鼠笼式异步发电机变速恒频风电机组类似,只是转子为永磁式。风机叶轮与发电机直接耦合,风力机与同步发电机直接驱动连接,提高了系统可靠性,虽然该系统发电机体积大、成本较高,但省去了增速齿轮箱,整个系统的成本仍有降低。机组提高了风电转换效率,减少了噪声和润滑清洗等定期维护工作,如 Enercon 公司的 E-66 机组。

风力发电机的设计越来越注重发电侧能量转换效率的提高,通常采用永磁发电机或提高发电机的输出电压,减少传输线损都是有效的方法,例如,Lagerwey/ABB 的 2 MW 风机输出电压为 3~4 kV, Windformer/ABB 的 3 MW 风机输出电压可达 25 kV。

1.1.2　永磁直驱无齿箱变速恒频风电系统

采用多极的永磁同步发电机,省去了齿轮箱,风轮经轮毂主轴传动直接驱动发电机转动,如图 1.1 所示,消除了齿箱在运行中的能耗和噪声。由于低速的需要,电机设计成巨大的饼状(轴向较短,径向较大),转动惯量和质量都较大,给运输带来了一定困难。该系统的定子侧变换器和网侧变换器均需传递全部的功率给电网,变换器的功率较大。Enecron 公司主要生产无齿箱多极永磁同步风力发电机组。

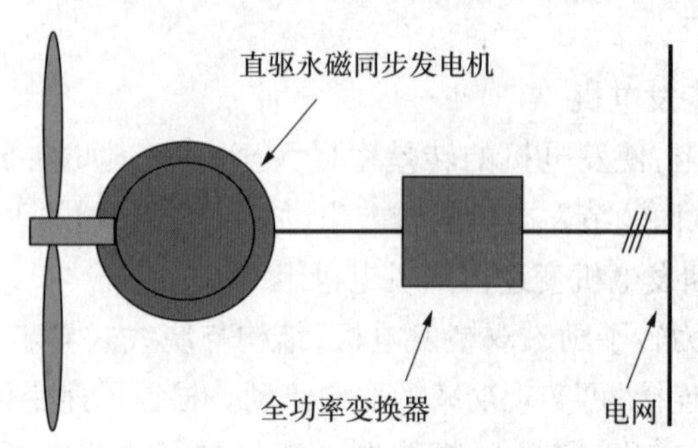

图 1.1　永磁直驱变速恒频风力发电系统

1.1.3　交流励磁有齿箱变速恒频双馈风电系统

该系统采用双馈型感应发电机(Doubly Fed-Induction Generator, DFIG),定子直接接至电网,转子通过三相变频器实现交流励磁,其结构与绕线式异步电机类似,转子上需装设滑环,如图 1.2 所示。

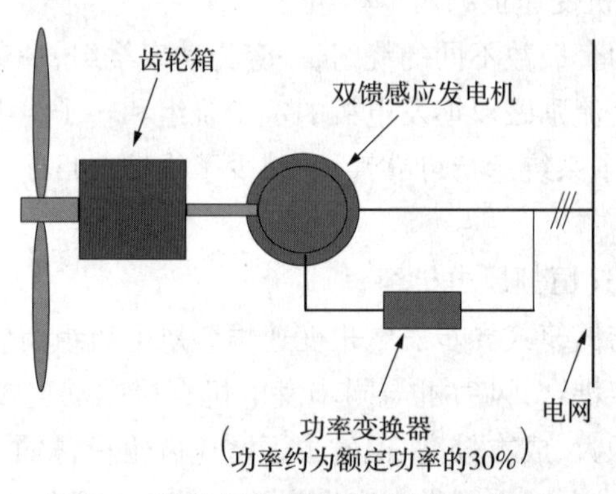

图 1.2　双馈交流变速恒频风力发电系统

当风速变化时,发电机转速随之变化,若控制转子励磁电流的频率,可使定子电流的频率恒定,实现变速恒频发电,即:

$$f_1 = n_p f_m + f_r \tag{1.1}$$

式中　f_1——电网频率,Hz;

f_m——转子旋转频率,Hz;

$f_m = n_m/60$;

n_m——发电机机械转速,r/min;

n_p——电机的极对数;

f_r——转子电流频率，Hz。

发电机的机械角速度 ω_m 和电角速度 ω_r 之间的关系为 $\omega_r = n_p\omega_m$，当发电机的转速小于同步转速 ω_1（即 $\omega_r < \omega_1$）时，处于亚同步状态，此时电网通过励磁变换器向发电机转子回路提供转差功率，转子电路的相序和定子绕组电路的相序相同；$\omega_r > \omega_1$ 时，处于超同步状态，此时转子通过励磁变换器向电网回送转差功率，励磁变换器的能量逆向流向电网，转子电路的相序和定子绕组电路的相序相反；当 $\omega_r = \omega_1$ 时，处于同步状态，此时发电机相当于同步电机运行，$f_r = 0$，励磁变换器仅向转子提供直流励磁，相当于固定的直流励磁磁场。在转子的能量调节过程中，转子绕组由一套频率、相位、幅值和相序都可调节的三相交—交或交—直—交变频电源供给三相低频交流励磁电流，大型机组通常采用交—交变频器。由式（1.1）可知，当发电机的转速变化时，即 n_p，f_m 变化时，若控制 f_r 相应变化，可使 f_1 保持恒定不变，从而实现变速恒频控制。

变速恒频通过对转子绕组进行控制来实现，转子回路流动的功率是由发电机转速运行范围所决定的转差功率，因而可将发电机的同步速设计在整个转速运行范围的中间。如果系统运行的转差范围为±0.3，该转差功率仅为定子额定功率的很小部分（1/4 ~ 1/3），因此交流励磁变换器的容量可仅为发电机容量的很小一部分，大大降低了成本和控制难度。

变速恒频交流励磁双馈型风力发电方案除了可实现变速恒频控制、缩小变流器的容量外，还实现了有功、无功的解耦控制，可根据电网要求输出相应的感性或容性无功功率，从而起到无功补偿的作用，对电网非常有利。缺点是交流励磁发电机仍然有滑环和电刷，复杂程度和故障率有所增加。

在目前全球主要的风力发电系统制造商中，变速恒频风力发电产品主要采用的方式是全功率变换器无齿轮箱型发电系统和普通有刷双馈型异步发电机系统。这两种变速恒频方案发电的成本有较大的差别。经过调查得到如下结果：如果计算系统运行时的损耗，采用普通有刷双馈型异步发电系统的风力发电发 1 kW · h 电的平均成本为 1.42 欧分，而采用全功率变换器无齿轮箱型发电系统的风力发电发 1 kW · h 电的平均成本为 2.60 欧分。后者成本过高的主要原因是变换器属于全功率型。

1.2 大型永磁机组定子绕组结构及故障形式

1.2.1 绕组连接方法

1.2 MW 机组定子总槽数为 576 个，使用预弯浸漆绕组，绝缘等级 F 级，极对数 48，绕组结构如图 1.3 所示。发电机绕组在槽中的整体分布情况如图 1.4 所示，发电机绕组在一个槽中的分布情况如图 1.5 所示。使用红色的绝缘漆对绕组进行浸渍，并烘干固化，增强了绕组的绝缘性能以及机械强度。

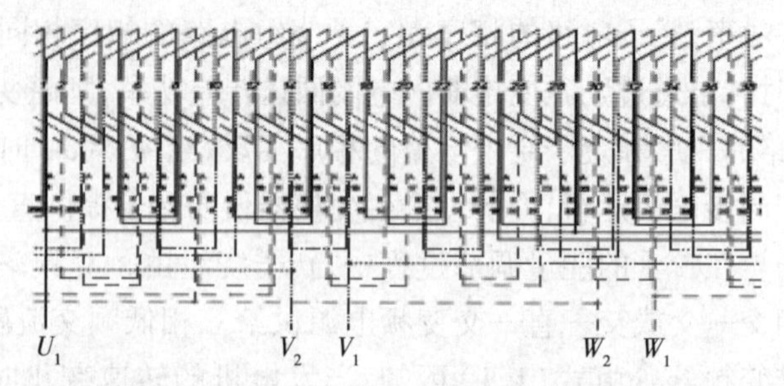

图 1.3　大型永磁风电机组绕组结构图（部分）

(a)绕组局部　(b)绕组整体　(c)浸漆后的绕组

图 1.4　永磁发电机定子绕组结构

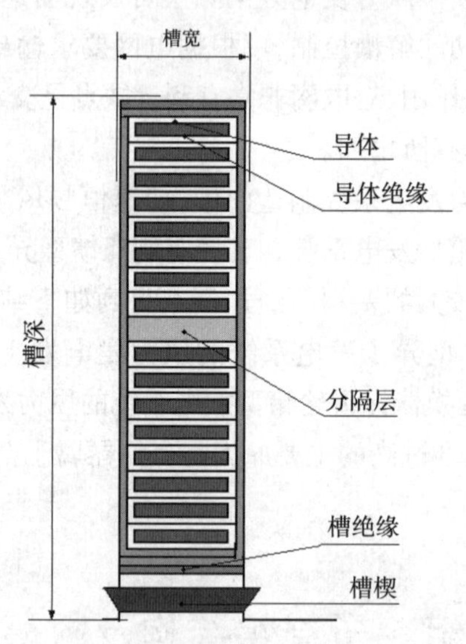

图 1.5　发电机一个槽的绕组分布

风力发电机定子绕组的短路故障，其故障类型主要包括同相同分支绕组短路故障、同相异分支绕组短路故障以及异相绕组短路故障 3 类。经过现场实际调查和研究，其故障可能发生的位置主要考虑以下几种情况：发电机定子槽内上下层线圈（线棒）间短路、定子线圈端部引线交叉点上发生短路和相邻槽两定子线圈端部的两平行引线之间发生短路3种(3种故障位置以下分别简称为“槽内”“交叉”和“平行”)。

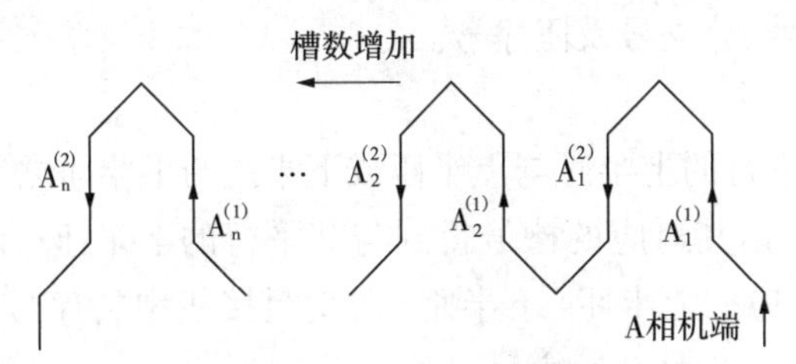

图1.6　绕组连接图

图1.6表示某一分支的部分绕组展开图,$A_1^{(1)}$ 表示A相的线圈,左下标表示匝数的序号,右上标(1)表示进槽、(2)表示出槽,省略号处表示省略了该分支的两个线圈,在一个线圈的进槽和出槽之间有3个槽,其他分支的线圈也进行了省略。从右向左方向表示定子槽号增加,线圈上的箭头表示从机端到中性点的方向,实际上回绕的绕组会与前面的绕组有一部分重叠,这里着重示意线圈的方向,因此将正反向绕组分开绘制。

为叙述方便,做如下规定:

①线圈的连接方向是从机端到中性点的方向,每匝线圈按顺序依次经过两槽,即进槽和出槽。

②槽号增加的方向是正方向,正方向的线圈是正向线圈,反方向的线圈是反向线圈。

③以半匝为考虑对象时,正向线圈的进槽和反向线圈的出槽所在的半匝定义为上半匝,正向线圈的出槽和反向线圈的进槽所在的半匝定义为下半匝。

④短路匝数是短路点距离中性点的匝数。短路点位于进槽所在的半匝,此匝在短路匝数中记作整匝;短路点位于出槽所在的半匝,此匝在短路匝数中记作半匝。

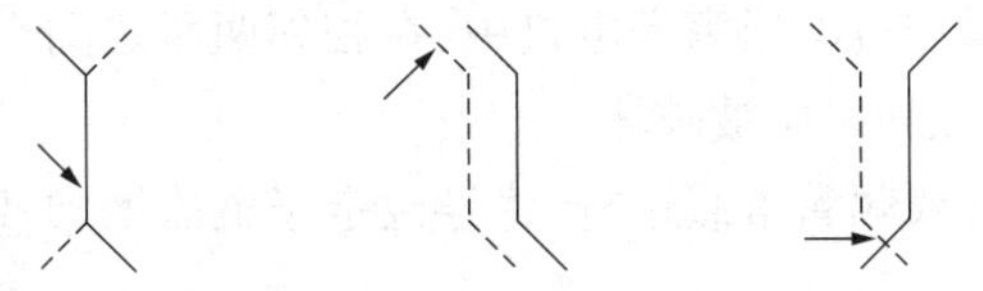

(a)槽内上下层间　(b)线圈平行位置　(c)线圈交叉位置

图1.7　短路故障发生的可能位置

图1.7标示了3种典型故障发生位置的情况,其中箭头所指的地方就是最可能发生短路故障部位。槽内的绕组情况较为简单,两根线棒并行排列,端部相对而言较为复杂,端部不仅引线众多,而且各个引线之间排布纵横交错,对其进行分析更加困难。

1.2.2　绕组可能的故障类型

根据以上定义,针对不同故障位置的不同特点,讨论下述绕组故障。

(1)槽内故障

槽内故障即同一槽的上半匝与下半匝绕组之间发生的短路故障。对每一个上半匝,由其对应的槽号,根据绕组接线规律,找出其对应的下半匝在绕组接线中的序号,得到短路的下半匝的相号、分支号及匝序号。

(2)平行故障

平行故障即端部平行的上半匝与上半匝或下半匝与下半匝之间发生短路故障。对每一上半匝(下半匝),由其对应的槽号得到与其平行的上半匝(下半匝)的槽号,根据绕组接线规律,找出对应的上半匝(下半匝)在绕组接线中的序号,从而得到短路的上半匝(下半匝)的相号、分支号及匝序号。

(3)交叉故障

交叉故障即端部交叉的上半匝与下半匝之间发生的短路故障。对每一个上半匝,由其对应槽号,得到与其交叉的下半匝的槽号,再根据绕组接线规律,找出对应的下半匝在绕组接线中的序号,得到短路的下半匝的相号、分支号及匝序号。

1.2.3 绕组短路故障电流

(1)匝间短路故障

匝间短路会使发电机产生局部高温,绕组表面颜色变暗,绝缘材料分解,甚至出现局部放电、发电机振动加剧等现象;三相电流的对称性受到破坏,发电机噪声和振动将增加。引起风力发电机匝间短路的主要原因有下述几个方面:

①正常工作时,同一绕组中的相邻两匝线圈之间存在一定的电压降(为 10 ~ 100 V)。由于相邻两匝之间的绝缘较为薄弱,绝缘层厚度 0.5 mm 左右,因此,长期工作时,绝缘材料容易老化失效。

②雷电过电压或操作过电压窜入电机中,在相邻两匝之间会产生超过绝缘层所能承受的过电压,从而导致绝缘层被破坏。

③电机长时间过载或频繁重载运行,将导致定子电流增加,绕组温度升高,绕组绝缘老化加速。

④绕组本身制造时质量有问题,匝间绝缘程度低。

⑤定子绕组在检修时受伤等。

(2)相间短路故障

理想状态时,对称三相电流流过无故障定子的三相绕组,幅值相等,相位差 120°,如图 1.8 所示。

$$E_1 = 4.44 f_1 N_1 k_{w1} \phi_m \tag{1.2}$$

式中 f_1——电网频率;

N_1——定子绕组的每相串联匝数;

ϕ_m——主磁通;

k_{w1}——定子绕组系数,主要与绕组的接法有关,在发生早期匝间短路时可认为是常数。

风力发电机的定子等值电路如图 1.9 所示。根据图中所规定的各电势参考方向，可计算出定子相电流为：

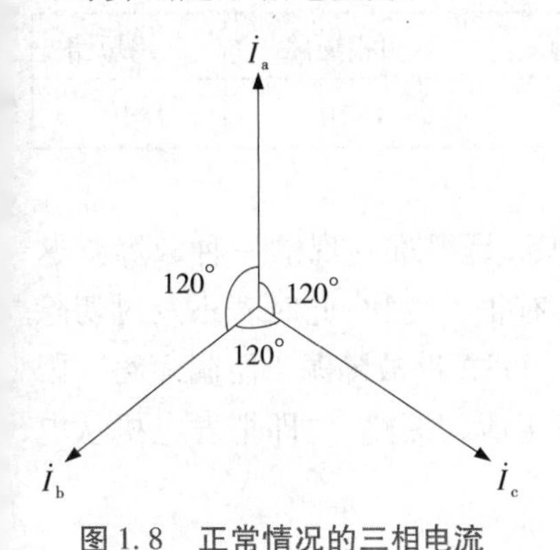

图 1.8　正常情况的三相电流

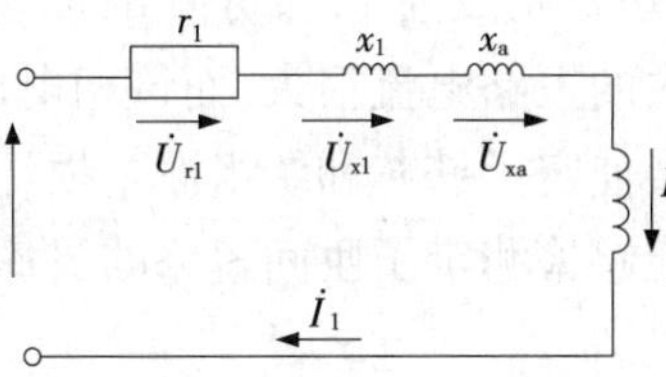

图 1.9　发电机的定子等值电路

$\dot{U}_1$—外加定子绕组的相电压；$\dot{I}_1$—定子绕组的相电流；r_1—定子绕组相电阻；x_1—定子漏抗；x_a—电枢反应电抗；$\dot{E}_1$—发电机内主磁通切割定子绕组并在其中感应出的定子电势

$$\dot{I} = \frac{\dot{E}_1 - \dot{U}_1}{r_1 + j\omega(x_1 + x_a)} = \frac{U_m \angle \phi_U}{Z_m \angle \phi_Z} = I_m \angle \phi_I \tag{1.3}$$

发电机正常运行时，三相绕组的参数 r_1，x_1，x_a 和 E_1 基本相同。因此，在对称三相电压作用时，相电流的幅值 I_m 相等，相位差 120°。某相绕组发生匝间短路时，该相定子绕组的 r_1 和 x_1 都会减小，而 E_1 基本保持不变。由式(1.3)可知，相电流的幅值 I_m 会增加，相位角 ϕ_I 也会偏移，三相电流的幅值和相位关系将不再保持图 1.9 所示的对称关系，其原因是产生了负序电流分量。匝间短路故障越严重，这种不对称的现象就越显著。

理想情形下的三相电压具有类似图 1.8 的对称特点，但因电网的三相负荷大小处于波动状态，负荷性质也在变化，因此，三相电压之间一般仅具有近似对称关系。加上实际运行情况的复杂性，即使是正常无故障运行的发电机，三相电流也难以严格保持图 1.8 所示的对称关系。因此，仅从三相电流之间的相位差偏移 120°的绝对值大小来判断定子绕组匝间短路故障，易发生误判。为了提高诊断的准确性，必须将定子三相端电压的对称性引入匝间短路故障的诊断工作中。

(3)短路故障电流

发电机的典型短路故障有单相、两相和三相短路以及匝间短路。根据发电机的现场监测数据，在发生以上故障时，发电机绕组中的电流数据已自动记录，可以此作为发电机电磁场和温度场分析计算时给绕组施加的电流数值。由于进行发电机绕组电磁场和温度场有限元数值分析时需要施加电流密度，因此可以根据绕制绕组导线的截面积，结合电流大小,并且认为电流在导线截面里均匀分布,从而计算出各种故障发生时的电流密度数据,见表 1.1。

表 1.1 发电机典型运行状态电流密度

运行情况	正常额定运行	单相短路	两相短路	三相短路
电流密度/($A \cdot m^{-2}$)	2×10^6	8×10^6	1×10^7	4×10^7

最少的短路匝数为 1,多分支的 1 匝匝间短路故障,是很难发现的一种故障。这时,故障匝内的短路电流很大,而该相电流却不一定会有很大变化,此时若不及时切除发电机,将会使定子铁芯和绕组严重损坏。况且,很多相间短路故障源于匝间短路。因此,可设计能够检测定子匝间短路的灵敏装置,一旦发生匝间短路,立即把发电机从电网切除、停机。

1.3 大型永磁风力发电机电磁场分析

1.3.1 风力发电机正常运行电磁场计算

永磁直驱风力发电系统变流器的容量较大,频率范围通常为 1 ~ 3 kHz。发电机矩形的电势波形和传统正弦波形完全不同。发电机的功率较大以及电势波形中谐波含量复杂、谐波幅值大小等因素对发电机的磁场分布影响很大。上述因素对后续整流逆变元器件的参数选择十分重要,为进一步减少后续整流元件发生故障的可能,深入研究改进永磁直驱风力发电机的电磁场很有必要。

传统电机电磁场设计包括直接求解电磁场法、“场化路”法、等效网络法等。采用传统电机电磁场设计方法建模:计算速度慢,使用经验公式和系数,准确性低,修改材料不便。有限元软件建模方便,材料多样,计算便利,后处理功能可对结果进行深入分析。若使用 APDL 参数化语言,计算速度更快,在磁场计算基础上还可进行温度场耦合计算。文献[9]应用静态磁场一次算法和齿磁通法计算了同步发电机的磁场,并比较了优缺点,但只针对静态磁场,没有进行瞬态分析。文献[10]应用傅里叶分解得出了传统的多相异步电动机谐波电流与建立的谐波电势的关系,谐波次数较低,忽略了高次谐波。文献[11]探讨了斜槽对无刷直流电动机各次谐波转矩的影响,确定了一个最佳斜槽角度。文献[12]研究了定子斜槽、非均匀气隙对永磁同步发电机性能的影响。文献[13]—[14]对传统电励磁的同步发电机定子斜槽的空载电压波形进行了数值计算,同时对齿磁通进行了计算。MW 级永磁同步风力发电机采用转子斜极,且气隙磁密近似为矩形波,这种特殊情况对发电机性能的影响鲜见报道。

采用有限元法计算永磁风力发电机的静、瞬态磁场及产生的电压,采用傅里叶分解得到转子斜极对谐波的实际削弱效果,并比较静、瞬态磁场的计算结果,分析其产生原因。

(1)大型永磁风力发电机静态磁场分析

1)前处理和材料属性的定义

对空气、绕组以及绝缘材料等定义相对磁导率 $\mu_r=1$; 定子铁芯和转子磁轭符合 B-H 曲线;永磁体材料为钕铁硼,其室温下的回复磁导率为1.05,剩余磁密为1.28 T,矫顽力907 kA/m。

2)建模

MW级永磁同步发电机采用外转子,磁钢贴在转子轭上,由风机带动旋转,定子绕组位于内部,局部结构如图1.10所示。

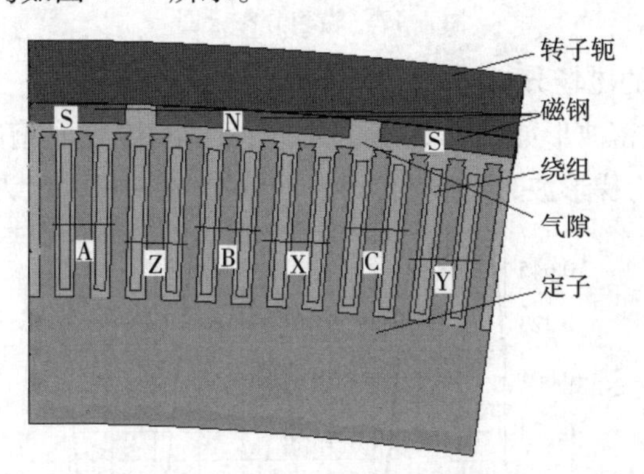

图1.10　永磁发电机的结构简图

根据永磁同步风力发电机(Permanent Magnet Synchronous Generator, PMSG)周期性对称的结构特点,取两对极区域局部建模,模型与实物尺寸的比例为1∶1,如图1.11所示。图中 A、B、C、D 为4个节点。

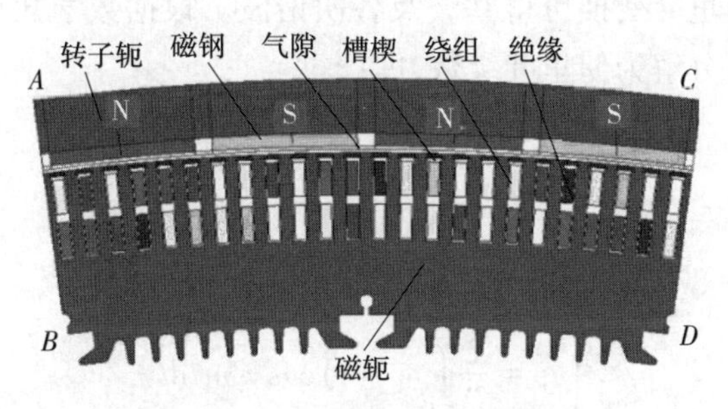

图1.11　PMSG局部模型

3)边界条件的定义和求解

在模型的左、右边界线上满足对称条件,即 $A_Z(AB)=-A_Z(CD)$, 即 A,B 节点的向

量磁位等于 C,D 节点的向量磁位。由于空气的磁导率相对铁质材料小很多,故认为模型的上、下边界符合第二类齐次边界条件。图 1.12 所示为磁场分布云图,考虑叠片系数对磁密的影响,实际铁芯片中的磁密应为计算结果除以 0.96。由图 1.12 可知,定子齿部 1/3 高处的磁密约为 1.552 T。

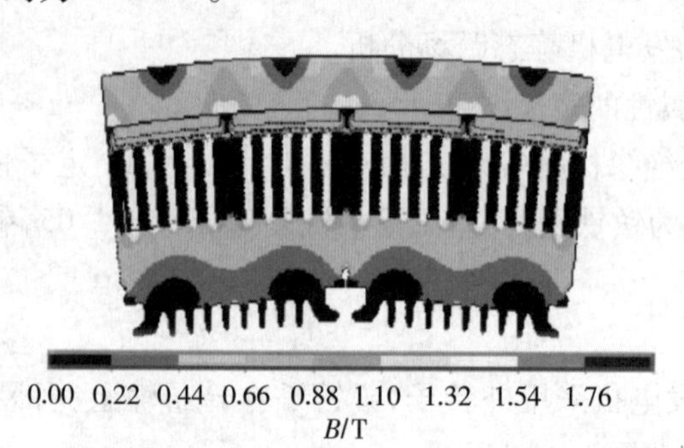

图 1.12　磁密分布云图

(2)气隙中心处的磁场分析

气隙中心处的磁密波形如图 1.13 所示。由图可看出,定子槽的存在使气隙磁导不均匀,气隙磁密分布为梯形波,顶部和底部为锯齿状,磁密最大值为 0.812 T。

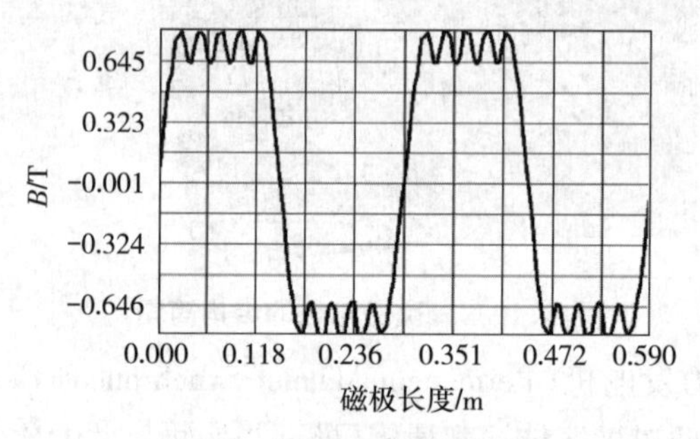

图 1.13　气隙中心处的磁密波形

对气隙磁密作傅里叶变换可得基波及各次谐波。根据数学知识,任何满足狄义赫利条件的周期函数可分解为傅里叶级数,即:

$$f_{\mathrm{t}} = a_0 + \sum_{n=1}^{\infty} (a_{\mathrm{n}} \cos n\omega_1 t + b_{\mathrm{n}} \sin n\omega_1 t) \tag{1.4}$$

$$\begin{cases} a_0 = \dfrac{1}{T_1}\displaystyle\int_{t_0}^{t_0+t_1} f(t)\,\mathrm{d}t \\ a_{\mathrm{n}} = \dfrac{2}{T_1}\displaystyle\int_{t_0}^{t_0+t_1} f(t)\cos n\omega_1 t\mathrm{d}t \end{cases} \tag{1.5}$$

$$b_{\mathrm{n}} = \frac{2}{T_1}\int_{t_0}^{t_0+t_1} f(t)\sin n\omega_1 t\mathrm{d}t \tag{1.6}$$

对磁密波形进行傅里叶分解,其结果见表 1.2。由表可知,气隙磁密主要为基波和

3,5,7,11,13 次等谐波分量,其中3次谐波分量相对较大。受电机齿槽效应的影响,气隙磁密存在锯齿,增加了电机的振动,同时使电机定子铁芯齿部产生较大铁耗。为消除或减小齿槽效应的影响,电机设计中转子磁极可以使用斜磁极。

表1.2 气隙磁通密度的傅里叶分解

a_1	a_3	a_5	a_7	a_{11}	a_{13}
0.004 5	0.003 5	0.002 9	0.001 6	0.003 5	-0.005 0
b_1	b_3	b_5	b_7	b_{11}	b_{13}
0.905 1	0.251 9	0.099 5	0.032 6	-0.063 2	0.041 9

1.3.2 风力发电机故障时电磁场分析

(1)发电机短路计算必要性

发电机可能发生匝间、单相、两相和三相短路故障,不同种类的短路故障对应不同大小和相位的短路电流。不同大小和相位的短路电流会产生不同强弱的电枢磁场,电枢磁场和永磁体的磁场合成,会产生不同大小和分布规律的气隙合成磁场,根据短路电流以及磁场的大小和分布的不同,可判明不同的故障发生。

据统计,2003 年全国 100 MW 及以上发电机共发生相间故障 3 次,占故障总数的 7.14%;定子接地 13 次,占故障总数的 30.95%。单相接地是发电机最常见的一种故障,通常指定子绕组与铁芯间的绝缘破坏。

据 IEC 60909 标准,短路故障分为三相短路、两相短路、接地的两相短路、单相接地。突然短路过程时间极短(通常为 0.1 ~ 0.3 s),短路电流中包含了许多自由分量使短路电流大大增加。当发电机端口处发生相间短路时,可能出现 4 ~ 5 倍于额定电流的大电流。由于大型发电机中性点不接地或经高阻抗接地,单相接地故障不产生大的故障电流。一般以三相短路电流数值最大、情况最严重,当短路电流发生在转子直轴与定子绕组某一相轴线重合时,该相出现最大冲击电流,其值可达额定电流 20 倍以上,可以作为选择和校验电气设备的依据。

定子绕组故障主要是绝缘的破坏,包括同支路的匝间短路、同相不同支路的匝间短路等,最终都可能导致相间短路。

(2)发电机短路电流分析

1)稳态短路电流

普通的同步发电机发生不对称稳定短路(设短路发生在电机的出线端,短路前空载)。

①一相对中性点短路(中性点接地而一相对地短路):

$$I_{k1} = \frac{3E_0}{X_+ + X_- + X_0} \tag{1.7}$$

②两相短路：

$$I_{k2}=\frac{\sqrt{3}E_0}{X_+ + X_-} \tag{1.8}$$

③三相稳定短路：

$$I_{k3}=\frac{E_0}{X_+} \tag{1.9}$$

式中 X_+——发电机的正序同步电抗；

X_-——发电机的负序同步电抗；

X_0——发电机的零序电抗；

E_0——基波电动势。

2)瞬态短路电流

发电机突然短路的暂态过程要比恒定电压源电路复杂得多,所产生的冲击电流可能达到额定电流的20倍,对电机本身和相关的电气设备都可能产生严重影响。普通同步发电机空载突然对称短路后的电流：

$$i=-\left[\left(\frac{1}{X''_d}-\frac{1}{X'_d}\right)e^{-\frac{t}{T''_d}}+\left(\frac{1}{X'_d}-\frac{1}{X_d}\right)e^{-\frac{t}{T'_d}}+\frac{1}{X_d}\right]E_m\cos(t+\theta_0)+$$

$$\frac{E_m}{2}e^{-\frac{t}{T_a}}\left[\left(\frac{1}{X''_d}+\frac{1}{X''_q}\right)\cos\theta_0+\left(\frac{1}{X''_d}-\frac{1}{X''_q}\right)\cos(2t+\theta_0)\right] \tag{1.10}$$

式中 X''_q——交轴超瞬变电抗；

X''_d——直轴超瞬变电抗；

X'_d——直轴瞬变电抗；

X_d——直轴同步电抗；

T''_d——阻尼绕组非周期电流衰减时间常数；

T'_d——励磁绕组非周期电流衰减时间常数；

E_m——电动势；

θ_0——相角；

T_a——定子非周期电流衰减时间常数。

①发电机在三相突然短路后,除短路电流除周期分量外,还有非周期分量和二倍同步频率分量。

②短路电流周期分量起始幅值大,经过衰减达到稳态值。

③周期分量的衰减主要取决于定子电阻和定子等值电抗。

一般发电机的突然短路电流远大于稳定短路电流。根据国家标准,同步发电机必须能承受空载电压为105%额定电压下的三相突然短路,这时的冲击电流可估算为：

$$i''_{mmax}=1.8\frac{1.05\sqrt{2}U_{N\phi}}{X''_d} \tag{1.11}$$

式中　$U_{N\phi}$ —— 额定相电压,冲击电流一般不应大于 $20I_N$。

(3)短路电枢磁场性质的分析

电枢磁场的位置取决于所带负载的性质。电机在正常运行过程中,功率因数较高,电枢磁场轴线位置超前转子磁场轴线一个角度(即定、转子磁场的轴线不重合);而在电机出线端短路瞬间,由于电机绕组几乎为纯感性负载,瞬态电枢反应几乎为纯去磁,电枢磁场和转子磁钢的轴线重合,极性相同,电枢磁场对磁钢仅有沿径向的去磁效果。

1.3.3　绕组短路时磁钢去磁故障计算

永磁直驱发电机在风力发电中所占比重逐渐增加,采用大量的永磁体(磁钢)作磁极,磁钢价格较昂贵,在运行时受到电枢磁场的斥力作用,短路时则更加严重,必须保证磁钢在短路故障发生时不会发生不可逆去磁,因而必须准确计算发电机的短路磁场。

(1)基本数据和瞬态短路计算

额定功率 $P_N=1.2$ MW,定子槽数 $Z=576$,Y 接,极对数 $p=48$,功率因数 $\cos\phi_N=0.85$,额定电压 $U_N=690$ V,额定转速 $n_N=20$ r/min,转子铁芯外直径 $D_o=4\ 600$ mm,转子铁芯内直径 $D_i=4\ 486$ mm。三相双绕组结构,绕组温升不大于 60 K。

当发生单相短路时,C 相绕组中流过 4 倍于额定电流密度(即给 C 相绕组施加电流密度 $4\times2\times10^6$ A/m^2,图 1.14),另两相认为空载(电流为零),单相短路电枢磁密分布如图 1.15 所示;另外可对两相突然短路(施加 $4I_N$ 电流密度)和三相突然短路(冲击电流为 $20I_N$)故障,分别计算电磁场。

(2)计算结果

经过给电机施加电流密度载荷(图 1.14)进行求解,得到发电机单相短路时的电枢磁密分布云图(图 1.15),磁场的空间分布数据(图 1.16),并得出磁钢和电枢磁场的合成气隙磁场的空间分布(图 1.17)。

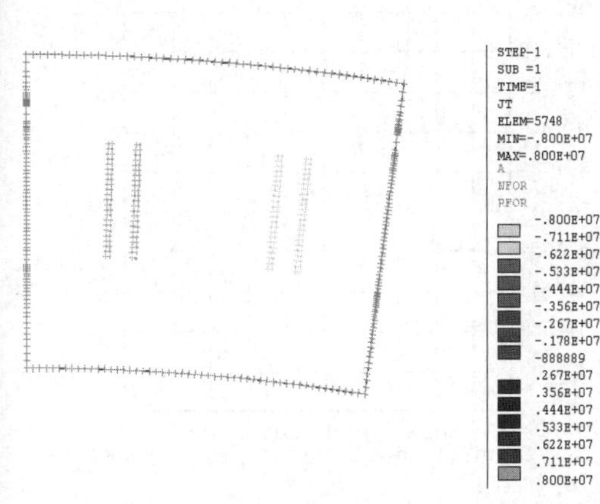

图 1.14　绕组流经的电流密度

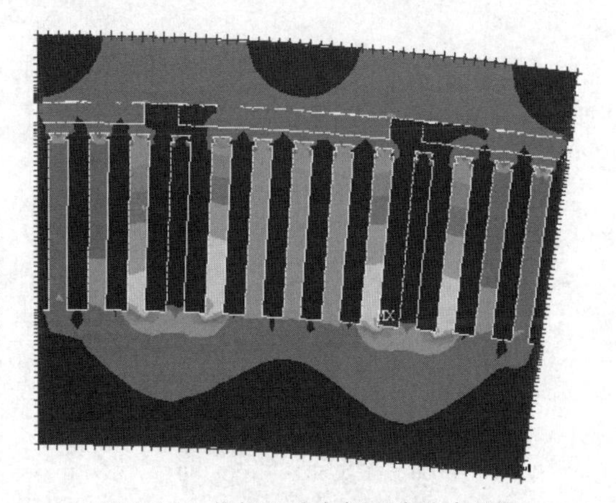

图 1.15　单相短路电枢磁密分布云图

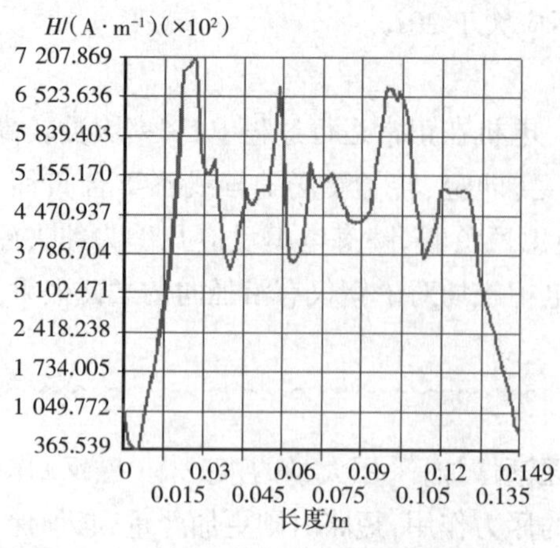

图 1.16　单相短路电流在气隙中产生的磁场（中间一块磁钢下）

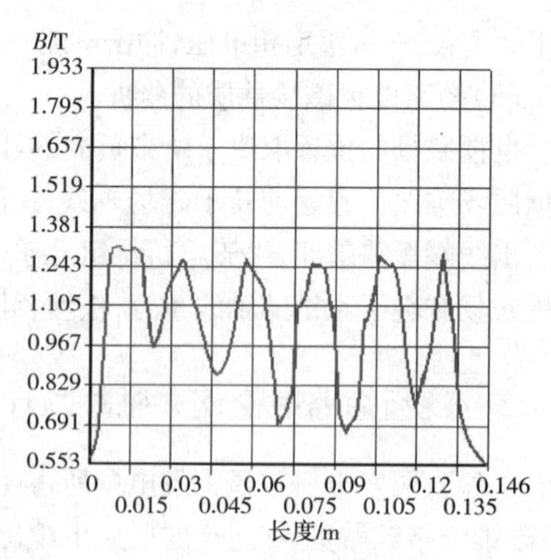

图 1.17　磁钢和单相短路磁场共同作用的气隙合成磁密

（3）计算结果与实际的比较分析

以中间一块磁钢（退磁曲线见图 1.18，矫顽力为 960 kA/m，剩磁密为 1.5 T）所在区域为分析对象，计算得出气隙磁场的分析结果。由短路仿真计算可知：单独由单相电流电枢磁场形成的去磁磁场（图 1.16）强度幅值为 720 kA/m，小于磁钢的矫顽力 960 kA/m，不足以对磁钢造成去磁，这一点也可以从磁钢磁场和电枢磁场的合成磁密（图 1.17）分布得到证实；发生两相突然短路时，电枢磁场的磁场强度分布如图 1.19 所示，由于去磁效果较强（幅值可达 1 177 kA/m），略大于磁钢的矫顽力数值，磁钢发生局部不可逆去磁，气隙合成磁密分布如图 1.20 所示，合成磁密极小（接近零），说明磁钢磁场被去磁性质的电枢磁场抵消殆尽；当发生三相突然短路时，短路电流很大（设为 $20I_N$），电枢去磁磁场的幅值能达到 6 830 kA/m，去磁效应极为剧烈，会对磁钢造成去磁，损坏磁钢（图 1.21、图 1.22 及表 1.3）。

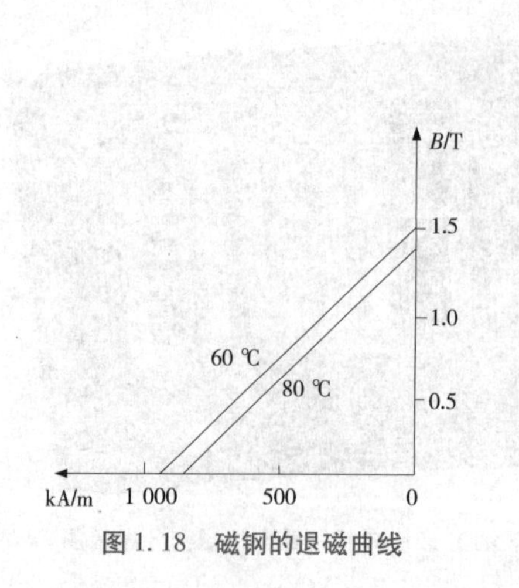

图 1.18　磁钢的退磁曲线

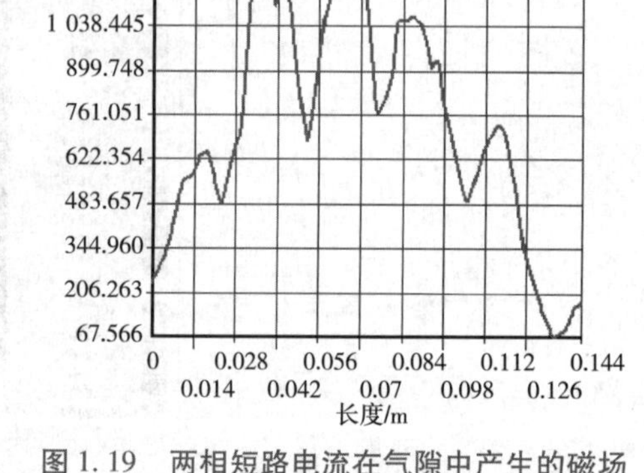

图 1.19　两相短路电流在气隙中产生的磁场

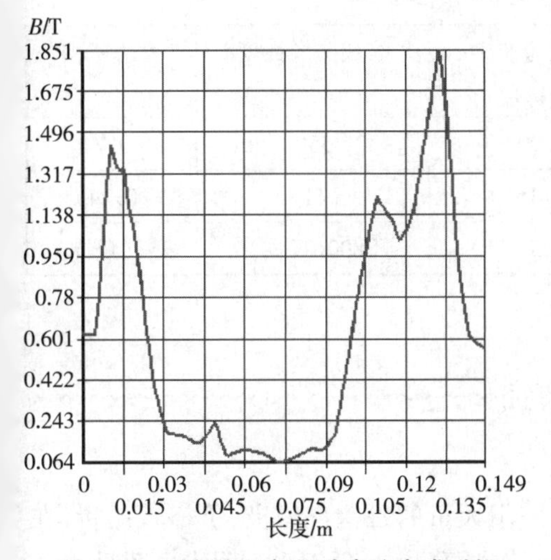

图 1.20　磁钢和两相短路电流合成磁场

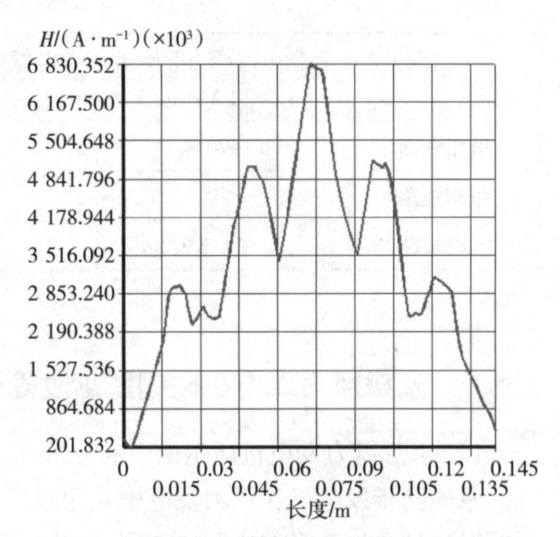

图 1.21　三相短路电流在气隙中产生的磁场

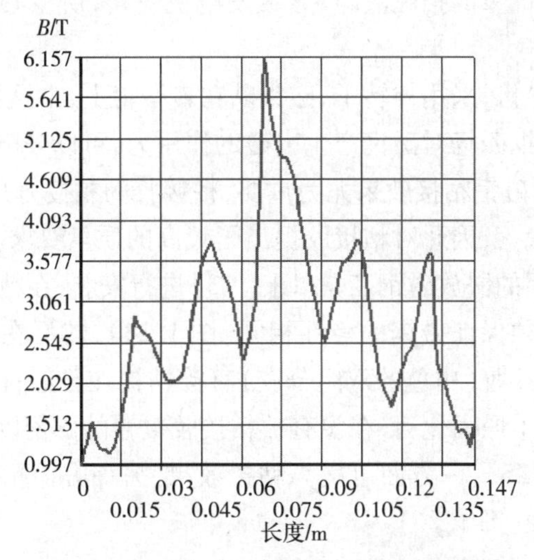

图 1.22　磁钢和三相短路电流合成磁场

实际发电机发生两相和三相短路的概率很低。目前现场运行的发电机短路保护动作阈值设定为 $2I_N$，有充分依据，同时对发电机的安全运行也留有较大的裕量。

通过建立的永磁同步风力发电机的电磁场模型，分析发电机发生突然短路时的电枢磁场会对磁钢产生去磁作用。发生单相短路时，即使短路电流达到 $4I_N$，磁钢也不会发生去磁；在发生两相突然短路（瞬间电流为 $4I_N$）和三相突然短路（瞬间电流为 $20I_N$）时，由于电枢磁场大大增强，磁钢可能会发生不可逆去磁，受到损坏。计算为发电机的设计制造、磁钢性能的检验、改善和发电机保护提供了依据。

表 1.3　多种故障发生时磁场的数据

磁场 / 工况	电枢电流产生的磁场强度/(kA · m^{-1})	电枢电流产生的磁密/T	合成磁场强度/(kA · m^{-1})	合成磁密/T
单相短路	470	0.9	556	0.7
两相短路	950	1.4	11	0.24
三相短路	4 178	3.5	1 800(反向)	2.1(反向)

1.3.4　永磁风力发电机磁钢脱落故障研究

(1)永磁风力发电机磁钢受力的分析

永磁同步发电机在风力发电中应用较广,采用大量的磁钢作磁极,价格较昂贵,在运行时受到电枢磁场的排斥力作用,短路时则更加严重,一旦磁钢受到强大电磁斥力作用发生脱落,就会引发严重的扫膛故障,导致发电机停转,所以必须保证粘接胶粘接永磁体非常可靠。

大型永磁同步发电机,采用外转子,磁钢贴在转子轭上,由风机带动旋转,定子绕组位于内部。短路时,电枢磁场对磁钢产生去磁的作用力,可以分解为沿切向和径向的电磁力 F_X 和 F_Y,F_X 对于磁钢粘接效果尤为重要,粘接胶的黏接力必须大于 F_X,才能够保证磁钢不发生位移和脱落,因此对粘接胶提出了较高的质量要求。

电机磁钢使用专用的嵌放磁钢工具(图 1.23)进行安装,在粘接前将磁钢整齐地摆放在模具中,摆放时必须保证磁钢的极性相同(图 1.24),然后在转子轭的内表面刷粘接胶,电机磁钢使用粘接胶(白色的双组分胶)直接粘接在已经打毛处理过的转子轭内表面,经过一定时间的干燥固化后,在没有被粘接胶覆盖的磁钢以及磁轭表面还需要进行人工补胶作业(图 1.25),一方面可提高粘接效果,另一方面粘接胶覆盖磁钢也可防止磁钢和转子轭被腐蚀(图 1.26)。

图 1.23　嵌放磁钢

图 1.24　磁钢刻度和层数标识

图1.25　裸露转子轭及磁钢补胶

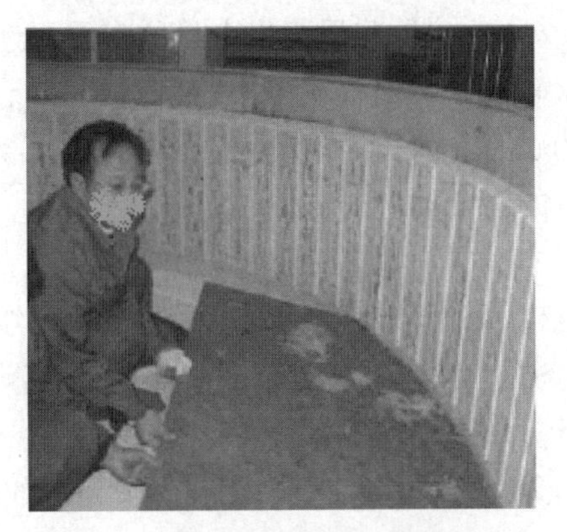
图1.26　磁钢粘接完成后的整体情况

(2)永磁发电机短路计算的特殊性

对于有软铁极靴、极间浇铸非磁性材料、转子上安放阻尼笼等有阻尼的磁路结构，瞬态短路电流对永磁体的去磁作用大大减弱，并接近于稳态短路电流的去磁作用。对于无极靴的磁路结构，永磁体的电阻率很大，几乎没有阻尼作用，瞬态短路电流很大，电磁力作用很大，所以应根据三相突然短路电流的最大值来计算瞬态磁场，校核发电机的磁钢是否会发生去磁。永磁同步发电机的转子是多介质实芯体，磁路系统较复杂，其瞬态参数和瞬变特性主要决定于转子中的涡流。涡流的路径是分布和变化的，很难用简单的线图来准确表示。永磁发电机的瞬态参数计算极为困难，目前还没有较好的解决方法，因而采用普通同步发电机的短路电流瞬时值范围来计算永磁发电机的瞬态短路电流磁场。

(3)电磁力的分析

电枢磁场的位置取决于所带负载的性质。若带感性负载较重，瞬态电枢反应几乎为纯去磁，对磁钢仅有径向的斥力。而实际在短路瞬间，转子轭仍在转动，电枢磁场和磁钢磁场的相对位置会发生改变，所以必须计算磁钢可能受到的电枢的瞬间最大电磁力。某个瞬间可能 F_X 较小，F_Y 较大，这时电枢磁场对磁钢的切向斥力较小，主要应校核磁钢的抗压强度和粘接胶的硬度和剪切强度；若带电阻性负载较多，交轴电枢反应较大(磁钢的磁场轴线滞后于电枢磁场轴线较多)，F_X 相对较大，F_Y 较小，这时的电枢磁场对磁钢的切向作用力较大，主要应校核粘接胶的拉伸强度；鉴于粘接胶的肖氏硬度和剪切强度较高，所以主要应校核拉伸强度。

电磁力的计算方法主要有麦克斯韦张量法、虚位移法和洛仑兹力法，这里用虚位移法和麦克斯韦张量法计算磁钢受到的斥力。确定了计算区间的边界单元后，在软件里编制后处理程序，对所有的单元进行受力计算，并将这些单元力保存在实部解集里。选择所有的单元，将这些单元力移入单元表中，再对单元表进行求和，就可以得到磁钢总的受力。

(4)大型永磁同步风力发电机的有限元计算

以永磁直驱 MW 级发电机为例建模,为计算方便,假设:①电机的转速保持不变;②电机的磁路不饱和(可利用叠加原理);③突然短路前发电机为空载状态,短路发生在发电机的出线端。

1)基本数据和瞬态短路计算

发电机带较重的感性负载,发生三相突然短路时(冲击电流为 $20I_N$),对建立的模型施加电流密度载荷(4×10^7 A/m^2)(图 1.27),计算中间一块磁钢受到的电磁力。

2)计算结果

图 1.28 所示为发电机三相突然短路时的磁密分布云图。

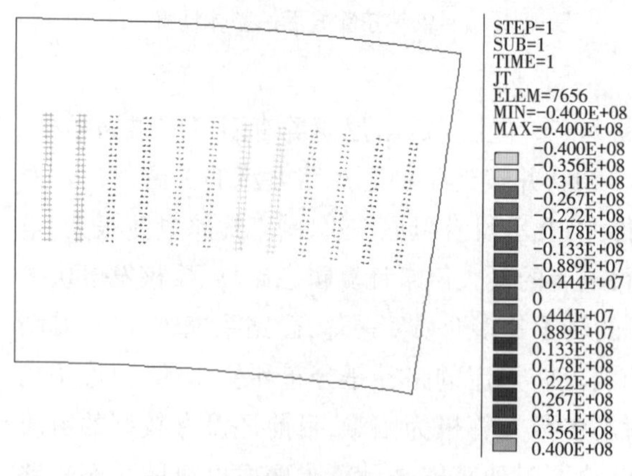

图 1.27　绕组流经的电流密度

图 1.28　磁密分布云图

(5)计算结果的比较分析

使用虚位移法和麦克斯韦张量法分别计算磁钢受到的作用力。经过计算,两种方法计算的结果相差不大(图 1.29),中间的磁钢受到的切向斥力 F_X 为"0.492 48E×10^5 N/m"。一个磁极的面积为 0.127 m×0.8m=0.101 6 m^2,换算后一个磁极受力为"4.847E+×10^5 N/m^2"= 485 psi<1 000 psi (1 psi≈6.895 kPa),磁极受力约为粘接胶承受力的一半,而粘接胶的拉伸强度>1 000 psi(表 1.4);另外考虑到电枢磁场对磁钢径向的压力 F_Y 为"0.60215×10^5 N/m"(相对 F_X 还较大),磁钢本身对转子轭具有吸合力,加之转子轭内表面已经喷砂处理,和磁钢之间具有较大的摩擦力,都使磁钢不易发生移动。可见粘接胶的拉伸强度能够满足发电机在最为恶劣短路工况下的需要。

通过建立的永磁同步风力发电机的电磁场模型,分析了发电机发生三相突然短路时的电枢磁场的性质,计算了电枢磁场对磁钢的电磁力 F_X 和 F_Y。根据产生的电磁力校核了粘接胶的粘接强度。

根据电磁场原理建立的 MW 级永磁同步风力发电机的电磁场模型,给出基本假设和边界条件后,以电机的一对磁极为计算区域分析最为恶劣短路条件时的电枢磁场。结果表明:在绕组三相突然短路时,磁钢受到最强的去磁性质的电磁力作用,计算受到的切向和径向的电磁力，与粘接胶的额定数据进行比较（表1.4），证明目前使用的粘接胶的强度能够满足要求。可为粘接强度校核和机组设计提供依据。

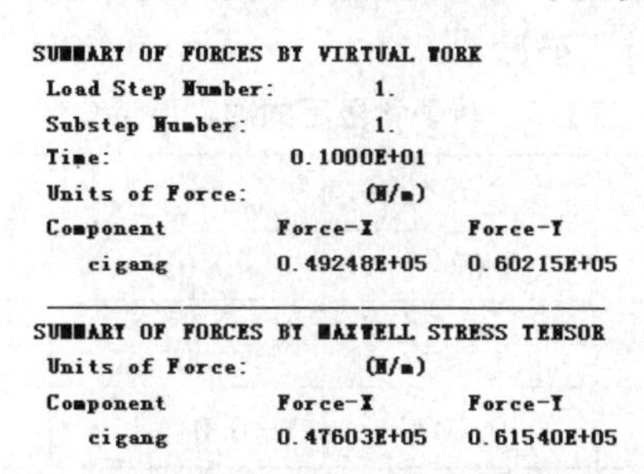

```
SUMMARY OF FORCES BY VIRTUAL WORK
 Load Step Number:             1.
 Substep Number:               1.
 Time:                0.1000E+01
 Units of Force:             (N/m)
 Component           Force-X         Force-Y
    cigang        0.49248E+05     0.60215E+05
________________________________________________
SUMMARY OF FORCES BY MAXWELL STRESS TENSOR
 Units of Force:             (N/m)
 Component           Force-X         Force-Y
    cigang        0.47603E+05     0.61540E+05
```

图1.29　ANSYS软件用两种方法计算的磁钢受力

表1.4　粘接胶的黏接力数据（聚亚酰胺树脂）

肖氏硬度	拉伸强度	剪切强度
50	>1 000 psi	>700 psi

1.4　风力发电机磁场改进和优化

1.4.1　转子磁极斜极静态磁场

在实际设计中，由于电机轴向尺寸较小（仅0.9 m左右），通常由小块永磁体粘接形成大块的转子磁极，所以转子斜极较定子铁芯斜槽的工艺操作方便。从理论上讲，采用转子磁极倾斜一对齿槽宽度可以消除嵌齿扭矩，改善气隙磁密和电动势波形。在二维电磁场计算中，只有一个自由度A_Z，不能直接考虑斜极的影响，因此可采用离散积分法，将齿槽分割成许多小角度，转子每转动一个小角度计算1次电磁场，然后将结果叠加。分割数为20时，精度可完全满足要求。考虑斜极后，一对极气隙磁密波形如图1.30所示。

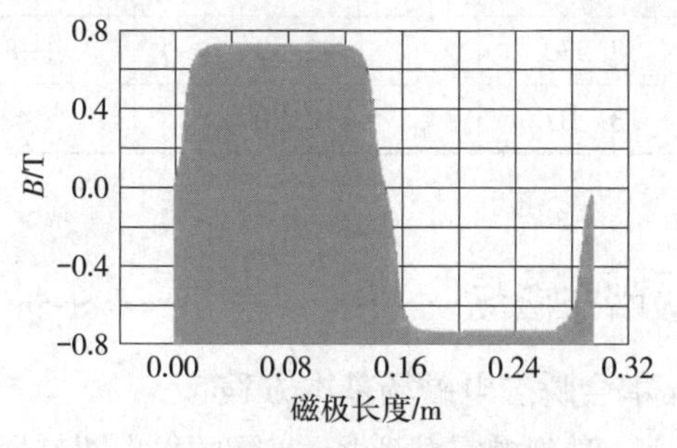

图1.30　转子斜极后的气隙磁密波形

对比图 1.13、图 1.30 可知，转子斜极后，气隙磁密波形顶部变得平坦，可有效消除高次谐波。对图 1.30 的波形作傅里叶变换，结果见表 1.5。对比表 1.2 可知，转子斜极后，11 次谐波较采用直极时明显减小。

表 1.5　转子斜极后的磁密谐波分量

a_1	a_3	a_5	a_7	a_{11}	a_{13}
0.035 8	0.035 8	0.034 7	0.037	0.032	0.031 4
b_1	b_3	b_5	b_7	b_{11}	b_{13}
0.909	0.255	0.107	0.042 1	-0.005 22	0.011 8

1.4.2　空载电动势计算

同步发电机空载电动势基本方程式为：

$$E_0 = \sqrt{2}\,\pi f N K_{dp1} \Phi_{10} \tag{1.12}$$

式中　f——额定频率；

N——每相串联匝数；

K_{dp1}——绕组因数；

Φ_{10}——空载基波气隙磁通。

1.2 MW 永磁同步电机为双三相整距绕组，绕组因数为 1。转子磁极为斜极，斜槽宽距离为 24.544 mm，极距为 147.2 mm，斜槽中心角为 0.523 rad，因此斜槽因数为 0.988。考虑到实际粘接的每块磁钢之间存在缝隙，计算结果还应乘以每极的填充率，即可得出额定转速下各高次谐波的空载电动势，计算值和厂家提供的设计要求值见表 1.6。

表 1.6　高次谐波空载电动势的计算值与设计要求值

物理量	计算值/V	设计要求值/V	相对误差/%	说明
E_0 的均方根	432.900	440.00	-1.60	符合要求
E_0 的基波	417.560	422.95	-1.27	符合要求
E_0 的 3 次谐波	106.670	—	—	—
E_0 的 5 次谐波	38.570	<42.30	-8.80	符合要求
E_0 的 7 次谐波	13.207	<12.70	4.00	偏大

1.4.3　转子磁极斜极瞬态磁场

(1)纯阻性负载磁路耦合瞬态电磁场基本方程

静态磁场分析的是某一时刻的空载磁场，实际的发电机转子围绕主轴旋转，有电枢电流存在,静态磁场分析已不能满足要求。采用运动边界法分析瞬态电磁场,可在不同的载荷步定义不同的定、转子相对位置,实现转子的转动,且考虑了积分效应。通过建立不同的外电路,还可模拟电机在多种工况下的运行特性。

式(1.13)—式(1.19)为整个场域的电磁、电路方程,其中式(1.14) —式(1.17)分别为空气区域、涡流区域、永磁体区域、绕组区域的电磁方程。联立磁场边界条件以及各种介质连续性方程可求解整个场域及电路的未知参数:

$$\nabla^2 A_Z = 0 \tag{1.13}$$

$$\frac{\partial}{\partial x}\left(v_1 \frac{\partial A_Z}{\partial x}\right) + \frac{\partial}{\partial y}\left(v_1 \frac{\partial A_Z}{\partial y}\right) = \sigma_1 \frac{\partial A_Z}{\partial t} \tag{1.14}$$

$$\frac{\partial}{\partial x}\left(v_2 \frac{\partial A_Z}{\partial x}\right) + \frac{\partial}{\partial y}\left(v_2 \frac{\partial A_Z}{\partial y}\right) = \sigma_2 \frac{\partial A_Z}{\partial t} - J_{zpm} \tag{1.15}$$

$$\frac{\partial^2 A_Z}{\partial x^2} + \frac{\partial^2 A_Z}{\partial y^2} + \frac{N}{S_f} I = 0 \tag{1.16}$$

$$E_0 = \frac{NL_{ef}}{A_b} \frac{\partial}{\partial t} \int_{A_b} A\mathrm{d}x\mathrm{d}y \tag{1.17}$$

$$\dot{E}_0 = \dot{U} + \dot{I}R_a + j\dot{I}_d X_d + j\dot{I}_q X_q \tag{1.18}$$

$$U = IR \tag{1.19}$$

式中　I——电流;

A_Z——向量磁位;

v——磁阻率;

σ——电导率;

J_{zpm}——电流密度;

S_f——槽满率;

L_{ef}——电枢计算长度;

A_b——槽面积;

R_a——绕组电阻;

I_d, I_q——直轴和交轴电枢电流;

X_d, X_q——直轴和交轴同步电抗;

E_0 为空载电动势。

图 1.31 所示为永磁同步发电机的等效电路。通过调节负载阻抗 R 的性质及大小,可模拟不同工况下发电机的运行特性;下标 $v_1, v_2, u_1, u_2, w_1, w_2$ 表示相别。

(2)空载电磁场分析

将图 1.31 的负载电阻 R 设为无穷大(如 $10^{20}\Omega$),即可得到图 1.32 所示的空载运行结果。由此可知:磁力线主要集中在磁极正下方的定子齿部及定、转子轭部,当某定子齿刚好位于一对极的气隙处时,该定子齿无磁通流过,空载漏磁场较小。

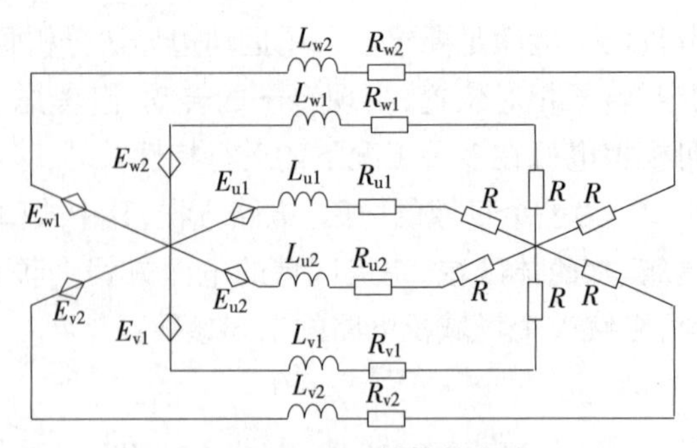

图 1.31　PMSG 的等效电路

E—发电机电势;L—发电机电感;R—发电机电阻

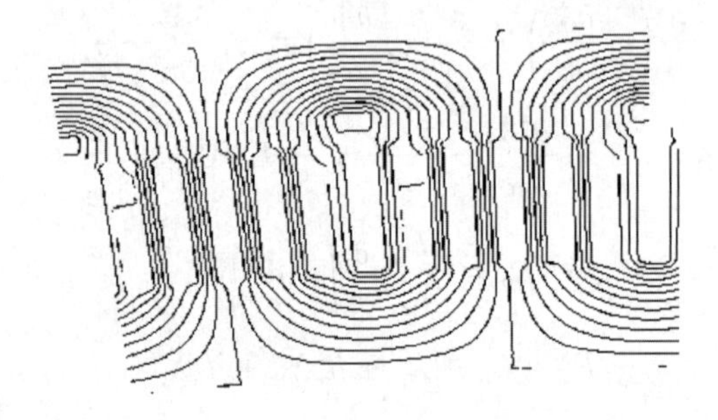

图 1.32　空载运行状态下的磁力线分布

(3)空载电势

求解磁路耦合方程中的电路方程,可得各相绕组的空载电动势。图 1.33 所示为该发电机六相绕组的空载电势波形,其中 T 为电压周期。由图可知:u_1 与 u_2,v_1 与 v_2,w_1 与 w_2 之间电压相位角差为 30°,而 u_1 与 v_1,u_2 与 v_2,v_1 与 w_1,v_2 与 w_2,w_1 与 u_1,w_2 与 u_2 之间相位角相差 120°;由于转子磁极为矩形,因此气隙磁密波形为矩形波,电势波形为矩形波;受定子槽的影响,且在计算中没有考虑斜槽效应,气隙磁密为带有微小锯齿的平顶波,因此空载电势波形顶部带有纹波;通过对空载电势进行计算,可得其周期为 0.625 s,频率为 16 Hz。根据空载电势波形,采用傅里叶变换,可求出其基波电势及 3,5,7 次电势,各次谐波电势见表 1.7。

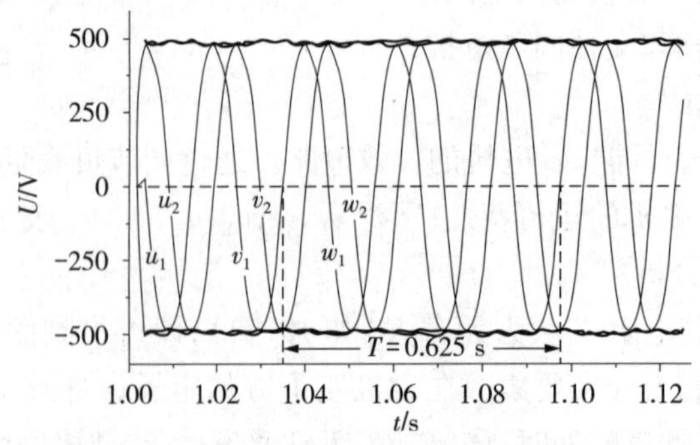

图 1.33　PMSG 的相电压波形

(4)实验结果与分析

发电机组装完成后,在实验室构建永磁直驱风力发电机实验平台——由鼠笼式异步电机带动齿箱拖动永磁风力发电机。发电机的气隙狭小,不便进行磁场测量,因此仅进行了额定转速的空载拖动实验,使用 Fluke 1750 电能质量测试仪测量发电机的电压,得到表 1.7 所示的基波及谐波具体数据。

表 1.7　PMSG 空载电动势的计算结果

物理量	计算值 U/V		试验值 U/V	设计要求值 U/V	与试验值误差/%	与要求值误差/%
	静态	瞬态				
E_0 的均方根	432.9	424.0	453.1	4 400	6.4	3.6
E_0 的基波	417.5	410.6	435.5	422.9	5.87	2.9
E_0 的 3 次谐波	106.6	99.3	103.4	—	—	—
E_0 的 5 次谐波	38.5	33.84	34.4	<42.3	−1.83	符合要求
E_0 的 7 次谐波	13.2	9.7	8.55	<12.7	13.45	符合要求

(5)结论

①静态磁场的气隙磁通密度为带有锯齿的梯形波,其最大值为 0.78 T,定子铁芯齿部磁密为 1.5 ~1.6 T,磁密局部最大值为 1.857 T。

②对静态磁场的气隙磁密波形进行傅里叶变换,求出基波及 3,5,7 次谐波,计算了基波空载电势,计算值和实际值较吻合,该电机的空载 3 次谐波较大。

③比较静态和瞬态磁场可知:瞬态场计算结果略小于静态场,计算结果均在允许的误差范围内。

④静、瞬态计算的误差原因可能是不同计算方法、网格划分等,且误差完全在允许范围内。计算值较试验值偏小的原因很多,分析原因很可能是有限元计算采用了磁钢技术文件中所要求矫顽力的下限,因此计算结果较保守,产生了较大的负偏差。

1.5　本章小结

本章系统地分析了风力发电机的电磁场故障。介绍了目前风力发电机的基本类型:恒速恒频和变速恒频机组。分析了 MW 级永磁直驱风力发电机的定子绕组结构及故障形式。首先计算了正常运行时发电机的电磁场,接着对发电机最可能发生的各种短路故障,使用有限元软件和电磁场知识建模,计算了发电机的静、瞬态磁场。研究了发电机的磁钢是否会发生被电枢磁场去磁的严重故障；利用虚位移法和麦克斯韦张量法计算短路时磁钢受到电枢磁场的斥力，说明磁钢发生脱落的可能性不大的原因；在深入研究发电机各种情况的电磁场的基础上，提出了对发电机结构的改进措施，包括转子采用斜极的做法。用以消除磁场的高次谐波，根据有限元法的电路耦合功能，得出了改进后发电机的磁场和电势波形，电势波形接近正弦形，为后续的逆变和整流电路设计提供了计算依据。仿真结果结合实验数据，对比了静、瞬态磁场计算结果，分析了数据产生偏差的原因，验证了理论分析的正确和有效性。

第2章　大型永磁风力发电机温度场计算

2.1　发热计算的必要性

发电机单机容量不断增加，主要依靠提高线负荷和气隙磁密来实现。此外，提高电压等级和绝缘水平也是可行的途径。由于发电机定子尺寸受运输条件等限制，转子受到极限几何尺寸的限制，加之磁路饱和的影响，所以，增大单机容量，主要依靠增大绕组的电流密度，从而提高绕组的散热量来解决。只有改善发电机的冷却条件，才能进一步增加发电机单机容量。由于大容量发电机受几何尺寸限制，其发热与冷却逐渐成为重要的研究课题，是发电机设计、制造和运行部门共同关心的问题。温度场计算的研究和应用成为发电机生产和科研领域的重要课题。

国内外大型水轮和汽轮发电机以及大中型异步电动机，部件发热引起结构部件严重变形，导致机组振动，危及电机运行安全的情况时有发生。我国的发电机事故率统计，200 MW 以上的发电机事故率约占事故总台次的 25.9%。20 世纪 90 年代以来，300 MW 及 600 MW 汽轮发电机发生的各类事故及故障也较多，其中定子内冷水系统的堵水、断水及漏水事故尤为突出，都会导致电机的局部过热。1993—1995 年国产 300 MW 汽轮发电机本体事故虽只占发电机事故总数的 38.4%，但停机时间却占总时数的 80%。因此，正确计算与研究发电机的温度分布，对电机的设计、制造及安全稳定运行都具有重要意义。

2.2　发电机发热和冷却

2.2.1　发电机的发热

发电机在运行中产生的铜损耗、铁损耗和通风摩擦损耗等，基本上会转变为热能。

冷却介质可将其中一部分热量带走,其余热量将引起发电机温度升高。由于发电机结构复杂,材质不均匀且有些材料的导热能力各向异性,同时转子又处于运动状态,整体而言其发热和散热过程相当复杂。发电机温度场是复杂的三维温度场,即认为热流可分解为沿轴向、径向和切向流动,温度沿这 3 个方向变化。

对发电机不同的运行状态,其各部分相应的发热情况也不同。不同的冷却方式,也会造成发电机温升的改变;而且当内冷线圈局部堵塞时,还可能引起局部的异常高温。温度场随发热状态不同,又可分为稳态温度场和暂态温度场,发热达到长期稳定以后,即为稳态温度场。暂态温度场描述随时间变化的温度适用于瞬变分析。

2.2.2 发电机的冷却

较早生产的汽轮发电机,绕组采用间接冷却,冷却介质是空气或氢气。20 世纪 50 年代以后,直接冷却成为绕组的主要冷却方式,冷却介质主要是氢气和水。直接冷却技术的实现使得发电机单机容量成倍增长,目前国内外已经生产出百万 kW 级的巨型汽轮发电机。

我国运行的常规发电机的冷却方式,可分为 6 种基本类型,具体如下所述。

①定子、转子绕组空气外冷,铁芯空冷。一般是 50 MW 及以下汽轮发电机和部分水轮发电机。

②定子、转子绕组氢气外冷,铁芯氢冷。主要是 30 MW,50 MW,100 MW 的汽轮发电机和 60 MV · A 的调相机。

③定子绕组氢外冷,转子绕组氢内冷。主要是 50 MW,100 MW 和 120 MW 的汽轮发电机。

④定子、转子绕组氢内冷,铁芯氢冷。主要包括从苏联进口的 200 MW 汽轮发电机和上海电机厂引进美国西屋电气公司技术生产的 300 MW 汽轮发电机。

⑤定子绕组水内冷,转子绕组氢内冷,铁芯氢冷,俗称“水氢氢”,是我国目前应用最多的冷却方式。国产的大批 200 MW 汽轮发电机,东方电机厂生产的 300 MW 汽轮发电机以及哈尔滨电机厂引进美国西屋电气公司技术生产的 600 MW 汽轮发电机,都采用此冷却方式。

⑥定子、转子绕组水内冷,铁芯空冷,即双水内冷,主要包括 50 MW,100 MW,125 MW 汽轮发电机和上海电机厂生产的 300 MW 汽轮发电机。

2.2.3 风力发电机的冷却

由于风力发电机所处环境的风力较大,加之发电机处于高空,环境恶劣,目前风力发电机的冷却一般采用风冷,只是进风方式和风道结构的设计有所不同,永磁式发电机的冷却风道结构如图 2.1 所示。冷却风的一部分由发电机的迎风面进入风道,流经发电机定、转子之间的狭窄风道(一般为几毫米),从发电机的后部流出,带走发电机绕组、铁芯以及旋转的外转子上的热量;冷却风的另一路径是直接掠过发电机的外表面,带走发电机的热量。

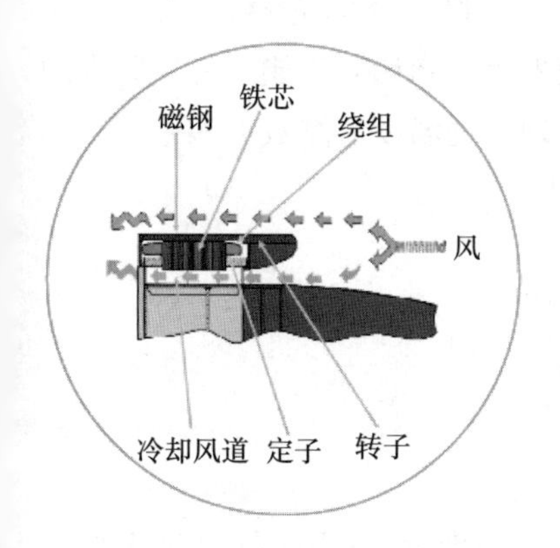

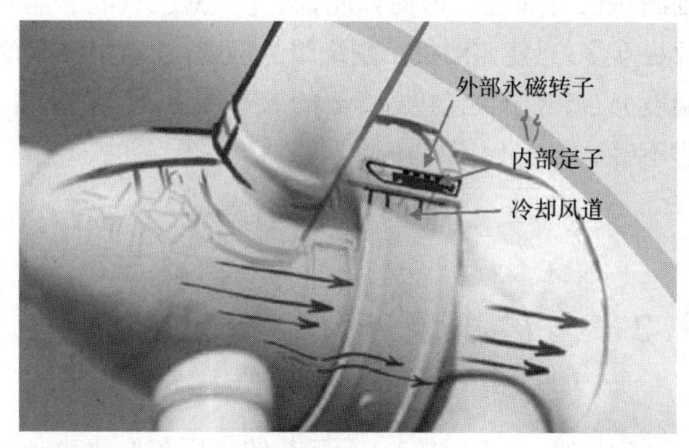

图 2.1 永磁风力发电机冷却示意图

容量为 600 kW,750 kW 以下异步鼠笼发电机组普遍采用空冷方式,MW 级直驱永磁发电机组采用定子绕组和转子磁极空冷,自然冷却方式较为简单,空气在设计好的风道内流动;大型双馈风力发电机采用外定子、内转子这一传统结构,在定子上安装空—空热交换器,实际是依靠风扇,强制使空气在设计好的定、转子风道内流动,带走发电机定子和转子上产生的热量。双馈机由于定子上安装了空—空热交换器,显得发电机的体积较大,外形笨重,如图 2.2 所示。直驱风力发电机产热部件主要是定子绕组和铁芯,发电机的转子和磁场同步旋转,几乎不产生铁耗,主要应满足发电机的定子绕组以及铁芯的散热,发电机的转子上只需要保证磁钢的散热,不会在高温下使磁钢去磁,即可满足需要。

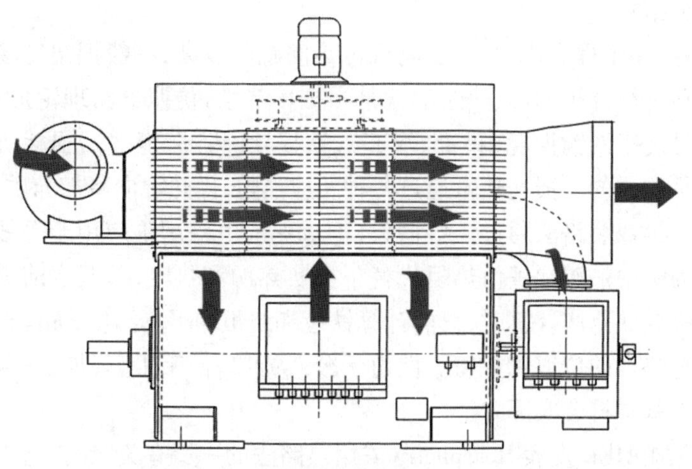

图 2.2 双馈风力发电机冷却结构图

对于直驱永磁风力发电机系统而言，发电机机舱内部一共安装有 9 只 Pt100，分别用于测试机舱温度、环境温度、机舱柜温度以及发电机绕组的温度。其中发电机绕组温度使用 6 只 Pt100 测量，预先埋设在绕组对称的 6 个部位测量温度，以保证绕组温度测量的可靠性。即便如此，温度监测也只能够监测发电机部分部位的温度，绕组的数目众多，只能监测极个别绕组的温度；铁芯中没有预先埋设 Pt100，不能了解铁芯内的温度分布，对于直径接近 5 m 的 MW 级巨大电机来说，现有的温度监测数据和手段还远远不够。

2.3 发电机温升计算方法

近年来，由于新材料、新工艺的应用和电机冷却技术的发展，极大地促进了大型电机单机容量的增加，但同时也使电机运行时产生的单位体积损耗增加，引起电机各部分温度升高，这会直接影响电机安全。因此，准确的温升计算不仅是制造厂家多年来寻求的目标，也是电机运行部门关注的主要问题之一。

目前电机的热计算方法主要有下述几种。

(1)简化公式法

简化公式法是电机制造厂初步设计时常用的一种方法。基本思想是假定全部铁芯损耗及有效部分铜耗只通过定子(或转子)的圆柱形冷却表面散出，而且电枢绕组铜质的有效部分和端接部分之间没有热交换，因此只用于估算整体铁芯或绕组的平均温升，计算结果较粗糙，计算精度较差，不够全面。

(2)等效热路法

为简化计算，在工程实践中，由于电机传热问题较复杂，一般把温度场简化为带有集中参数的热路进行计算，等效热路法就是根据传热学，仿照电路理论形成热回路，热路图中的热源是绕组的铜损耗(槽部、端部)、铁损耗(齿部、轭部)，损耗所在的部件在计算时被认为是均质的。损耗热量通过各种相应热阻，由热源向冷却介质传递，从而形成等效热路图。等效热路法通过一些假设，把成熟的电路理论应用于等效热路。这些假设包括少量的集中热源和等值热阻代替了真实热源和热阻，并假定前二者不决定于热流大小。用等效热路法计算时，只能计算铁芯和绕组的平均温度，无法全面了解温度的分布情况及过热点的位置和数值。但由于公式简单，便于手算，加之多年的经验，计算结果总的来说基本符合实际。

1955 年，美国 AIEE 发表 Rosenberry 采用热路法的一篇有关“铸铝笼型感应电动机的瞬态起动温升”论文。国内在这方面研究较多的李德基先生及其同事，在 20 世纪 80

年代末至 90 年代初也出版了相关的专著和发表了大量论文。

(3)温度场法

温度场法即用现代数值方法求解热传导方程,得出电机求解域温度的分布。常用的求解方法为有限元法、有限差分法、等效热网络法。

①有限元法是一种常用的数值计算方法。它把求解域剖分成有限个单元,组成离散化模型,再求出数值解。其主要优点是剖分灵活,对复杂的几何形状、边界条件、不均匀的材料特性、场梯度变化较大的场合,都能灵活考虑,通用性较强。用有限元方法求解温度场,可以准确描述整个求解域内温度的分布。总体上有限元法以节点温度为变量,其剖分单元数较多,边界问题处理复杂,要实现对电机复杂的温度场进行全面的求解计算仍是相当困难的。由于该方法能详细计算出电机中温度场的分布情况,常被用于电机的设计计算。

②有限差分法是用差分近似代替微分,把求解域内的偏微分方程和有关的边界条件,转化成适用于区域内部和边界上各个节点处的差分方程组,然后用经典方法或计算机来求解。1989 年哈尔滨大电机研究所范永达使用有限差分法计算了氢冷大型汽轮发电机转子温度场;1991 年北京计算中心曹国宣使用有限差分法计算了水内冷汽轮发电机转子温度场。该方法对复杂的二类边界条件及内部介质界面的处理相对较困难,适合于求解边界较规则的电机温度场。

③等效热网络法的物理概念简单、直观,而且非常适用于结构复杂、材料多样和各向导热系数不同的发热体。求解中把温度场的求解域按不同材料(绕组、绝缘、铁芯、结构件等)以及不同区域划分出若干细的网格。网格的疏密程度,视研究问题的实际需要而定。网格划分线的交点是节点。设损耗都集中于各个节点,节点之间用热阻连接,每个节点上再连接热容,就得到了由损耗、热流、热阻、热容(稳态计算不考虑热容)和某些点上已知温升所组成的等值热回路。

等效热网络的物理概念与电网络十分相似。热阻对应于电路中的电阻,热容相应于电容,支路热流相应于支路电流,节点的损耗相应于电流源,节点上已知温升相应于电压源,节点温度相应于节点电势,温差相应于电压降。计算方法采用电路理论中的节点电位法,通过求解代数方程组得出每个节点的温度。其物理概念清楚,对薄层介质的处理尤为方便,对计算机硬件要求低。因此获得了较普遍应用,既用于电机的设计计算,也用于状态监测。

目前国内外很多文献仍采用热网络法计算大型电机温升。中国电力科学研究院李德基等采用该法计算了汽轮发电机定子槽部的三维温度场。哈尔滨电机厂陈新等利用上述方法计算了大型水轮发电机定子三维温度场。采用这种方法,在画出三维等效热路后,据电路理论,直接写出线性代数方程组,再对之求解。

2.4 大型永磁风力发电机正常运行温度场

随着风力发电在能源使用中的比例逐渐加大，单台永磁同步发电机的容量日益增大，电磁负荷不断提高，温升成为设计计算的重要内容。温度升高可能导致电机的绝缘损坏；永磁体的磁性能在升温后变坏，直接关系到电机的经济指标、使用寿命和运行可靠性；机座与铁芯间的温差还可能导致铁芯翘曲。因此，准确计算电机温升具有重要意义。

1.2 MW 永磁同步发电机采用外转子结构，磁钢旋转，内部是定子绕组，由流动的空气对电机的绕组和磁钢等部件进行冷却（主要为对流散热），外转子结构主要考虑永磁体的散热，有利于磁钢的冷却和电机转动平稳，但内部定子绕组的受热情况则相对恶化。定子铁芯中的热源主要来自两方面：绕组铜耗和铁芯损耗。铁耗在电机总损耗中所占比例一般较小，对电机的定子温升影响不大，可在电磁场计算的基础上，求得铁芯中的磁场分布，并利用所提供的损耗曲线求得。铜耗大小与绕组的电流密度大小密不可分，是温度分析的重点，直接决定了电机运行可靠与否；绕组外部包有较厚的绝缘材料（PES 和聚酯薄膜粉云母带），传导系数较小，并且电机槽中打入槽楔的导热性能也较差，这一切都对绕组受热分析提出了迫切要求。电机的效率计算也需要准确计算发热。

2.4.1 分析思路

定子绕组热量的散失：一部分传导至定子表面后由冷空气带走，另一部分传给铁芯，因此导体、绝缘、铁芯间均有较大的温差。由于地处风场，风速较大，空气的流动性好，冷风流经定子表面时会带走绕组产生的大量热能；同时绕组产生的部分热量也经过绝缘材料和铁芯的传导传至定子的空心轴部位，由冷空气带走。所以热分析主要考虑热对流和传导因素，不考虑热辐射。

对各种材料定义，根据实际精确定义磁钢的磁化方向，可以利用 ANSYS 软件的单元坐标验证设置是否正确；定子材料的传导系数见表 2.1，空气的对流系数 130 W/(m^2 · ℃)；硅钢片材料的轧制方向和垂直轧制方向的导热系数不同，按照实际数值输入。

表 2.1 定子材料的导热系数

材料	绝缘材料	铁芯	紫铜	机座
导热系数/[W · (m · K)$^{-1}$]	0.2	48 轧制方向 19.6 垂直轧制方向	385	48

2.4.2 建模

为突出主要问题,对电机结构作适当简化。因电机的轴向长度较小(0.8 m左右),可以认为温度场在轴向方向均匀分布,利用二维有限元法进行分析和计算。以1.2 MW电机为例,定子槽数$Z=576$,极对数$p=48$,如图2.3所示,为计算方便,在温度场求解过程中,假设:①涡流效应对每根股线的影响相同,故定子绕组铜耗取其平均值;②结构对称,认为槽中心面和齿中心面是绝热面;③只考虑绕组部分,不考虑端部;④电机的轴向长度较小,利于通风,风场空气流动性很好,认为气隙的空气流速不受影响,绕组损耗产生的热量均由冷却介质带走。考虑结构的对称性,取包括定子铁芯、绕组导体、磁钢及气隙在内的一对磁极作为计算区域。模型网格剖分如图2.3所示。

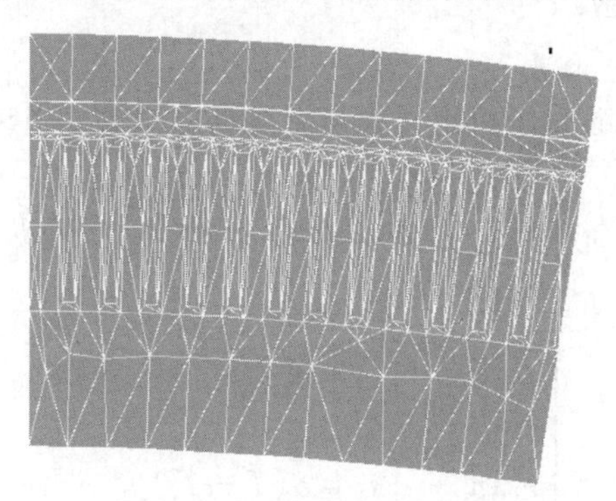

图2.3　模型网格剖分

2.4.3 边界条件

有内部热源时具有各向异性介质的稳态固体的热传导方程:

$$\nabla \cdot (\lambda \nabla T) = -q \tag{2.1}$$

式中　λ——热导率,即导热系数;

q——热流密度,W/m^2。

在直角坐标系下,该方程可写为:

$$\frac{\partial}{\partial x}\left[\lambda x \frac{\partial T}{\partial X}\right] + \frac{\partial}{\partial y}\left[\lambda y \frac{\partial T}{\partial y}\right] = -q \tag{2.2}$$

边界条件:

(1)第一类边界条件

$$T|s_1 = T_c \tag{2.3}$$

式中　T_c——面s_1的环境温度已知值。

(2)第二类边界条件

边界上热传导为已知值q_0(向外),即其边界的法向温度梯度已知。当$q_0=0$时,此

面上无热传导,称为绝热边界条件:

$$-\lambda_{\mathrm{n}}\frac{\partial T}{\partial n}\bigg|s_2 = q_0 \tag{2.4}$$

式中 q_0——面 s_2 上的边界热流输入;

λ_{n}——垂直于物体表面的热传导率。

(3)第三类边界条件

边界 s_3 上从物体内部传到边界上的热流量与通过该边界散到周围介质中的热流量相等,即

$$-\lambda n\frac{\partial T}{\partial n}\bigg|s_3 = \alpha(T - T_{\mathrm{f}}) \tag{2.5}$$

式中 T_{f}——周围介质温度;

α——散热系数。

由上述分析,可将永磁发电机定子稳态温度场归结为如下边值问题:

$$\begin{cases}\dfrac{\partial}{\partial x}\left[\lambda x\dfrac{\partial T}{\partial X}\right] + \dfrac{\partial}{\partial y}\left[\lambda y\dfrac{\partial T}{\partial y}\right] = -q \\ T|s_1 = T_{\mathrm{c}} \\ -\lambda n\dfrac{\partial T}{\partial n}\mid s_2 = q_0 \\ -\lambda n\dfrac{\partial T}{\partial n}\mid s_3 = \alpha(T - T_{\mathrm{f}})\end{cases} \tag{2.6}$$

针对模型,定子轭和转子外部施加温度边界条件,绕组施加生热率条件,槽中心面和齿中心面认为是绝热面。

2.4.4 大型永磁风力发电机温度场计算

(1)基本数据

额定功率 $P_{\mathrm{N}} = 1.2$ MW; Y 接,功率因数 $\cos\varphi_{\mathrm{N}} = 0.85$; 额定电压 $U_{\mathrm{N}} = 690$ V; 额定转速 $n_{\mathrm{N}} = 20$ r/min; 定子铁芯长度 $L_{\mathrm{t}} = 850$ mm; 转子铁芯外直径 $D_{\mathrm{o}} = 4\,600$ mm; 定子槽数 $Z = 576$。

(2)边界条件

铁芯和线圈中心面为绝热面, $\partial T/\partial n = 0$; 冷风温度取 $T_0 = 35$ ℃。对电机的绕组施加生热率负荷。

(3)计算结果

图 2.4 所示为定子铁芯及绕组的温度分布,冷风温度为 35 ℃。图 2.5 所示为绘制的电机定子轭至转子外壳的温度分布曲线;表 2.2 为风冷时额定工况下定子各部分温度的计算值;图 2.6 所示为电机的铁芯采用不同材料各向异性导热系数变化对温度的

影响，图 2.7 所示为绝缘材料导热系数不同对温度的影响。表 2.3 为不同硅钢片的导热系数，K_{XX}，K_{YY} 为 x 和 y 方向导热系数。

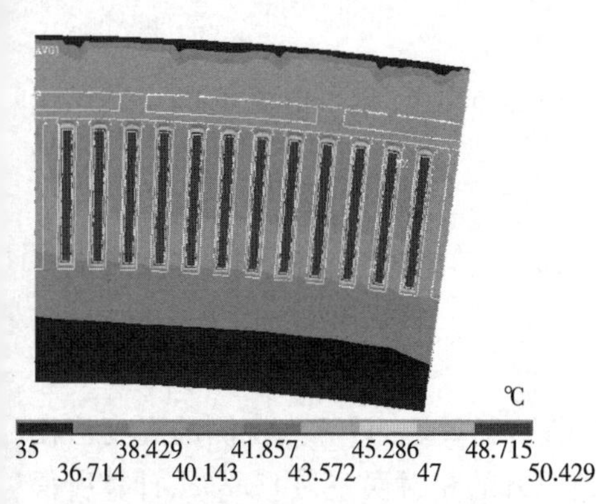

图 2.4　电机温度分布（采用硅钢片 1）

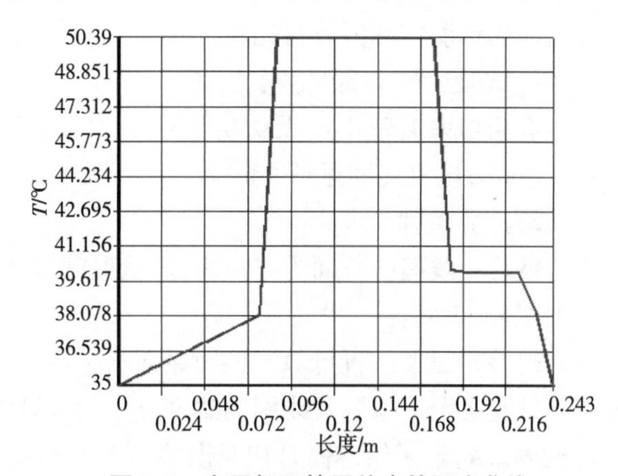

图 2.5　定子轭至转子外壳的温度曲线

表 2.2　绕组和铁芯的温度计算值

位置	最低温度/℃	最高温度/℃
绕组绝缘	40.6	50.39
绕组导体	50.38	50.39
铁芯	35	40.6
气隙	35	35

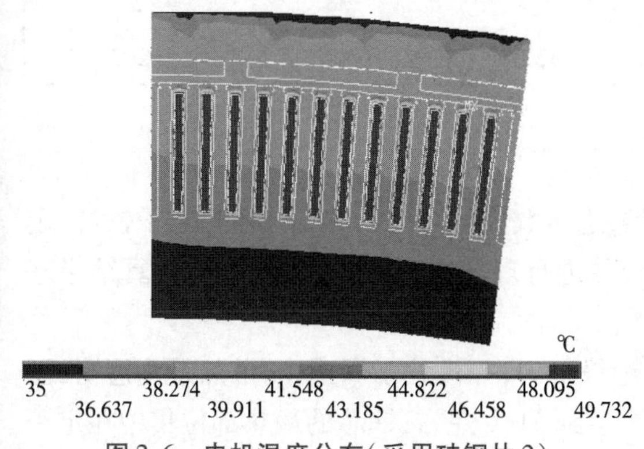

图 2.6　电机温度分布（采用硅钢片 2）

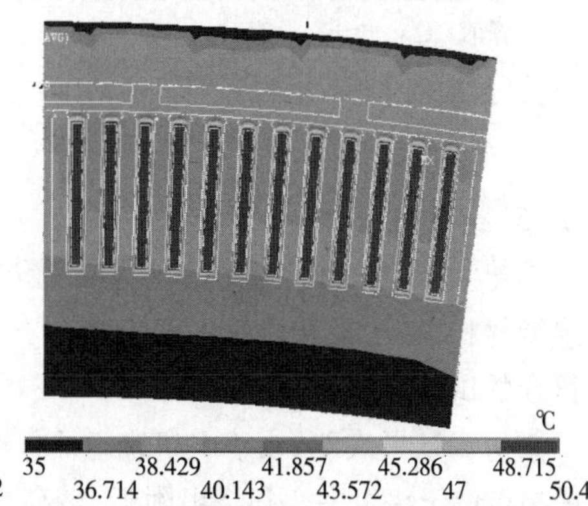

图 2.7　绕组绝缘材料导热系数提高温度分布

表 2.3　不同硅钢片的导热系数

材料导热系数	K_{XX}/[W·(m·K)$^{-1}$]	K_{YY}/[W·(m·K)$^{-1}$]
硅钢片 1	19.6	48
硅钢片 2	25	75

(4)计算与实测结果的比较与分析

为验证计算方法的准确性,对永磁发电机组实际运行工况下的温度场进行了计算,并与现场温度实测值进行比较。

1)试验运行工况的基本数据

有功功率 1.2 MW;无功功率 0.74 Mvar;定子电压 690 V;定子电流 1.02 kA;风速 V=15 m/s;电机连续运行 4 h 以上。

2)边界条件

铁芯和线圈中心面为绝热面;环境温度 30 ℃;冷风温度为 T_0 = 35 ℃;气隙表面空气温度为 35 ℃。

3)冷却试验工况计算与实测结果

试验工况下铁芯及线圈的温度分布的计算结果见表 2.2。计算与实测的温度值比较见表 2.4,定子铁芯温升相对误差为 5.4%,绕组温升的相对误差为 13.8%,计算所得温度分布与理论分析基本相符,计算方法有足够的精确度。计算值与实测相比,数值偏小,其原因除测量精度等因素外,还因为对模型作了简化,认为电机的铁芯片间传热良好,实际轴向上铁芯叠片散热变差;假设气隙中空气流动良好,实际受电机结构的影响,空气存在流动不佳的情况,从实测值可见铁芯温度的测量值分散性较大。

表 2.4 计算与实测温度比较

部位	定子轭	定子齿	槽底	磁钢	转子轭
实测值/℃	37	47	58	36	36
计算值/℃	35	40	50	38	37
相对误差/%	5.4	14.8	13.8	5.5	2.7

(5)结果

①建立永磁同步发电机的温度场模型,进行数值仿真,获得定子绕组、定子铁芯、定子绝缘材料、转子轭和磁钢的温度场分布,并进行现场温升试验,得到了与仿真结果基本符合的试验结果。

②仿真结果表明,由于电机绕组外包绝缘材料,并且处于深槽中,散热最为恶劣,温度最高点位于绕组中心和绕组附近,最高会达到 51 ℃左右;铁芯的最热部位集中在定子轭向上 1/2 至 3/4 处,高度在离定子轭 65% 左右的位置;在实际运行过程中应加强这一部分的温度监测。

③建议将热电偶 Pt100 尽可能埋在上下层绕组中间,此部位由于绝缘材料导热系数小,散热条件最为恶劣,温度较高,是监测发电机运行的重点。

④铁芯硅钢片的导热系数对电机的性能影响很大,图 2.6 中电机的铁芯温度较高区域明显减少,K_{XX}、K_{YY} 越大,散热效果越好,提高导热系数是改善散热的重要途径。

⑤绕组周围的绝缘材料对分析的结果影响很大,提高绝缘材料的传导系数,图2.7中高温区域明显缩小,可以明显改善散热效果。

2.4.5 大型永磁风力发电机温度场改进

目前大型永磁风力发电机单机容量不断增加,对温度场的计算准确度要求不断提高。热负荷过大,会危及机组的安全运行,过小,则电机没有得到充分利用。温度场的准确计算以及影响温度场的相关因素的分析,对于充分利用材料,降低成本,提高效率,保证机组安全运行十分必要。目前,国内外学者已发表了相关文献,针对传统电机进行了设计计算,为电机制造和电力部门的工程技术人员提供了一些参考建议和意见。在文献[45]中,提及股线绝缘导热系数变化对定子温度场的影响,使用三维等参元法或等效热路法进行计算,采用忽略或等效的做法,未研究在满足电场强度、击穿电压、介质损耗、机械强度等条件下,线棒绝缘厚度变化以及铁芯导热性能改善对温度场的具体影响。文献[46]提及排间绝缘以及其他相关因素对于发电机温度场的影响,但对于结构特殊(外转子,发电机轴向很短),冷却方式特别,使用材料的种类和数量众多,并使用永磁体的永磁风力发电机还没有相关研究。以上体现了准确确定风力发电机绝缘和铁芯材料性能变化对温度分布的影响还较困难。

鉴于此,利用先进的有限元计算方法,以1.2 MW永磁直驱风力发电机为例,考虑使用永磁体,空气流动性好和电机轴向较短的实际情况,建立了定子任一槽所对应的定、转子区域(包括各种主要的电机材料及气隙)的模型。根据电机的结构参数和使用材料的物理性能参数,充分利用有限元方法计算精度高,能够得出温度场整体分布的特点,采用4节点单元进行剖分,对绝缘厚度变化、绝缘和铁芯导热系数变化对温度场的影响进行计算。

(1)大型永磁发电机定子温度场理论分析

1)稳态热传导方程及其等价变分边界条件

由变分原理可知,式(2.2)可写为如下的等价变分方程:

$$J(T) = \int_V \left[\frac{\lambda_x}{2} \left(\frac{\partial T}{\partial x} \right)^2 + \frac{\lambda_y}{2} \left(\frac{\partial T}{\partial y} \right)^2 - Tq \right] \mathrm{d}V + \frac{1}{2} \int_{s_Q} \alpha (T - 2T_f) T \mathrm{d}S = \min \quad (2.7)$$

式中 S_Q——第三类边界条件(散热面);

T_f——S_Q面周围流体的温度。

2)基本假设条件的确定

为计算方便,在温度场求解过程中,假设:

①位于同一定子槽中的上下层绕组是同相的,在同一时间内流过相同的电流。

②涡流效应对每根股线的影响相同,故定子绕组铜耗取其平均值。

③只考虑绕组槽内部分,不考虑绕组的端部。

④结构对称，认为槽中心面和齿中心面是绝热面。

⑤槽内的绝缘材料种类较多，导热系数与导体和导体在槽中的排列方式、浸漆工艺、绝缘漆的成分有关，认为所有绝缘材料（匝间绝缘、层间绝缘、槽底绝缘、槽顶绝缘）的热性能均相同，且各向同性。

（2）大型永磁发电机数据和发热分析

1）发电机基本结构

发电机采用外转子（外部磁钢旋转），内定子结构，由流动的空气对定、转子部件进行冷却。外转子结构主要考虑有利于磁钢的散热和电机转动更加平稳，但内部定子绕组的受热情况则相对恶化。考虑计算的快速性、代表性和全面性，取电机一个槽所对应的定转子铁芯、绕组、磁钢、槽楔、所有绝缘及气隙局部建模，如图 2.8 所示。

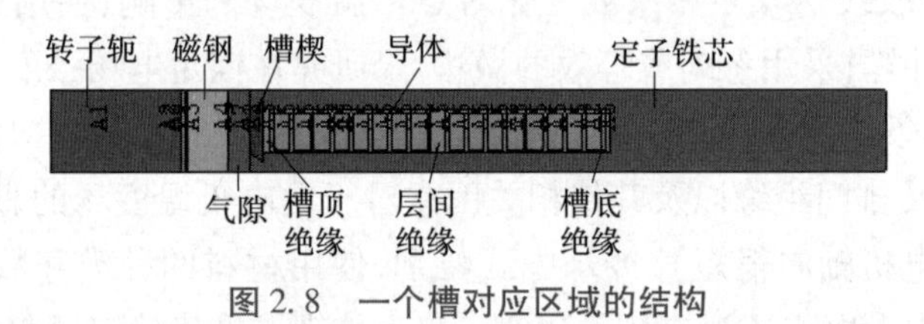

图 2.8　一个槽对应区域的结构

2）发热分析

定子铁芯的热量来源主要有两方面：绕组铜耗和铁芯损耗。定子绕组热量的散失：一部分热量经绝缘材料传导至气隙处的定子表面，由气隙中的冷空气带走；另一部分热量经绝缘材料传递给定子轭部铁芯，传导至定子空心轴部位，由冷空气带走。发电机地处风场，风速较大，空气的流动性较好，冷风流经定、转子表面时会带走产生的大量热量；加之电机轴向长度较小（0.8 m 左右），认为温度场在轴向近似均匀分布；热分析主要考虑对流和传导作用。以下计算中：槽中心面和齿中心面是绝热面，$\partial T/\partial n=0$；冷风温度取 $T_0=25$ ℃。根据发电机的电流密度和绕组的电阻值，对电机绕组施加生热率负荷。定子轭和转子轭边缘施加温度边界条件 35 ℃，以下计算中认为绕组的电流密度和热负荷大小不变，用二维有限元法计算。表 2.5 为材料的导热系数。

表 2.5　多种材料的导热系数

材料	钢材	绝缘	磁钢	铜	硅钢片	槽楔
导热系数 /[W·(m·K)$^{-1}$]	50	0.16	1.6	380	$K_{XX}=12$ $K_{YY}=44.2$	0.3

（3）大型永磁风力发电机温度场的计算和改进

绝缘材料热性能对电机温度场分布的影响非常关键。电机事故的绝大多数（约 70% 以上）与绝缘有关。对于空冷的风力发电机来说，主要在提高绝缘的导热系数、电场强度和减小绝缘厚度，提高铁芯的导热系数等方面进行计算工作。

1)采用现有材料的电机的温度场

根据发电机现有的各种材料和导体中的电流密度值,施加载荷和边界条件进行计算,结果如图 2.9 所示。

2)匝间绝缘老化或绝缘导热系数提高时的温度场

在电、热、机械、化学和微生物等因素共同作用下,绕组内匝间绝缘会出现逐步老化,导热系数下降,严重的老化会使匝间绝缘出现炭化现象,最终导致匝间或相间短路,烧毁定子绕组。

仿真分析定子上层线棒第 4 根和第 5 根(上层线棒共有 8 根导体)导体之间的绝缘导热系数只是正常绝缘材料导热系数的 1/50 时的定子温度场。计算结果(图 2.10)表明:对比图 2.9,绝缘老化导致绝缘材料导热系数变小对温度分布几乎无影响,定子绕组的最高温度仅升高 1.67 ℃,变化很小,同理可以计算如果绝缘老化发生在下层边时的温度场,结论类似。

另可计算绝缘材料导热系数提高(设导热系数提高为目前的两倍)时的温度场,结果见表 2.6。

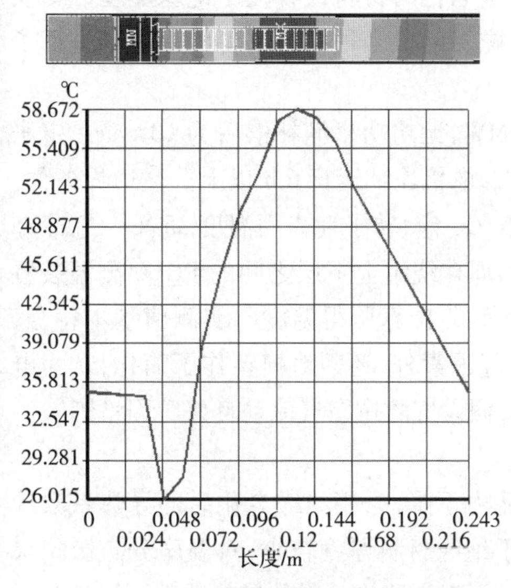

图 2.9　温度云图和曲线

(路径为从转子轭至定子轭)

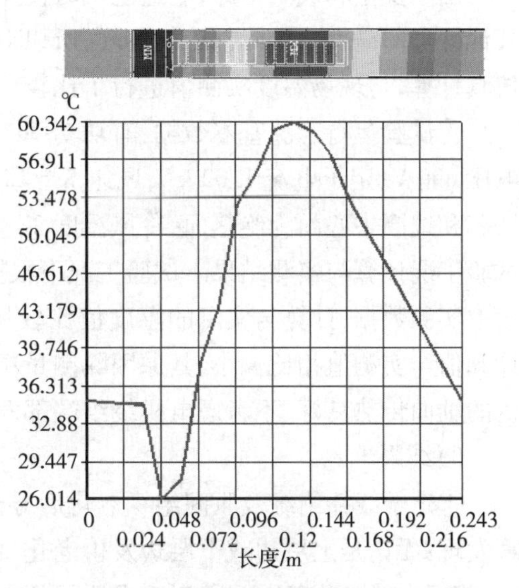

图 2.10　匝间绝缘老化时温度云图和曲线

3)线棒绝缘材料厚度减小的温度场

从理论上考虑:减小线棒绝缘材料厚度,可改善散热效果,提高槽满率,增加电负荷,是发电机增容的理想方法,但尚不清楚减小线棒绝缘厚度和改善温度场效果的关系。现有绝缘的介电强度较高,能够满足发电机耐压指标,重新建立线棒绝缘和匝间绝缘厚度较目前发电机减小一半的模型,绕组的铜耗不变,作仿真计算,发现线棒绝缘和匝间绝缘即使同时减小一半,电机最高温度仍然可达 52.0 ℃,仅比不改变绝缘厚度前降低 6.6 ℃(表 2.6)。

4)铁芯导热性能提高后的温度场

铁芯是热量传导的重要路径,导热系数的提高十分重要。硅钢片采用冷轧工艺,轧制方向的导热能力好,垂直轧制方向的导热能力差。为改善散热效果,径向一般为硅钢片轧制方向,如硅钢片的导热性能改善(取 $K_{XX}=24$,$K_{YY}=50$),进行仿真计算,温度场数值见表 2.6。

表 2.6 计算与实测温度比较

工况 温度	实际电机	绝缘老化	绝缘厚度减小	铁芯导热系数提高	绝缘导热系数提高
最高温度计算值/℃	58.6	60.3	52.0	46.8	53.5
最高温度实测值/℃	65.5	—	—	—	—

5)计算与实测结果的比较与分析

出于安全和成本考虑,制造电机时使用绝缘老化的材料或者减小绝缘厚度或更换其他牌号的硅钢片实际都难以实现,所以对永磁发电机多种材料改善的温度场进行了仿真计算,与现场温度实测值进行了比较。

①试验运行工况基本数据:有功功率 1.2 MW,无功功率经补偿后为 10 kvar。定子电压 690 V,定子电流 1.02 kA,风速 $V=12$ m/s,电机连续运行 6 h 以上。②边界条件:铁芯和线圈中心面为绝热面,冷风温度 $T_0=25$ ℃,定、转子轭表面温度 35 ℃。③冷却试验工况计算与实测结果。试验工况下根据预埋在绕组上下层之间的 Pt100 测温装置读取实测数据,计算与实测的温度值比较见表 2.6,计算所得温度与实测值基本符合。计算值与实测值相比偏小,其原因除测量精度等因素外,还因对模型作了简化,认为电机的轴向传热良好,不考虑电机绕组端部发热,假设气隙中空气流动良好等因素影响。

6)结果

①定子线棒绝缘及匝间绝缘老化后导热能力下降,采用绝缘老化后的导热系数计算发现:无论是上层边或下层边发生老化,由于绝缘材料厚度较小,对温度分布影响很小,绕组内部温升变化不到 2 ℃,几乎可以忽略;而提高绝缘材料的导热系数可以较为明显地降低温升。

②采用传统的热电偶检测手段无法检测到匝间绝缘的老化程度,应进行绝缘老化后电场强度变化方面的检测和研究,研究绝缘老化引起的绝缘击穿问题。

③在满足电气性能的基础上,如同时减少现有线棒和匝间绝缘厚度一半,最高温度仅下降 6.6 ℃,而实际减少绝缘厚度一半很难做到,此方法相对不可取;若能提高绝缘材料的导热系数[设绝缘导热系数提高为 0.32 W/(m·k),最高温度则为 53.5 ℃(表 2.6)],可以明显改善温度场分布。

④磁钢由于位于外转子上,冷却条件较好(热量由冷风带走和经转子轭传导),最高温度只有 28.6 ℃,结合已知的退磁曲线,不会发生不可逆去磁,能够保证安全运行。

⑤硅钢片导热系数对电机性能影响很大:导热系数 K_{XX}、K_{YY} 越大,散热效果越好。提高导热系数是改善散热的重要途径。

2.5　本章小结

本章首先论述了风力发电机发热计算的必要性,分析了发电机发热和散热的基本原理,对发电机温升的基本理论算法进行了介绍论述,结合计算机知识和有限元理论,选取计算机求解的有限元算法,便于修改模型和材料参数,计算精度容易保证,同时满足计算的快速性要求,以二维场进行计算。根据传热学原理建立了大型永磁直驱风力发电机的实体温度场模型,给出了求解的基本假设和边界条件,以一对磁极为计算区域计算发电机定、转子温度场。分析了绕组温度最高点出现的部位以及可能的最高温度,得出了铁芯的高温部位,分析结果与实测结果基本相符。分析了绝缘材料老化,对于温度场的影响,提出了降低发电机温度场故障的改进措施,包括采用高导热系数的硅钢片以及绝缘材料等;在满足绝缘性能要求的前提下,研究减少电机使用的绝缘层的厚度;对 Pt100 的埋设部位提出了改进意见;还研究了磁钢在高温下是否退磁的问题。

第3章 大型双馈风力发电机电磁场、温度场耦合计算

3.1 双馈风力发电机电磁场分析

3.1.1 正常运行时的电磁场

(1)双馈发电机电磁场分析必要性

大型双馈风力发电机容量多为兆瓦级,提高风力发电机电磁场的设计分析水平,改善和优化电磁场分布,对其分析并作出运行状态以及故障预测,进而提高发电机的运行可靠性,降低故障率,已成为双馈风力发电机电磁设计的重要问题。

双馈风力发电机的独特之处如下所述。

①转子绕组经变频器与电网连接,转子电流由气隙磁场在转子绕组内的感应电动势和变频电源的电压共同产生。

②电机励磁由定、转子双边提供,调节转子励磁电压、电流的幅值和相位可灵活地对有功和无功功率调节。

③发电机在运行时,因风速变化范围宽,能够可靠地运行在亚同步及超同步状态。

④发电机连接无穷大电网,定子电压恒定。以上因素也决定了其电磁场的复杂多样。

目前,关于大型双馈风力发电机的研究文献主要包括3类:一是利用等效电路从电机学的角度对其稳态特性进行研究;二是用磁场定向矢量控制技术从控制角度对其控制策略进行探索;三是对发电机的电磁设计进行分析。为准确对电机的电磁场进行研究,国内外专家学者提出了众多计算方法,有限元法以计算精度高、速度快及建模修改方便等特点受到广泛关注。

一些学者运用数值计算方法对不同类型电机的电磁场、不同运行状况下铁芯与绕组间的热量传递、转子通风方式和电机风量分配对电机温升的影响等问题进行了研究。

研究多针对电机的局部区域,或针对影响电磁场的个别因素进行。如文献[55]使用振动特性结合定子电流谱特性,仅进行了定子电磁场的计算。文献[56]采用多回路理论得出 Park' 矢量轨迹,仅进行了定子部分匝间短路故障时的电磁场计算。以上文献大多并未提及所研究发电机的具体运行工况。目前对双馈发电机电磁设计方面研究的文献较少,由于缺少准确的特征计算数据,发电机部分绕组匝间短路故障的分析判断也较困难,综合考虑双馈发电机多工况的运行特点和转子功率方向、大小变化等因素,有必要对其电磁设计加以探讨。

提出一种用于多工况运行时发生多种短路故障的分析方法,针对一台 1.5 MW 双馈风力发电机的全部区域,先采用有限元法建模计算,然后利用得出的数据进行傅里叶级数编程分解,得出发电机在多种运行工况正常运行以及定子匝间及相间短路故障发生时的电磁场分布规律和特点,并予以详细分析和对比。

对于双馈风力发电机,当定子旋转磁场在空间以 ω_0 的同步速旋转时,转子励磁电流形成的旋转磁场相对于转子的旋转速度 ω_S 为:

$$\omega_S = \omega_0 - \omega_r = S\omega_0 \tag{3.1}$$

式中 ω_r——转子的旋转角速度;

S——转差率。

转子绕组中的励磁电流的频率 f_S 与定子侧频率 f_1 的关系是:

$$f_S = Sf_1 \tag{3.2}$$

(2)双馈发电机有限元模型

1)双馈发电机分析模型

双馈风力发电机基本参数:三相4极,额定功率 P_N = 1.5 MW,定子侧频率 f_1 = 50 Hz,极对数 $p=2$,定子额定电压 U_{1N} = 690 V,定/转子槽数72/60,额定转速1 800 r/min,定子采用双层叠绕组(为削弱高次谐波,采用短距绕组),△ 形连接;转子双层整距波绕组,Y 连接,电机结构如图3.1所示。

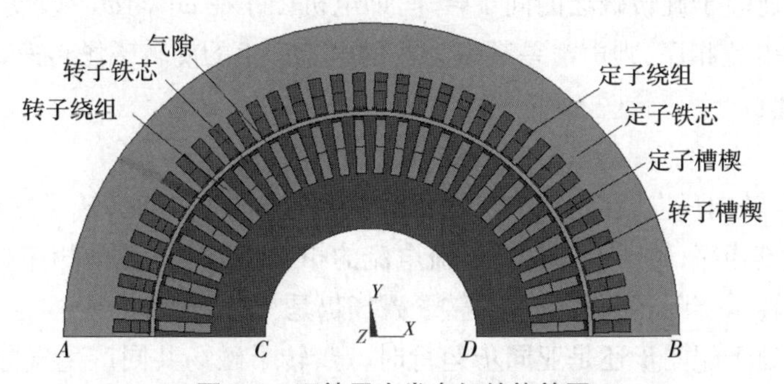

图3.1 双馈风力发电机结构简图

为便于分析,对发电机结构作简化处理:①槽内的多匝线圈作为整体建模,在划分网格时将线圈外部的绝缘层作为整体考虑,分离后单独处理。②电机的齿槽结构以及众多的绝缘结构做合理简化。③叠压在一起的铁芯作为整体考虑。

由于求解区域内存在电流,磁场用矢量磁位 A_z 求解。选取整个电机圆周的1/2为计算区域,以矢量磁位 A_z 为求解变量,则其泊松方程边值问题可描述为:

$$\frac{\partial^2 A_z}{\partial x^2}+\frac{\partial^2 A_z}{\partial y^2}=-\frac{J_z}{v} \tag{3.3}$$

式中 A——矢量磁位;

J——电流密度,A/m^2;

v——介质的磁阻率。

在电机外边界施加磁力线平行边界条件,即 $A_z=0$。

2)模型加载求解

①求解域模型。考虑发电机圆周结构呈几何周期性分布及电磁场的特点,并依据基本假设,取发电机周向1/2区域为研究对象,具有代表性。

②网格生成。对模型采用plane53单元进行网格划分,生成有限元模型,检查网格质量,输出模型数据文件。

③边界条件设定。在发电机的外壳弧线 $\overset{\frown}{AB}$、$\overset{\frown}{CD}$ 上施加第一类边界条件,直线 AC,BD 上施加周期性对称边界条件,然后计算求解。

(3)亚同步、超同步运行磁场的计算

1)亚同步运行时的电磁场

发电机的转子转速低于旋转磁场的同步转速,即电机工作在 $\omega_r<\omega_0$,则由转差频率为 f_S 的转子电流产生的旋转磁场转速 ω_S 与转子转速方向相同。

$$\omega_r+\omega_S=\omega_0 \tag{3.4}$$

转子上施加的交流电流的相序和定子电流的相序相同,定、转子磁场保持相对静止。

2)超同步运行时的电磁场

转子的转速高于旋转磁场的同步转速,即电机工作在 $\omega_r>\omega_0$,改变通入转子绕组的频率为 f_S 的电流相序,则由滑差频率为 f_S 的电流产生的旋转磁场转速 ω_S 与转子转速方向相反,因此:

$$\omega_r-\omega_S=\omega_0 \tag{3.5}$$

为了让 ω_S 转向反向,在由亚同步运行过渡到超同步运行时,转子三相绕组必须能自动改变其电流相序,转子上施加的交流电流的相序和定子电流的相序相反,转子旋转磁场的转向和转子实际转向相反,定、转子磁场仍是相对静止的。

实际无论处于超同步还是亚同步运行时,定、转子磁场共同产生气隙合成磁场,两磁场之间相对静止,气隙合成磁场会增强或者削弱(受电机转速的变化、发电机所带负载的性质以及转子电流的性质等因素影响)。以具有代表性的超同步运行状态为例,某一瞬时定子磁场对转子旋转磁场的转动起去磁(阻碍)作用(定子磁场超前转子磁场轴线一个角度），一般情况下，转子回馈电网能量可达（20～30）% P_N，此时在转子模型上施加额定电流，气隙磁密（路径为沿气隙从左至右，以下同）计算结果如图 3.2 所示，磁密波形基本为一正弦形（有一定的毛刺，即含有一定的高次谐波）。

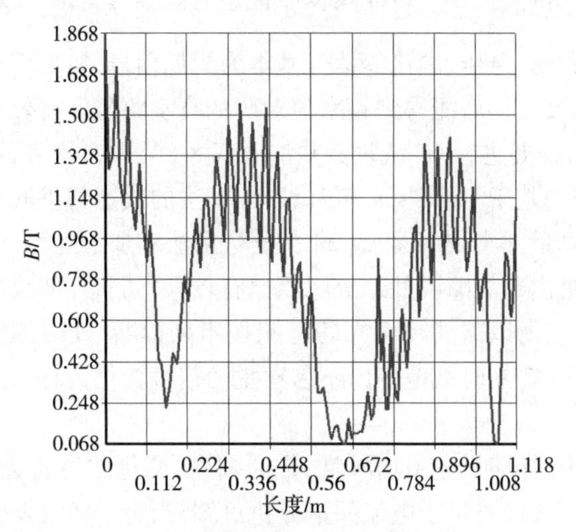

图 3.2　超同步速时的气隙磁密分布

（4）FFT 算法的选择

傅里叶分析作为信号处理的工具，已在工程实践中得到了广泛应用，其核心在于将信号表示为具有不同频率的谐波函数的线性叠加，从而将时域研究转化为频域分析，而后者往往更容易揭示信号的本质。它既可以分析功率有限的周期函数，也可对能量有限的非周期函数进行连续或离散频谱分析。Fourier 变换已广泛应用于电力系统谐波分析、故障在线检测和继电保护等广泛领域。

在实际应用中由于计算机的条件限制，连续信号采样点数不可能太多，因此信号必然会被截断，可能导致出现频谱混叠、频谱泄漏和栅栏效应等现象。为克服以上缺点，实际应用中须保证满足香农采样定理（$f_S \geqslant 2f_{max}$）、整周期截断及尽可能增加截取信号长度。由于实际都是利用微机进行计算分析，都是离散的 FFT 变换。通常离散序列 $x(n)$ 的离散傅里叶变换（DFT）及其逆变换（IDFT）被定义为：

$$X(k) = \sum_{n=0}^{N-1} x(n) e^{-j(2\pi/N)nk} \quad k = 0,1,2,\cdots,N-1 \tag{3.6}$$

$$x(n) = \frac{1}{N}\sum_{k=0}^{N-1} X(k) e^{j(2\pi/N)nk} \quad n = 0,1,2,\cdots,N-1 \tag{3.7}$$

也可定义 $x(n)$ 的离散傅里叶变换（DFT）及其逆变换（IDFT）为：

$$X(k) = \frac{1}{N}\sum_{n=0}^{N-1} x(n) e^{-j(2\pi/N)nk} \quad k = 0,1,2,\cdots,N-1 \tag{3.8}$$

$$x(n) = \sum_{k=0}^{N-1} X(k) e^{j(2\pi/N)nk} \quad n = 0,1,2,\cdots,N-1 \tag{3.9}$$

式(3.6)和式(3.7)宜用于能量有限信号的时频变换计算,而式(3.8)和式(3.9)则用于功率有限信号分析,功率和能量有限信号分别定义为:

功率有限信号 $\lim\limits_{T\to\infty}\dfrac{1}{2T}\int_{-T}^{T}x^2(t)\,\mathrm{d}t\leqslant\infty$,能量有限信号 $\lim\int_{-\infty}^{+\infty}x^2(t)\,\mathrm{d}t\leqslant\infty$。

由于发电机的磁密、电压、电流等信号基本为周期信号,属功率有限信号,可利用公式进行计算,这样直接变换后能得到频率值对应的真实幅值。需要注意的是,若需完成整组上述 DFT 运算,需要进行 N^2 次复数乘法和 $N\times(N-1)$ 次复数加法,计算量较大。因此,在实际中均采用基于 Danielson 和 Lanczos 算法的快速傅里叶(FFT)算法,它采用迭代方式即可将计算量减小到 $N\times\log 2^N$ 次复数乘法和加法运算。

发电机定子绕组内部故障同外部故障相比有较大不同,外部故障一般表现明显,而内部故障却不易察觉,所以需要较可靠的检测技术来诊断。FFT 频谱分析是一种有效的方法,能够检测到一些在时域范围内不易察觉的信号变化信息,为发电机的诊断提供有力支持。

当定子绕组发生故障时,电磁场异常,磁通畸变,变化的磁通会在定子电流中感应出相应的谐波分量。通过对定子电流频谱分析可知,当定子绕组发生匝间短路故障时,定子电流中会产生较强的时间谐波分量,尤其以 3 次和 5 次谐波分量的幅值较大。因此,可将这些谐波分量提取出来,作为定子绕组故障的特征因子。研究表明,定子绕组匝间短路会导致三相电流不对称,其中发生故障的该相电流强度最大。并且,定子三相绕组电流相位对称关系也遭到破坏,因而也可将三相电流间的相位差作为定子故障特征因子。

文献[60]采用多回路理论推导出电机定、转子间的互链过程表示如下:

定子(ω)→转子$(\omega\pm j\omega')$→定子$(\omega\pm(j_1\pm j_2)\omega')$→转子$(\omega\pm(j_1\pm j_2\pm j_3)\omega')$…其中 $j_1,j_2,j_3,\cdots=1,3,5,\cdots$;

式中 ω'——电角度表示的转子角速度,且 $\omega'=(1-s)\omega$;

s——转差率。

由以上过程可得:由定子基波电流建立起来的气隙磁场在转子回路中引起的电流在定子线圈中产生的磁链频率为:

$$f_S=\left|(1\pm 2k(1-s))\right|f\quad k=0,1,2,\cdots \tag{3.10}$$

式中 f——异步电动机的供电频率。

发生定子绕组匝间短路时,定子三相绕组的对称性被破坏,气隙磁场中将会出现较强的空间谐波,而定子电流中则是较强的时间谐波,且高次谐波会明显增强,另外,定子电流中的奇次和偶次谐波会因三相绕组失去对称性而有所增强,因此式(3.10)则为:

$$f_S=\left|(n\pm 2k(1-s))\right|f\quad n=1,2,\cdots;k=0,1,2,3,\cdots \tag{3.11}$$

这就是定子绕组匝间短路的故障特征频率。

下面分别在发电机正常和故障运行情况下进行频谱分析。

气隙磁密直接影响发电机的电压波形,希望了解气隙磁密基波及高次谐波含量,因而对得出的磁密仿真数据运用 MATLAB 语言编写谐波分析 FFT(快速傅里叶变换)程序:

```
N=64;采样点的数量
Fs=2 560;采样频率
Y=fft(data_sxdz1,N);做 FFT 变换
Ayy =(abs(Y));取模
%plot(Ayy(1:N));
%figure;
Ayy=Ayy/(N/2);换算成实际的幅度
Ayy(1)= Ayy(1)/2;
F=([1:N]-1) * Fs/N;换算成实际的频率值
plot(F(1:N/2), Ayy(1:N/2));显示换算后的模值
```

对气隙磁密进行谐波分解的结果如图 3.3 所示,可见基波分量幅值为 1.1 T,各主要高次谐波分量都很小,其中 9 次谐波较为明显,但也小于 0.2 T。

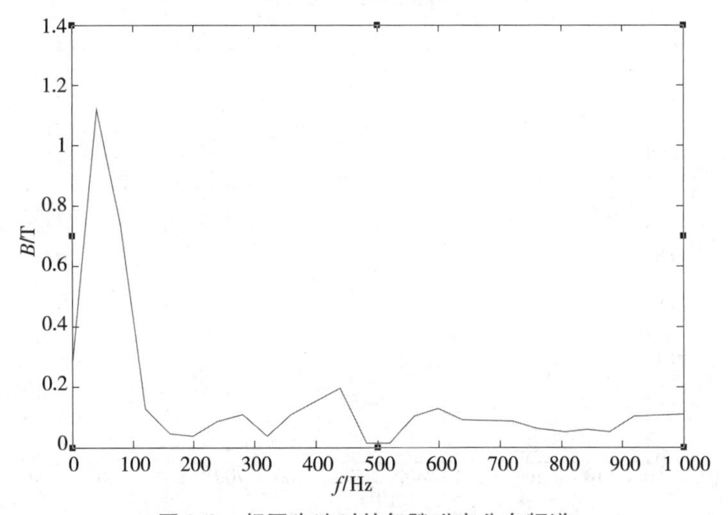

图 3.3　超同步速时的气隙磁密分布频谱

(5)同步运行时的电磁场

转子磁场的转速、转向和定子磁场相同,定、转子磁场保持静止,此时 $\omega_r = \omega_0$,$S = 0$,转差频率 $f_S = 0$,通入转子绕组的电流频率为 0(即直流电流),与普通同步发电机相同。

此时转子绕组施加直流电流励磁,形成恒定的磁场,定子磁场对于转子磁场起一定的排斥作用(即定子磁场阻碍转子的转动),施加转子电流 $i_{2a} = 420$ A,$i_{2b} = i_{2c} = -i_{2a}/2$,计算结果如图 3.4 所示,对气隙磁密波形进行分解后的结果如图 3.5 所示,与超同步运行相比区别不大。

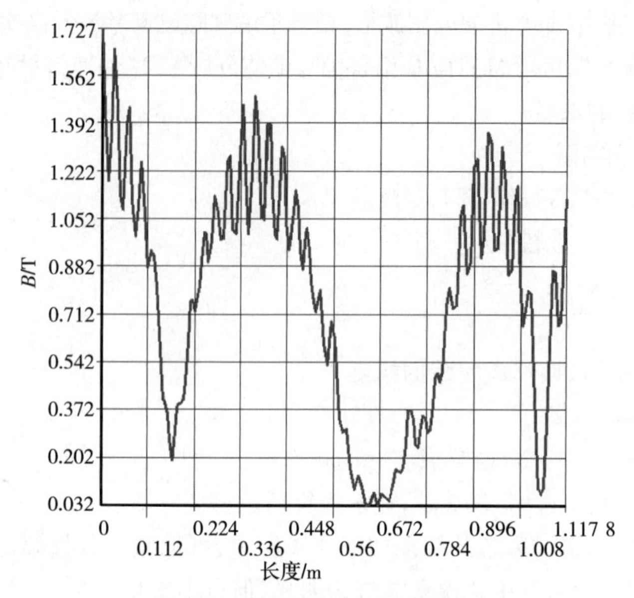

图 3.4　同步速时的气隙磁密分布

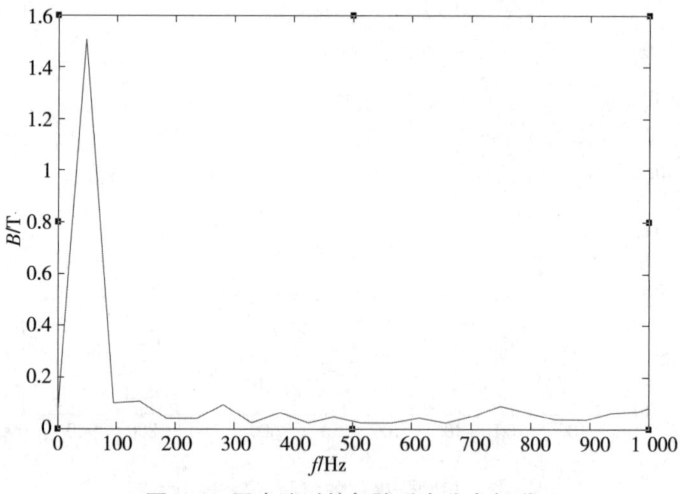

图 3.5　同步速时的气隙磁密分布频谱

3.1.2　典型短路故障时的电磁场

(1)定子绕组部分匝间短路的电磁场

在运行中,除单相、两相及三相短路外,实际因绕组生产工艺等,最易发生匝间短路;加之发电机受电、磁、热、机械等应力作用,绝缘老化速度会加快;另外,其他各种因素引起的碰磨、老化、过热、受潮、污染和电晕等都会造成绝缘损坏。

大型发电机发生线圈匝间短路故障占故障总数的比例较大(例如感应电机的定子

绕组匝间短路故障约占所有故障的 15%)，由于其对机组正常运行影响不大或故障特征不明显，许多匝间短路被忽视，但匝间短路长期存在可能会导致线圈一点甚至两点接地，引发恶性事故。

发电机正常运行时，定子电流对称；发生匝间短路故障时，定子电流失去对称性(产生了反向旋转磁场)，并在转子电流中产生频率为 $(2-s)f_1$ 的故障谐波分量。该频率成分又反作用于定子电流，定子电流中的谐波频率 f_{ks} 表达式为：$f_{ks}=\pm kf_1, k=1,2,3,\cdots$，转子侧谐波频率 f_{kr} 表达式为：$f_{kr}=(2k\pm s)kf_1$，故可通过检测电流中的谐波成分来判断是否出现了匝间短路故障，但实际上电源的不对称性会对准确提取故障特征造成很大障碍，此外负载大小也会对分析产生影响，因而匝间短路的仿真计算分析仍有很大必要。

假设电机定子 A 相部分绕组发生匝间短路(短路比例达整个槽绕组的 12%)，如图 3.6 所示，短路区域电流密度可达额定电流的 4 ~ 5 倍。仿真时通过改变模型中短路绕组的短路匝数(图中可用绕组短路部分的面积多少来表示匝间短路的程度)和短路部分的电阻大小，以联合实现绕组匝间短路故障的模拟，对其仿真计算结果如图 3.7 所示，对气隙磁密波形进行分解后的结果如图 3.8 所示，可见匝间短路发生时，磁密波形有较明显畸变，基波幅值降低，高次谐波所占比例增加较为明显。

图 3.6　双馈发电机定子匝间短路位置示意图

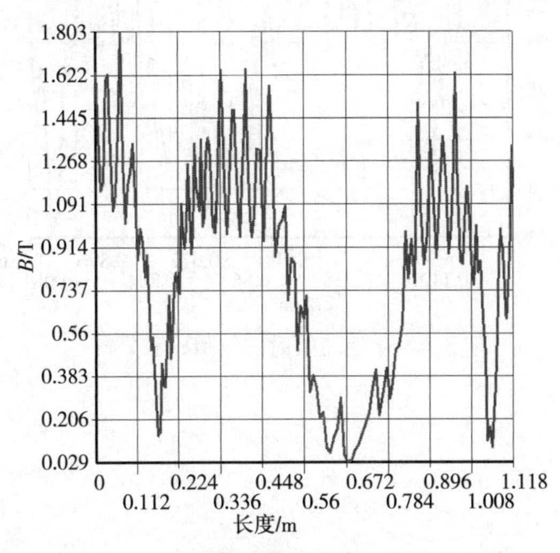

图 3.7　定子匝间短路时的气隙磁密分布

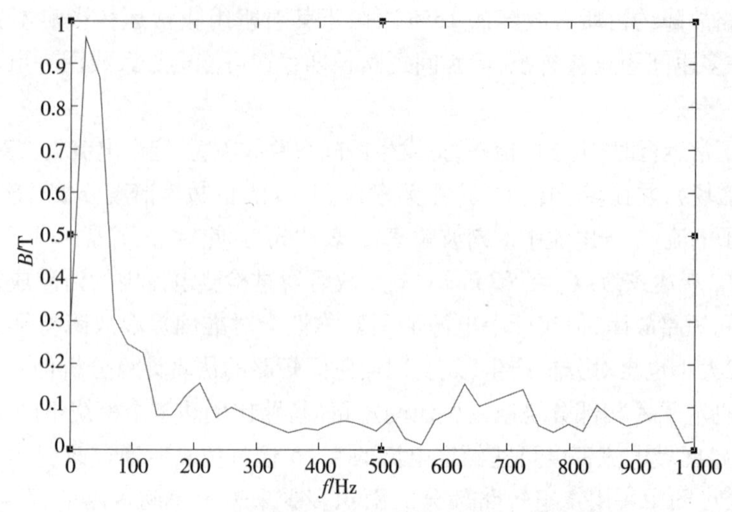

图 3.8　定子匝间短路时的气隙磁密分布频谱

(2)定子绕组单相短路的电磁场

发电机发生单相短路,短路相电流增大为 5 倍额定电流,图 3.9 为定子 A 相绕组发生单相短路的仿真结果,对气隙磁密波形进行分解后的结果如图 3.10 所示,可见波形畸变严重,与正弦波差距巨大,磁密基波幅值下降,高次谐波含量大大增加。

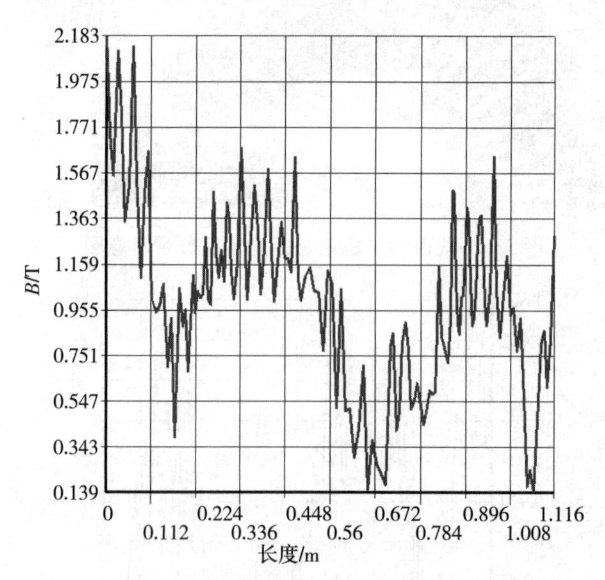

图 3.9　单相短路时的气隙磁密分布

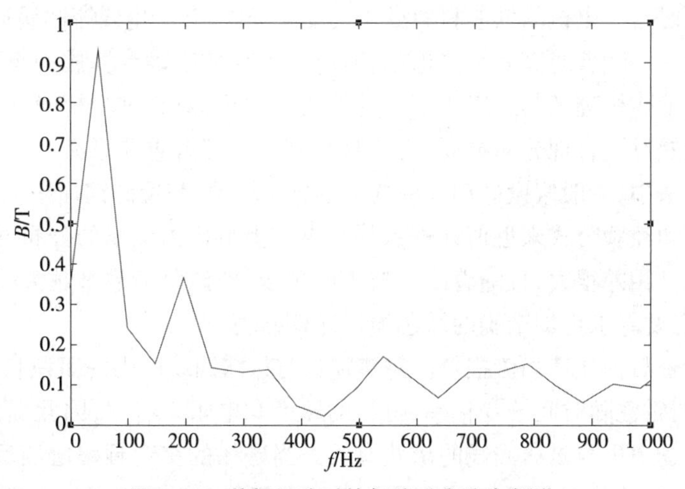

图3.10 单相短路时的气隙磁密分布频谱

(3)多种故障电磁场的仿真比较

发电机多种运行状态的磁场计算结果对比见表3.1。

表3.1 发电机多种运行状态磁场的对比

状态	基波/T	3次谐波/T	5次谐波/T	7次谐波/T	9次谐波/T
正常运行(亚同步或超同步)	1.10	0.08	0.10	0.10	0.18
同步运行	1.45	0.10	0.05	0.03	0.02
匝间短路	0.97	0.08	0.09	0.04	0.07
单相短路	0.92	0.18	0.15	0.13	0.04

①在超同步速和亚同步速运行时,基波占主要成分(幅值为1.10 T和1.45 T),磁密波形畸变较小,高次谐波含量较少,转子磁场对定子磁场起微弱去磁作用,气隙合成磁密波形接近正弦波;同步速运行时,磁密分布和超同步速运行时接近。

②定子绕组发生部分匝间短路故障,磁密波形畸变(5,9次谐波有较明显增加),高次谐波所占比例上升,可用以鉴别是否发生匝间短路故障,并作出故障严重程度的判别。

③定子绕组发生单相短路,磁密分布严重畸变(3,5,7次谐波都有明显增加),谐波含量剧增,磁密分布与正常运行及匝间短路故障时明显不同,易区分辨别。

④发生匝间和相间短路故障时,电机不对称运行,空间磁场谐波含量较正常运行时大,各次谐波的转速和转向不同,削弱了基波磁场。

3.1.3 发电机铁耗计算

损耗和效率是发电机重要性能指标,尽可能降低损耗、提高效率,是电机设计和运行关注的问题之一。电机的铁芯材料处于交变磁场中,会产生磁滞及涡流损耗,是电机的主要损耗之一。随着对高效率的追求,对电机铁耗的准确计算成为重要的课题。研究铁芯损耗的形成机理及其各组成部分的性质及比重,对其进行精确的分析计算及评估,对优化电磁设计、合理分布损耗、提高材料利用率都有重要意义。在目前国内常规的电机设计方法中,一般假设硅钢片中的磁场分布均匀,利用硅钢片在工频正弦波电源下的损耗曲线和经验公式来近似计算铁耗。事实上电机内磁场的分布并不均匀,不同区域的饱和程度相差很大,且随着冷却技术的进步,电磁负荷越来越大,饱和程度将进一步加深,有必要寻求更加精确的铁芯损耗计算方法。

铁耗包括磁滞损耗和涡流损耗。磁滞损耗与磁滞回线所围的面积和交变频率成正比,涡流损耗与磁密随时间的变化率、材料的厚度和电阻率有关,因此涡流损耗在交变电流激发的磁场中也与磁滞回线的形状有关。当磁场的交变频率增加后,磁滞回线的形状会发生变化,其包围的面积将增加,因此磁滞损耗和涡流损耗都会增加。此变化规律很复杂,通过模拟实际变化规律来求铁耗较为困难。为解决此问题,1990 年 Bertotti 等人提出铁芯损耗分离理论,较好地解决了这个问题,结合有限元能获得较高的计算精度。根据铁芯损耗分离理论,可将铁芯损耗划分为 3 个部分:磁滞损耗、涡流损耗和附加损耗。附加损耗是对应于频率增加后磁滞回线面积增加的那部分铁耗,它们分别表示为:

$$\mathrm{d}P = c_1 B_\mathrm{m}^2 f + c_2 (B_\mathrm{m} f)^2 + c_3 (B_\mathrm{m} f)^{\frac{3}{2}} \tag{3.12}$$

式中 $\mathrm{d}P$ ——单位体积的铁磁材料总损耗;

$c_1 B_\mathrm{m}^2 f$——磁滞损耗,与频率 f 成正比,是低频磁场铁耗的主要组成部分;

$c_2 (B_\mathrm{m} f)^2$——涡流损耗,与频率平方成正比;

$c_3 (B_\mathrm{m} f)^{\frac{3}{2}}$ ——附加损耗,与频率的 1.5 次方成正比。

在有限元瞬态场计算中,当得到了铁芯区域上的磁密分布后,在某单元上一个周期内进行上述运算可得到此单元的平均铁耗,对整个铁芯区域积分可以得到铁芯损耗,以实现铁芯损耗的精确计算。

$$\mathrm{d}P_\mathrm{moy} = k_\mathrm{h} B_\mathrm{m}^2 f k_\mathrm{f} + \frac{1}{T}\int_0^T \left[\sigma \frac{d^2}{12} \left(\frac{\mathrm{d}B}{\mathrm{d}t}(t) \right)^2 + k_\mathrm{e} \left[\frac{\mathrm{d}B}{\mathrm{d}t}(t) \right]^{\frac{3}{2}} \right] k_\mathrm{f} \mathrm{d}t \tag{3.13}$$

式中 k_h——磁滞损耗系数;

k_f——涡流损耗系数;

σ——铁芯导电系数;

k_e——铁芯损耗系数;

B_m——磁离幅值。

发电机发生故障时,由于气隙磁场畸变,高次谐波增加,铁芯内的铁耗会大大增加,导致铁芯温度上升,从而酿成更加严重的故障。

由以上分析计算可知:发生不对称故障后,气隙磁密中的谐波含量很高,气隙中存在很大的谐波磁动势,会在发电机绕组中感生谐波电动势,从而引起机械振动和噪声。

谐波磁动势与定子齿之间发生相对运动,就会在定子齿中产生磁滞和涡流损耗,即脉振损耗 P_a。脉振损耗和磁通密度脉振幅值 B_p 成正比,即:

$$P_a \propto B_p \tag{3.14}$$

不同工况下,发电机脉振气隙磁通密度的数值见表3.2。

表3.2　发电机在不同工况下脉振磁密

工况	脉振磁密最小值/T	脉振磁密最大值/T	脉振幅值/T
正常运行	0.432	0.850	0.418
单相短路	0.577	1.440	0.863
两相短路	0.550	1.190	0.640

由表3.2可知,发生单相接地短路和两相短路故障时,其脉振幅值由正常运行时的0.418 T增大为0.863 T和0.640 T。脉振损耗和脉振幅值成正比,见式(3.14)。由此可得:发生单相接地短路故障时,脉振损耗是正常运行时的2.1倍;发生两相短路故障时,脉振损耗是正常运行时的1.54倍;发生不对称短路后,发电机的脉振损耗显著增加,脉振损耗是发电机附加铁耗的表现,即附加铁耗显著增加;单相接地短路时发电机的附加铁耗大于两相短路时的附加铁耗。

在发生不对称故障后,发电机的气隙平均磁通密度与正常运行时相比变化很大。不同工况下双馈风力发电机气隙平均磁密见表3.3。

表3.3　发电机在不同工况下气隙平均磁密

工况	气隙平均磁密/T
正常运行	0.640
单相短路	1.010
两相短路	0.860

根据文献[55]可得,发电机定子的表面铁耗 P_s 可由式(3.15)表示:

$$P_s = \frac{a}{2}\left(\frac{bn}{10^4}\right)^{1.5}\left(\frac{b_\delta k_\delta B_\delta d}{\delta} \times 10^3\right)^2 \tag{3.15}$$

式中　a——铁芯表面加工系数;

b——定子齿数;

n——发电机转速;

b_δ——槽口宽度;

δ——气隙长度；

k_δ——气隙系数；

B_δ——气隙平均磁通密度；

d——定子齿距。

式(3.15)中除了变量 B_δ 是随发电机运行状态变化的，其他均为常数。简化后的式(3.15)可表示为：

$$P_s = KB_\delta^2 \tag{3.16}$$

式中常数 K 的表达式为：

$$K = \frac{a(bn)^{1.5}(b_\delta k_\delta d)^2}{2\delta^2} \tag{3.17}$$

由表3.3可知，发电机正常运行时，其气隙的 B_δ 较小，而发生单相接地短路故障后，B_δ 从正常运行时的0.640 T增大到1.010 T，其值是正常运行时的1.58倍。由式(3.16)可知，发电机定子表面损耗 P_s 与气隙的 B_δ 的平方成正比，所以发生单相接地短路故障后，P_s 是正常运行时的2.5倍，定子表面损耗显著增加。

在发电机发生两相短路故障时，气隙的 B_δ 是正常运行时的1.34倍，P_s 是正常运行时的1.81倍。因此发电机在两相短路时的定子表面铁耗 P_s 比单相接地短路故障时小，但单相接地短路故障和两相短路故障的定子表面铁耗都远大于正常运行状态下的定子表面铁耗。

3.1.4 小结

本部分提出了一种用于发电机多工况运行时发生多种短路故障的分析判断方法。该方法首先使用有限元方法对全部区域建模精确计算得出电磁场数据，再软件编程结合傅里叶分解原理得出频谱图，两种手段结合运用，得出发电机在正常运行以及多种短路故障发生时的电磁场分布规律和特点，并予以详细分析和对比。该方法具有计算速度快，特征量明显，结果直观，便于判别的特点。其分析结果可应用于发电机保护、故障预测判别和电磁场优化等。

基于ANSYS仿真软件针对新疆某风电场1.5 MW双馈风力发电机进行了二维建模，分别对其正常运行工况、单相接地和两相稳态短路故障等情况进行了电磁场仿真研究，并对仿真结果进行了对比分析，结果表明：

①正常运行状态时，发电机的磁力线分布、磁力线矢量、气隙磁通密度分析结果与电机学理论一致。

②发电机处于不对称故障状态时，气隙磁密中的谐波含量很高，谐波磁动势很大，在电机绕组中感生谐波电动势，产生谐波电流，引起机械振动和噪声。

③发电机处于不对称故障状态时，气隙磁密脉振幅值增大，附加铁耗(脉振损耗)

显著增加;单相接地短路故障时发电机的附加铁耗大于两相短路故障时的附加铁耗。

④发电机处于不对称故障状态时,气隙平均磁通密度增大,定子的表面铁耗成平方倍增加;单相接地短路时定子表面铁耗大于两相短路时定子表面铁耗。

3.2 双馈风力发电机温度场

我国风力发电装机增速已处于世界领先地位,风电机组的单机容量也多已达到兆瓦级,并且具有向永磁发电机发展的势头。但随发电机单机容量增加,电机电磁负荷及损耗也会大大增加,温升会大幅提高。因此,为有效防止温升过高导致发电机绝缘材料性能下降、绝缘损坏以及永磁体退磁等现象的发生,在设计过程中有必要对发电机的整体温升进行详细研究。

近年来,学者们采用有限元法或有限体积元法对大型水轮及汽轮发电机的定、转子的温升问题进行了大量的研究,同时也对影响发电机温升的直接因素进行了研讨,这些研究为理论分析提供了有效的借鉴。文献[64]对永磁同步发电机定子二维温度场进行了数值研究,对绝缘结构、绝缘材料性能以及老化程度和铁芯材料的导热性能等因素对发电机温升的影响进行了研究。

3.2.1 温升计算研究现状

电机的温升计算作为电机设计的主要内容,直接关系电机的出力、效率等性能和经济指标,影响绕组绝缘寿命,从而影响电机的使用寿命和运行可靠性。对于具有较高的电磁负荷和热负荷的发电机,热分析显得尤为重要。电机温升的理论与计算方法伴随着电机制造水平的发展而不断进步。自 20 世纪 70 年代开始,电机的温升计算进入蓬勃发展阶段,方法主要有以下 4 种:①简化公式法;②电阻值与温度的函数关系法;③集中热参数法、等效热路法;④温度场有限元法。

早期电机的热计算主要以简化公式为主,且大部分人员惯于采用等效热路法预测温度。由于该方法的计算思想是从整体出发得到总体温度和温升,因此,计算平均温度准确度尚可,但对最热点温度计算不可靠。由于其计算简便,辅以多年的经验,计算结果基本上满足要求。20 世纪 70 年代后,求解电机温度场的解析法理论基本成型,数值解法开始大力发展。1974 年,苏联的 A. N. 鲍里先科等人在其著作中系统介绍了流体力学和传热学在电机工程中应用的理论基础,详细分析了电机发热和通风冷却的物理过程,并推演了有关的公式,该著作为电机的热分析奠定了理论基础。1976 年,Armor 等人首次将有限元法引入电机的温度场计算,为电机内温度场的数值计算奠定了基础。

之后,电机温度场数值计算技术发展迅速,并呈多样化趋势。国内,电力科学研究院李德基等人采用等效热路法,对汽轮发电机氢气直接冷却转子的三维稳态温度场和定子端部三维温度场进行研究,并且研究了定子温升对绝缘老化的影响。哈尔滨大电机研究所范永达等用有限差分法,计算了氢冷情况下的大型汽轮发电机转子绕组温度场。汤蕴璆、张大为等用有限元法对水轮发电机定子最热段的三维温度场进行了研究。陈志刚从电机散热的物理概念出发,分别应用等效热网络和有限元两种方法对电机三维温度场进行了计算。1998 年至今,哈尔滨理工大学李伟力教授课题组基于多元耦合的物理场(温度场、电磁场、流体场等物理场的耦合)对感应电动机以及大型发电机等进行三维温度场的数值计算,电机综合物理场的研究有了一个好开端。

相对而言,国外在电机温度场方面的研究工作较为深入。日本学者 H. Ohishi 等人利用具有 700 个节点的网络模型分析了具有单匝线圈的旋转电机中定子线圈股线中的温度分布。Alexander Eigeles Emanuel 分析了谐波电压随机变化对笼型电动机温升的影响。2000 年 A. DiGerlando 对大型感应电动机的定子绕组的温度场进行了计算。2005 年 M. J. Durán 等人建立了电机热模型和深槽效应模型,给出了电机定子或转子温度计算的集中热参数模型。但从总体上看,目前对风力发电机的发热综合计算尚不多。

电机运行时会产生铜耗和铁耗,这些损耗会转变为热能,使电机各部分的温度升高。电机不是均质等温体,其中的散热过程比较复杂。对于风力发电机的温升计算,主要计算绕组、定子铁芯以及永磁体等的温升。这些部件既是导热介质,其中又分布着热源,它们的温度一般来说总是按一定规律分布的,从而会有最高温升和平均温升的区分。传统热路法计算温升不仅准确性低,而且只能估算绕组和铁芯的平均温度,无法全面了解温度的分布情况及过热点的位置和数值。

现代数值方法的应用为温度场研究提供了有力的工具,目前比较常用的方法有等效热网络法和有限元法。采用有限元法对 DFIG 温度场进行分析计算。

3.2.2 双馈发电机温度场分析

双馈风力发电机单机容量日益增加,多已达兆瓦级。其定、转子上均为绕制绕组,参与能量转换,在运行时,比一般电机更易出现定、转子侧绕组匝间、单相等多种短路故障;发电机可在亚同步速以及超同步速运行,转速变化范围较大,转子和电网之间的电流方向和大小都在变化,转子回馈电网电功率可达总功率的 30%,容易出现转子发热严重的情况;发电机结构复杂,材料多样,需要研究绝缘材料性能改善对于温度场的影响。以上问题体现了温度场分析的复杂。目前温度场的全面实际测量很不方便,因电机生产厂商只在发电机每相绕组中预埋数量有限的 Pt100 热电阻(一般每相绕组埋 2 只),测定绕组个别位置的温度,无法全面了解电机任意部位的温度。电流流经绕组产生的铜损耗,是温度升高的主要原因,电机内材料多样,绕组外包绝缘,热量主要经过传导作用传至电机外壳,同时电机的气隙中主要为对流散热,热量散失十分复杂。温度场设计计算对发电机十分重要,可避免绝缘材料过早损坏,降低故障率,改善冷却效果、限制温升正成为发电机设计的重要问题。

为准确地对电机的温度场进行研究,国内外学者提出了众多计算方法,目前一些学者运用数值计算方法对不同类型电机的温度场、不同运行状况下铁芯与绕组间的热量传递、转子通风方式和电机风量分配对电机温升的影响等问题进行了研究,以上工作为电机内的多物理场的计算奠定了一定基础。以上文献多是针对双馈电机的局部区域(未同时涉及定、转子)或个别影响温度场分布的因素来进行研究,如文献[91,92]仅进行了定子温度场计算,文献[93]仅进行了正常状态温度场计算,文献[88]仅对电机内冷却介质的速度、迹线、温升等参量的分布特性进行了分析。

目前关于双馈风力发电机温度场的文献研究较少,且没有涉及多种状态的温度场(如长期的部分绕组不同比例的匝间短路、单相短路故障发生的温度场)的分析计算。传统的温度场计算多采用经验公式法估算,很不准确、直观。采用有限元方法,仿真计算发电机全部区域绕组多种运行工况和故障情况下的温度场,以及绕组绝缘材料性能提高对于温度场的影响,材料选取方便,计算精度高、速度快,结果直观且可以三维方式显示。

以一台1.5 MW风冷式双馈风力发电机为例(参数见表3.4),基于有限元方法,针对发电机的全部区域,在电磁场计算的基础上耦合计算(电磁场计算得出的电流、铜耗和铁耗等数据作为温度场的计算条件)正常运行以及多种故障发生时温度场,考虑了对流和传导散热,仿真确定了各种情况下电机内的最高温度和位置以及绝缘材料性能改进对温度场的影响。对绕组发生匝间短路故障和单相短路故障进行了计算判别,并把仿真计算与实测数据进行了比较分析,实验结果表明了该方法的正确性,对发电机的进一步优化设计具有指导意义。

表3.4　双馈风力发电机基本参数

额定功率/MW	额定电压/V	极数	相数	定子额定电流/A	转子额定电流/A	额定转速/(r·min^{-1})
1.5	690	4	3	1 100	420	1 800

对于温度场的计算流程如图3.11所示。

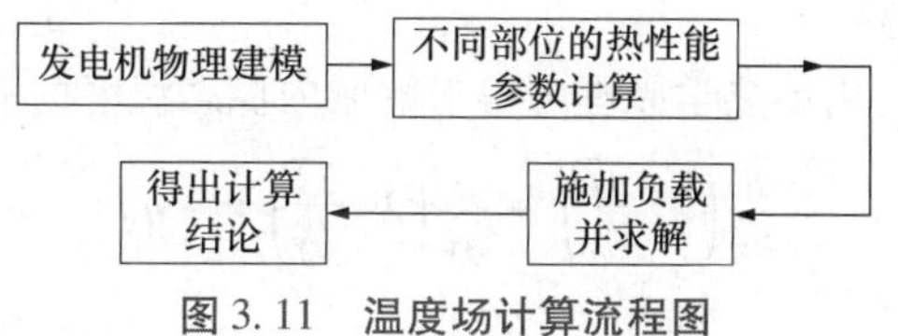

图3.11　温度场计算流程图

(1)双馈发电机模型建立

MW级变速恒频双馈风力发电机1/2区域范围的绝缘结构分布如图3.12所示,电机使用的多种材料的热性能参数见表 3.5。

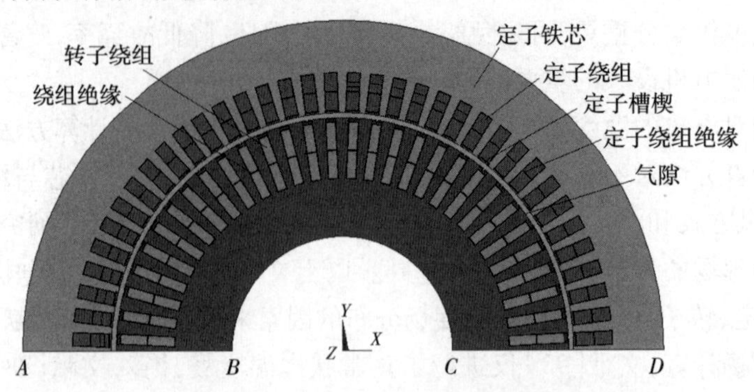

图 3.12 双馈风力发电机结构简图

为便于分析，对发电机结构作如下简化：①槽内的多匝线圈作为整体建模，划分网格时把线圈外部的绝缘层作整体考虑，予以分离，单独进行处理；②由于电机结构周向对称以及传热特性，认为定、转子槽中心面和定、转子齿中心面是绝热面；③叠压在一起的硅钢片铁芯作为整体考虑，略去铁芯接缝的影响。

表 3.5 电机主要材料的热性能参数

材料导热系数	/[W·(m·℃)$^{-1}$]
铁芯	45
绝缘材料	0.38
铜导线	376
槽楔	0.3
空气	0.03
气隙对流系数	130/[W·(m·℃)$^{-1}$]

据实际情况分析，发电机热量传递的途径主要是传导和对流，进行仿真计算时主要考虑以上散热方式，需要设置计算初始温度值和发热面的生热率等，由于发电机的最高温度不是特别高(一般不会超过 150 ℃)，所以可忽略辐射效应。

(2)热性能参数计算

针对各向异性材料，由传热学原理可得求解域内稳态温度场基本方程和其边界条件：

$$\frac{\partial}{\partial x}\left(\lambda_x \frac{\partial T}{\partial x}\right)+\frac{\partial}{\partial y}\left(\lambda_y \frac{\partial T}{\partial y}\right)=-q_V \tag{3.18}$$

$$-\left.\frac{\partial T}{\partial n}\right|_{s_j}=0 \tag{3.19}$$

$$-\lambda\left.\frac{\partial T}{\partial n}\right|_{s_s}=\alpha(T-T_j) \tag{3.20}$$

式中　T——固体待求温度，℃；

λ_x,λ_y——求解域内各材料沿 x,y 方向的导热系数，W/(m·℃)；

q_V——求解域内各面热源密度之和，W/m²；

α——散热表面的散热系数，W/(m²·℃)；

T_j——散热面周围流体的温度，℃；

s_j,s_s——分别为绝热和散热面。

1）定子铁芯外缘对空间的散热系数

绕组产生热量的一部分到达定子铁芯外缘，向空间散失。由于电机内部有风扇吹风，铁芯外缘空间的空气有一定的流速，属于强制对流换热，其散热系数可按式(3.21)计算：

$$\alpha_1 = \alpha_0\left(1 + k\sqrt{v_1}\right) \tag{3.21}$$

式中　α_0——发热表面在静止空气中的散热系数；

k——考虑空气流吹拂效率的系数；

v_1——空气吹拂表面的速度。

2）气隙的散热系数

气隙中的冷却介质气流受到转子切向运动以及定子内缘表面的阻滞效果综合作用，气隙中气流的切向速度呈双曲线形分布，其散热系数可用式(3.22)表示：

$$\alpha_\delta = 28(1 + \bar{\omega}_\delta^{0.5}) \tag{3.22}$$

式中　ω_δ——气隙平均风速，取 $\omega_\delta \approx 0.5v_2$，$v_2$ 为转子的圆周速度。

(3)模型加载求解

取发电机周向 1/2 区域为研究对象，节约了计算时间，并具有实用性和代表性。模型采用 plane55 热单元划分网格。发电机气隙和定、转子的交界面以及定子外表面的热交换主要考虑对流条件，认为定、转子槽中心面和定、转子齿中心面是绝热面。环境温度设为 25 ℃，电机内部材料之间的热传递为传导方式。

发电机的生热源主要有绕组铜耗和铁芯损耗，可从此模型先期进行的电磁场计算中得到，对铁耗还可通过试验进行修正。硅钢片的铁耗发热载荷施加于整个铁芯，绕组生热率载荷施加于绕组单元。

3.3　双馈发电机温度场计算

3.3.1　超同步正常运行的温度场

以发电机运行在超同步状态，带额定负载正常运行为例，达到稳态时的温度场计算如

图 3. 13、图 3. 14 所示,路径为由转子内部沿半径向外的方向(图 3. 12 中直线 *BA* 所指的方向)。

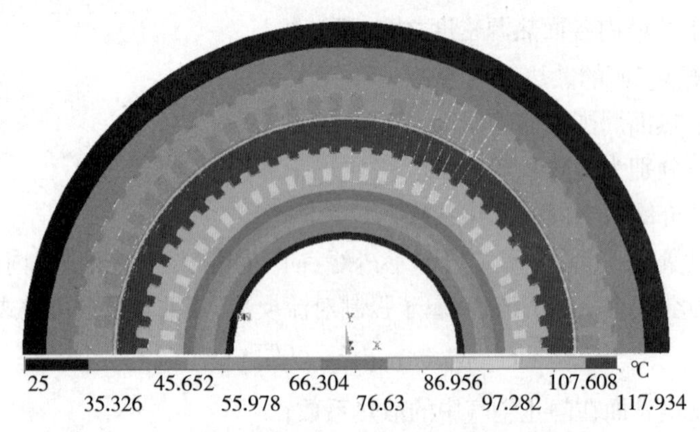

图 3. 13　超同步运行温度场云图(采用云母材料)

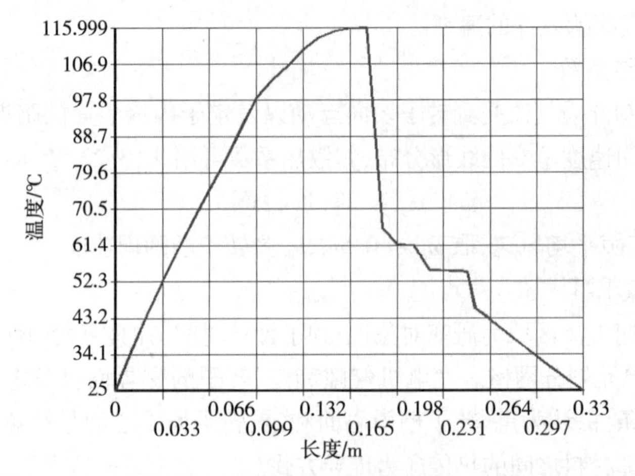

图 3. 14　超同步运行温度场分布(沿半径方向,采用云母材料)

3. 3. 2　绝缘材料改进后的温度场

目前绝缘结构类型的选用大致分为两类:一是以耐电晕聚酰亚胺薄膜为主的耐电晕材料(复合云母材料辅助),此绝缘结构机械强度较高、厚度薄,导热系数低[0. 385 W/(m · ℃)],成本较高;二是以云母为主要绝缘结构的耐电晕材料,此绝缘结构较前者导热系数高[0. 71 W/(m · ℃)]、成本较低,但是绝缘层较厚。目前国内外风电生产厂的硬绕组绝缘主要倾向于第二种类型,主要原因是成本较低。

为研究绝缘性能改进对温度场的影响,假设发电机选用耐电晕聚酰亚胺薄膜,绕组外绝缘的厚度变薄,导热能力降低,但电机的槽满率相应提高,为单纯研究温度场的变化,模型施加的生热率不变,加载后的计算结果如图 3. 15、图 3. 16 所示;比较使用云母绝缘材料的温度场，由此可见，使用耐电晕聚酰亚胺薄膜材料后的最高温度为 104 ℃，温度分布均匀性变好（较图 3.12 锯齿状分布减小），高温区域有所减小。

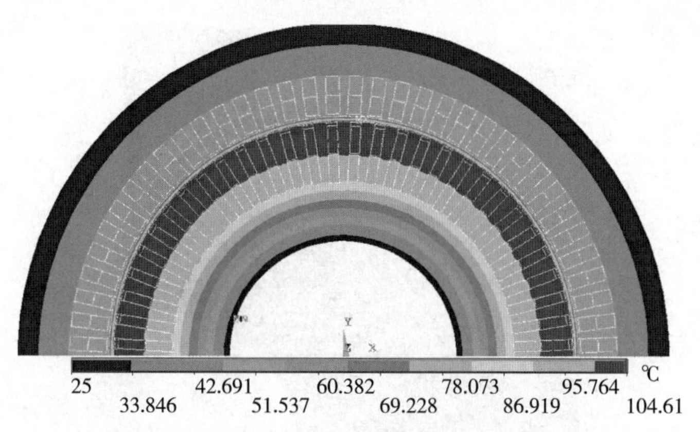

图 3.15　绝缘采用聚酰亚胺材料的温度场云图

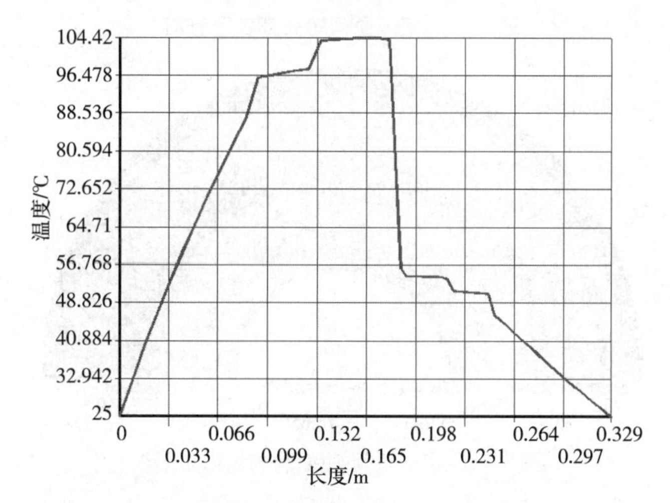

图 3.16　绝缘采用聚酰亚胺材料的温度场分布

3.3.3　发电机故障状态的温度场

（1）定子部分匝间短路故障的温度场

在运行中，除单相对地、两相及三相短路外，由于绕组生产工艺等原因，实际绕组最易发生匝间短路故障。发电机的线匝使用绝缘漆浸渍烘干，绝缘材料未损坏时匝间绝缘不发生匝间短路，但电机所处环境恶劣，绝缘材料老化可能发展为匝间短路，局部过热，加速过热部位绝缘材料老化，不及时监测和采取措施，会恶性循环，使电机受到严重损坏，缩短寿命。

在电机匝间短路未发展为完全匝间短路前，发电机的短路环流一般小于 $5I_N$，发生完全匝间短路时，短路环流一般在（5 ~ 19）I_N 之间（I_N 为电机额定电流）。假设电机 A

相部分绕组发生匝间短路（图 3. 17 中设短路比例达一个槽总绕组的 12%），绕组短路部分电流达 $5I_N$，对其温度场计算结果如图 3. 18、图 3. 19 所示。

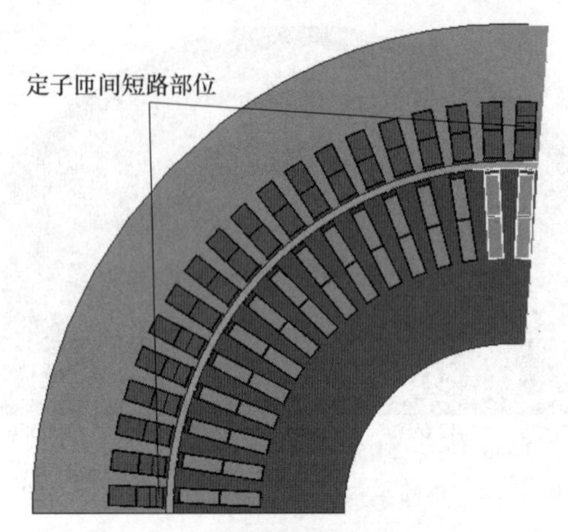

图 3. 17　定子匝间短路部位示意图

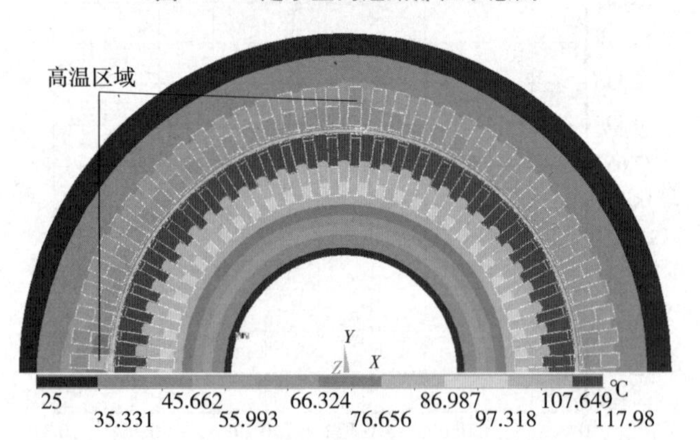

图 3. 18　定子匝间短路时的温度场云图

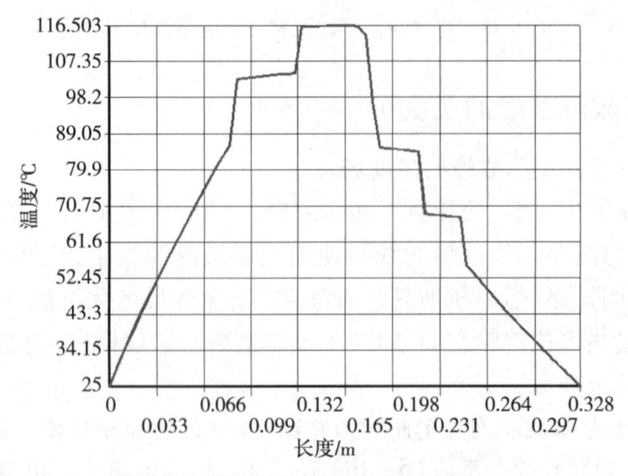

图 3. 19　定子匝间短路时的温度场分布

(2)定子单相绕组短路故障的温度场

实际发生单相短路故障也较常见,若定子A相绕组发生单相对地短路,绕组电流为额定电流的5倍,温度场计算结果如图3.20、图3.21所示。

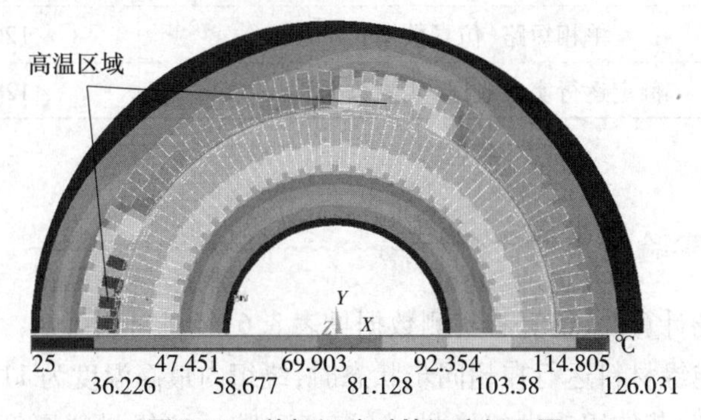

图3.20　单相短路时的温度场云图

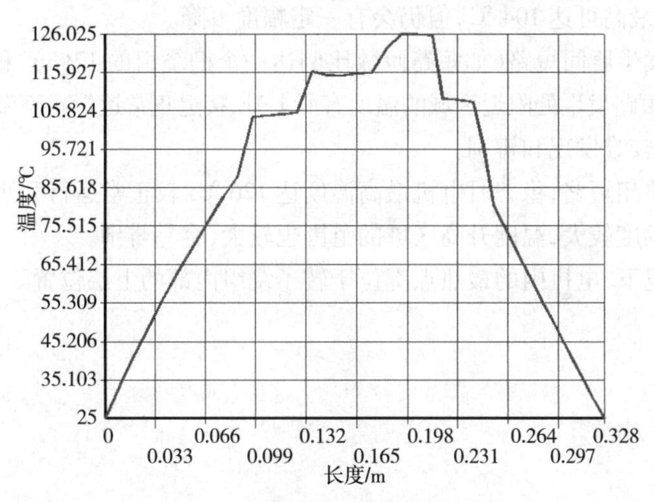

图3.21　单相短路时的温度场分布

3.3.4　发电机额定运行温升实验

由于双馈发电机价格昂贵,不便进行短路等危害电机安全的破坏性实验,制造完成后进行了额定负载温升试验。环境温度为30 ℃,发电机在额定转速下,满功率输出运行4 h,测量稳定温升下定子绕组的温度(由测温元件Pt100测得),具体见表3.6。

表3.6　电机多状态仿真结果与实验对比

运行状态	最高温度/℃
正常运行(超同步)(仿真数据)	117
绝缘材料性能改进后(仿真数据)	104

续表

运行状态	最高温度/℃
部分匝间短路(短路比例 12%)(仿真数据)	116
单相短路(仿真数据)	126
额定运行实验数据(实测数据)	128

3.3.5 仿真和实验结果对比分析

对多种温度场计算后,仿真和实测数据见表 3.6,经过对比可知:

①采用云母绝缘材料运行在超同步状态时,绕组内最高温度为 117 ℃,最热部分位于转子绕组上半部;若使用改进绝缘材料(聚亚酰胺),绝缘材料厚度减小但同时导热系数降低,温度最高可达 104 ℃,但仍会有一定幅度下降。

②若定子发生匝间短路(如短路匝数比例达一个槽绕组的 12%),稳定时最高温度达 116 ℃,匝间短路发生处附近区域的温度有所上升,接近正常运行最高温度(117 ℃),且区域范围不大,较难发现和辨别。

③若发生单相短路,稳态时电机最高温度达 126 ℃,较正常运行和匝间短路运行时的温度场上升幅度较大,温度升高区域的范围也较大,容易辨别。

④多种情况下,电机内的最热点都位于转子绕组内部的上层位置。

3.4 本章小结

基于有限元方法,以大型双馈风力发电机为例,在电磁场计算的基础上耦合计算正常运行以及多种故障发生时的温度场,计算能够确定多种情况下电机内部达到的最高温度和发生部位以及绝缘材料改变对温度场的影响。通过现场的温升实验测试,仿真计算与现场实验得到的实测数据吻合程度较好(误差在 8% 以内),证明了方法的有效和正确,为发电机温度场设计、优化分析进行了有益探索。

第4章 大型永磁风力发电机转子偏心故障计算

由于风力发电机在安装过程中存在误差，且运行环境复杂，偏心现象较为普遍。气隙偏心是永磁发电机常见的故障状态，偏心及由其引起的故障占发电机故障的比例很大。如果发电机出现偏心，将会对发电机的运行造成很大的危害，甚至会危及整个风电系统，所以本章对永磁风力发电机的气隙偏心故障的相关理论以及故障时运行特性进行研究。

目前风力发电机的故障主要有定子匝间短路、转子匝间短路，转子断条、气隙偏心、轴承故障以及阻尼绕组故障、退磁故障。这些故障状态会在电机运行期间产生特定的故障现象及征兆，一般有如下几种：①线电流和气隙电压不平衡；②温度过高；③听觉上的噪声和机械振动；④平均转矩更低；⑤转矩脉动更高；⑥损耗增加。其中，气隙偏心是指定子和转子之间气隙的距离不一致。不均匀的气隙导致发电机电感变化，加剧了气隙磁通的不平衡，此时在线电流中将产生故障的谐波电流。当偏心显著时，由此激发的不平衡径向力会致使定、转子之间摩擦，进而导致定子、转子的损害。

4.1 气隙偏心故障

4.1.1 气隙偏心故障分类

发电机的气隙偏心是一种常见故障，电机定转子在安装或运行过程中，转子中心与定子中心不重合，导致定、转子之间的气隙不均匀被称为气隙偏心。当发生气隙偏心故障时，不均匀的气隙将导致电机内磁通的不均匀分布，进而产生不平衡磁拉力。最常见的是转子偏心，可分为静态偏心[图4.1(a)]、动态偏心[图4.1(b)]和混合偏心。当发生静态偏心时，转子轴向与定子内径轴向有偏斜，转子轴的中心线对定子的中心有一个常值的偏移，转子轴与定子是相对静止的，非均匀的气隙不随着时间的变化而变化。当发生动态偏心时,轴的中心线对定子中心的偏移量就是一个变化量,气隙长度也会随着转子的旋转而不停地变化。

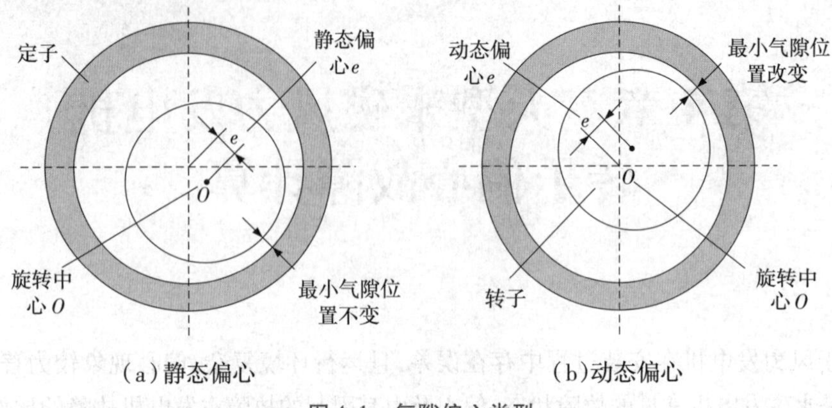

(a)静态偏心　　(b)动态偏心

图 4.1　气隙偏心类型

(1)静态偏心

发生静态偏心时,转子转轴与它的对称轴相同,但是相对于定子对称轴发生了偏移,如图 4.1(a)所示。尽管沿着转子的气隙分布不均匀,但它不随时间变化,静态偏心度 δ_{se} 定义如下:

$$\delta_{se} = \frac{|O_s O_w|}{g_0} \tag{4.1}$$

式中　O_s——定子对称中心;

O_w——转子旋转中心;

g_0——统一的气隙密度。

图 4.1(a)所示为静态偏心时定子与转子横截面的位置,矢量 O_s,O_w 是静态偏移矢量,该矢量相对于转子的所有角都是固定的。

(2)动态偏心

发生动态偏心时,气隙的最小长度取决于转子的角位置,并且随着转子而旋转,这主要是由于转子轴没有对齐或是转子轴有弯曲。静态偏心会产生不对称的磁吸力,从而会引起动态偏心。在这种偏心里,定子的对称轴和转子的转轴是重合的,但是转子的对称轴发生了错位,在这种情况下,沿着转子的气隙是不均匀的并且是时变的,如图 4.1(b)所示。动态偏心度 δ_{de} 定义如下:

$$\delta_{de} = \frac{|O_w O_r|}{g_0} \tag{4.2}$$

式中　O_r——转子对称轴;

O_w——动态偏移量,该矢量相对于转子的所有角位置都是固定的,但它的角度是变化的。

(3)混合偏心

静态偏心和动态偏心同时发生，称为混合偏心。在这种情况下，不但转子转轴与定子轴出现偏移，同时在发电机旋转时，转子轴相对定子中心的偏移量也是变化的，这是静态偏心和动态偏心综合作用而出现的一种故障。

$$\delta_{me} = \frac{\left| O_s O_w + O_w O_r \right|}{g_0} \tag{4.3}$$

4.1.2　气隙偏心的原因

安装不当、不够圆的定子铁芯、螺栓松动或缺失、转子轴弯曲或有轴心差、轴承磨损以及转子不平衡都可能会导致气隙偏心故障。

4.2　气隙偏心故障对电机的影响

4.2.1　气隙磁密和不平衡磁拉力

假设发电机转子向右侧水平方向有偏心，偏心值为 ε，则发电机左侧与右侧气隙将出现明显偏差，如图 4.2 所示，左侧气隙增大为 $\delta+\varepsilon$，右侧气隙减小为 $\delta-\varepsilon$，径向气隙长度的变化将导致气隙磁密在左侧减小，右侧增强。发电机转子在正常情况下左右气

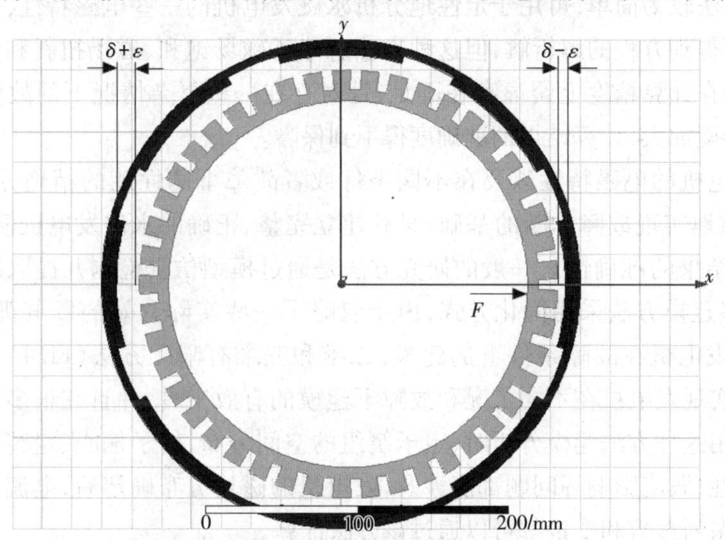

图 4.2　偏心引起的不平衡磁拉力

隙相等,气隙磁密大小相同,左右所受磁拉力对称,能够相互抵消,一旦发生偏心,右侧磁拉力明显增大,左侧减小,电机受到向右的不平衡磁拉力。

4.2.2 涡流及铁芯损耗

永磁发电机的效率是其最重要指标之一,影响着其在运行过程中向系统发出的输出功率,而发电机的效率高低主要取决于其在运行过程中自身引起的各种损耗,损耗越大,发电机的效率也就越低。永磁发电机在运行过程中的损耗,除了与自身的材料、永磁体性能、定子绕组的电阻等有关,发电机的安装工艺、运行工况以及内外部故障等因素也会对其造成一定的影响。

永磁发电机损耗的主要形式有定子绕组的铜损耗、铁损耗、机械损耗和其他形式的杂散损耗。在这些损耗形式中,铁芯损耗是由于发电机在运行过程中,定子绕组的交变电流在定、转子铁芯中形成的交变磁场所引起的包括磁滞损耗和涡流损耗。当发电机出现偏心故障时,造成磁场发生变化,对铁芯损耗的影响较大,因此关于永磁发电机损耗的研究主要为定子铁耗和转子涡流损耗。

4.3 转子偏心的有限元分析

永磁风力发电机的电磁特性需用到电磁场分析,而电磁场分析主要依靠解析法和数值法,解析法较为简单,可用于定性地分析永磁发电机的一些电磁特性,对于简单模型,有时可以得到方程的解析解,但这种方法忽略了磁场饱和、磁场扭斜和齿槽效应等一系列因素,在计算精度上明显存在不足,针对存在一些复杂情况下的故障永磁发电机,建模的难度加大,计算结果的准确度得不到保障。

永磁发电机的电磁特性以及在不同条件或者故障下的性能的精确分析,是保证其准确、可靠地实现故障诊断的基础,只有建立完整、正确的永磁发电机模型,才能保证故障分析结果的准确性。一般的研究方法是通过模型仿真检测并提取发电机的特性信息,很多建模方法采用简化方式,由于忽略了一些实际有效的发电机特性,并不能直接用于发电机在故障条件下的建模,二维和三维有限元方法(FEM)一直以来都被誉为能够实现发电机在不同工况和故障下建模的有效工具,并且在很多领域得到了广泛应用。用这种方法建模分析时,定子绕组的空间分布、转子偏心、定转子铁芯材料的非线性特性、涡流影响等问题都能涉及,发电机的磁场分布确定后,电流、电动势、电磁转矩等一系列参数和变量都可以通过该方法计算。

4.3.1　电磁场基本理论

(1)麦克斯韦方程组

电磁场的数值分析是建立在麦克斯韦方程组(Maxwell Equation)上实现的。下面选择其微分方程用于电磁分析。

法拉第电磁感应定律:

$$\nabla \times E = -\frac{\partial B}{\partial t} \tag{4.4}$$

麦克斯韦-安培定律:

$$\nabla \times H = J + \frac{\partial D}{\partial t} \tag{4.5}$$

高斯电通定律:

$$\nabla \cdot D = \rho \tag{4.6}$$

高斯磁通定律:

$$\nabla \cdot B = 0 \tag{4.7}$$

电荷守恒定律:

$$\nabla \cdot J = -\frac{\partial \rho}{\partial t} \tag{4.8}$$

式中　E——电场强度,V/m;

D——电通量密度,C/m;

H——磁场强度,A/m;

B——磁通量密度,T;

J——电流密度,A/m^2;

ρ——电荷密度,C/m^3。

1)方程式(4.4)与式(4.7)的关系

对方程式(4.4)两边取散度,有:

$$\nabla \cdot (\nabla \times E) = -\nabla \cdot \frac{\partial B}{\partial t} \tag{4.9}$$

由矢量恒等式,可得式(4.9)左端恒等于零:

$$\nabla \cdot \frac{\partial B}{\partial t} = 0 \tag{4.10}$$

则式(4.10)可化为:

$$\frac{\partial}{\partial t} \nabla \cdot B = 0 \tag{4.11}$$

即

$$\nabla \cdot B = C \tag{4.12}$$

C 是与时间无关的常数。根据式(4.12)，$\nabla \cdot B$ 也与时间无关，当在初始时刻取 C 为零、则在 $t > 0$ 的任一时刻，式(4.12)可以表示为：

$$\nabla \cdot B = 0 \tag{4.13}$$

2)方程式(4.5)、式(4.6)与式(4.8)之间的关系

对方程式(4.5)两边取散度，有：

$$\nabla \cdot (\nabla \times H) = \nabla \cdot J + \frac{\partial}{\partial t} \nabla \cdot D = 0 \tag{4.14}$$

方程式(4.14)与式(4.6)联合推导式(4.8)，将方程式(4.6)代入式(4.14)，有：

$$\nabla \cdot J + \frac{\partial \rho}{\partial t} = 0 \tag{4.15}$$

方程式(4.14)与式(4.8)联合推导式(4.8)，将方程式(4.8)代入式(4.14)，有：

$$\frac{\partial}{\partial t}(\nabla \cdot D - \rho) = 0 \tag{4.16}$$

即

$$\nabla \cdot D - \rho = C \tag{4.17}$$

式(4.17)中 C 是一个与时间无关的常数，当在初始时刻取 C 为零、则在 $t > 0$ 的任一时刻式(4.17)可以表示为：

$$\nabla \cdot D = \rho \tag{4.18}$$

(2)本构关系

对于线性介质，本构关系为：

$$D = \varepsilon E \tag{4.19}$$

$$B = \mu H \tag{4.20}$$

$$J = \sigma E \tag{4.21}$$

式中 ε——介质的介电常数，F/m；

μ——介质的磁导率，H/m；

σ——介质的电导率，S/m；

其余符号意义同上，下同。

(3)二阶电磁场微分方程

在实际发电机磁场的有限元数值计算中，一般用二阶方程计算。Maxwell 常用如下的求解方程。

二维、三维静电场求解器的泊松方程为：

$$\nabla \cdot (\varepsilon \nabla \phi) = -\rho \tag{4.22}$$

二维稳恒电场求解器的拉普拉斯方程为：

$$\nabla \cdot (\sigma \nabla \phi) = 0 \tag{4.23}$$

二维交变电场求解器的复数拉普拉斯方程为：

$$\nabla\left[(\sigma+j\omega\varepsilon)\nabla\phi\right]=0 \tag{4.24}$$

二维静磁场求解器的非齐次标量波动方程为：

$$\nabla\times\frac{1}{\mu}\nabla\times A_{z}=J_{z} \tag{4.25}$$

二维涡流场求解器的波动方程为：

$$\begin{cases}\nabla\times\dfrac{1}{\mu}(\nabla\times A)=(-\nabla\phi-j\omega A)(\sigma+j\omega\varepsilon)\\ I_{\mathrm{T}}=\int_{\Omega}J\times\mathrm{d}\Omega=\int_{\omega}(-\nabla\phi-j\omega A)(\sigma+j\omega\varepsilon)\mathrm{d}\omega\end{cases} \tag{4.26}$$

二维轴向磁场涡流求解器的齐次波动方程为：

$$\nabla\times\left(\frac{1}{\sigma+j\omega\varepsilon}\nabla\times H\right)+j\omega\mu H=0 \tag{4.27}$$

二维静磁场及涡流求解器的齐次波动方程为：

$$\begin{cases}\nabla\times\left(\dfrac{1}{\sigma+j\omega\varepsilon}\nabla\times H\right)+j\omega\mu H=0\\ \nabla\cdot(\mu\nabla\phi)=0\end{cases} \tag{4.28}$$

4.3.2　Ansoft 分析软件

主要使用 Ansoft 机电系统 Maxwell 2D 中静磁场求解器、涡流场求解器和瞬态求解器，求解大型永磁风力发电机的气隙磁密，不平衡磁拉力，涡流损耗、铁耗以及感应电流和感应电势。

求解流程如图 4.3 所示。

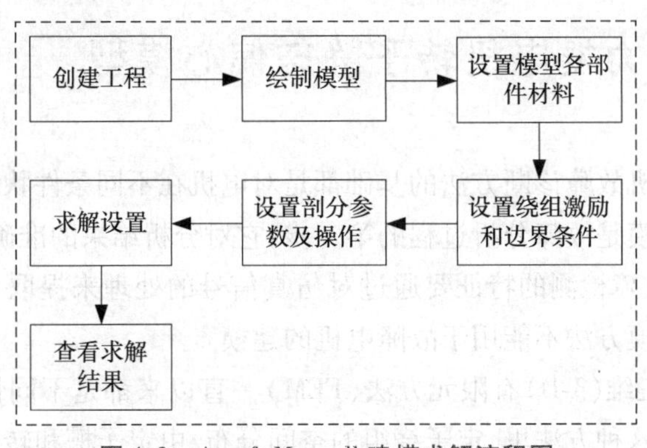

图 4.3　Ansoft Maxwell 建模求解流程图

4.4 转子偏心故障诊断方法

目前在工业中大都采用如下策略进行故障诊断。

(1)通过信号进行诊断

通常采集的信号有机械振动信号、冲击信号、温度信号、听觉噪声信号、电磁场信号、输出功率信号、红外线信号、瓦斯信号、油信号、射频信号、局部电信号、电流信号等。

(2)通过模型进行诊断

现阶段常用的诊断模型有神经网络、基因算法、模糊逻辑、人工智能、线性电路理论衍生模型、有限元模型。

(3)通过机械理论进行诊断

主要诊断方法有绕组函数法以及改进的绕组函数法、等效磁路法。

(4)通过仿真进行诊断

诊断方式为有限元分析(FEA)、时步匹配的有限元状态空间分析。

现阶段,发电机的故障诊断研究领域中,主要采用如下几种诊断方法:基于有限元法的故障分析、基于频域技术的故障诊断、基于模型技术的电机故障诊断、应用模式识别的故障诊断、应用数字信号处理器进行的电机电流特征分析故障诊断。使用有限元法针对故障定子电流设计诊断方案。

4.5 永磁风力发电机转子静态偏心模型

任何可靠的电机故障诊断方法的基础都是对电机在不同条件状态下的准确的性能分析。故障电机建模是故障分析过程的第一步,它对分析结果的准确性有很大的影响,在这个阶段,用于故障检测的特征要通过对仿真信号的处理来提取。那些忽略了电机实际有效特性的建模方法不能用于故障电机的建模。

二维(2-D)和三维(3-D)有限元方法(FEM)一直以来都是不同情形的故障电机建模的有效工具。在这种方法里,定子绕组的空间分布、由定子槽和转子槽引起的气隙非一致性、定子和转子铁芯材料的非线性特性、集肤效应、转子导条的斜槽影响以及定子绕组的端部影响和涡流影响都得到了考虑。不过,尽管前面提到的这些特性在三维有限元方法中都得到了考虑;但是有些特性,如转子导条的斜槽和定子绕组的端部影响,在二维有限元中都没有考虑，而且二维有限元中计算的转矩是单位长度的转矩，该值应该再乘以电机的实际长度。在这种建模方法中，磁场在电机中的分布确定之后，那么电机的其他参数和变量，如电感、电流、电动势（EMF）、产生的电磁转矩和电机转速等都可以计算得到。

对于正常电机来说，利用电机的对称特性只需要建立电机的1/4模型或1/2模型而不需要对整个电机建模，但是对于故障电机却不能采用这种简化方式。

以1.2 MW大型永磁风力发电机为例，基于有限元法，运用Ansoft Maxwell软件进行参数化建模，发电机基本设计参数见表4.1。

表4.1　永磁风力发电机的设计参数

电机参数	设计值	电机参数	设计值
额定功率/MW	1.2	极数	96
额定电压/V	444.3	槽数	576
定子外径/mm	4 600	转速/($r \cdot min^{-1}$)	20
定子内径/mm	4 500	气隙/mm	6

在运用有限元法进行计算前，为了工程的有效性和便于计算，对模型采用如下假设：

①建立Ansoft Maxwell二维瞬态场电机有限元模型，不计端部效应。

②电机外部磁场不考虑，设定电机外圈边界磁场为零。

③假定温度不变的情况下，材料的电导率不变，模型中设置求解温度为75 ℃。

为了建立永磁电机的几何模型，需要对电机的所有部分，包括转轴、定子槽、定子叠片、定子绕组、转子和转子永磁体都进行建模。然后，电机任何部分都要根据所采用的实际材料赋予其物理特性。例如，在永磁电机中，定子槽中放置铜绕组，它具有较好的导电性；转子是由96块永磁体凸装而成，永磁体采用稀土材料钕铁硼。定子和转子铁芯材料要考虑其 *B-H* 曲线。

建立的有限元模型如图4.4所示。

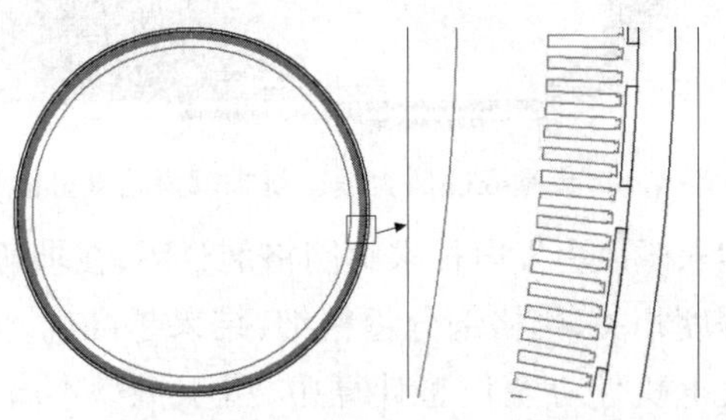

图4.4　大型永磁风力发电机整机模型

图 4.4 所示为永磁发电机定子及凸装式永磁转子的二维图形，图 4.5 给出的是同一个发电机的三维结构。从图 4.4 和图 4.5 可以看出二维和三维时步有限元的一些差别：三维有限元中考虑了定子绕组的端部影响，该特性在二维有限元模型中可以采用与有限元区域耦合的电路中的恒值电感来表示。另外，三维有限元建模中考虑了集肤效应。但是，二维有限元中考虑集肤效应主要依赖于使用者应用网格的经验。三维建模中考虑了转子斜槽的影响，但在二维模型中忽略了其影响。在三维建模中考虑了发电机铁芯叠片的影响，然而在二维模型中，只考虑了电机的横截面。

3D 结构模型如图 4.5 所示。

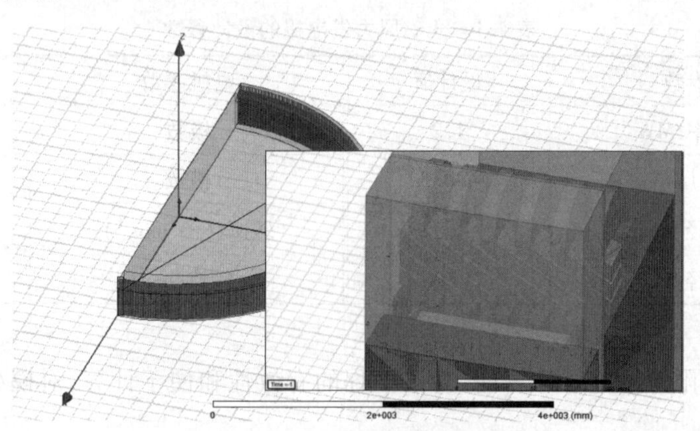

图 4.5　大型永磁风力发电机 3D 模型图

求解网格剖分如图 4.6 所示。

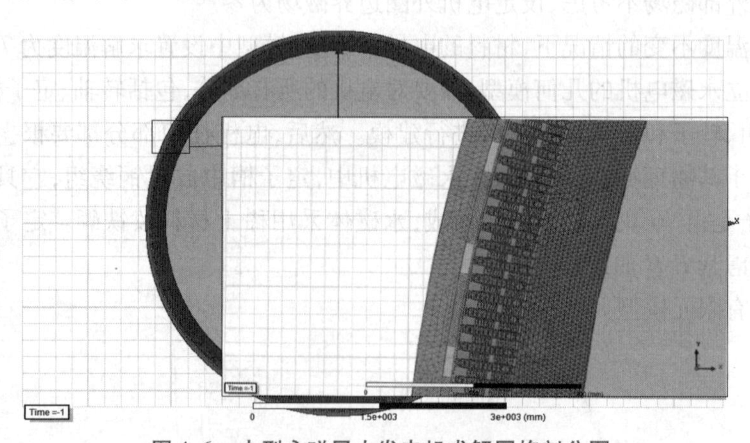

图 4.6　大型永磁风力发电机求解网格剖分图

图 4.6 显示了大型永磁风力发电机求解网格剖分图，在求解过程中，网格剖分的精细程度与结果的准确程度相关，网格剖分越精细，结果越准确，但是计算工作量会成倍增长。大型永磁风力发电机偏心全模型计算中，由于机型本身很大，包含 576 个定子槽，96 块永磁体，若网络剖分过细，甚至会导致程序崩溃，无法计算。

建模过程中,还需要注意电机电源的给定方式。根据电机的供电方式,有限元法分为电流馈电法和电压馈电法。在电流馈电法中,给线圈施加了等量的电流密度,然后电机任意区域内的矢量磁势和磁密可以计算出来。很明显,该方法不能用来计算被用于信号处理和特征提取的最常用的定子电流,因为在这里,定子电流已经被假定为它们的等量电流密度的已知量。因此,提出了时步有限元与状态空间耦合法(TSFEM-SS)来解决这种问题,采用电流馈电有限元法来计算电机电感,然后在状态空间方程中应用得到的电感来计算其他变量和参数。在大多数情况下,采用电压馈电的时步有限元法(TS-FEM)来计算电机信号,在该项技术中,有限元区域和电路及机械负载耦合。

4.6 气隙磁密和磁拉力分析

发电机的磁场包含了定子条件和发电机机械部分的全部信息,因此,通过研究并连续地监测气隙磁场,是可以实现预测和诊断发电机故障的。本节通过推导和对比发电机正常和静偏心情况下的气隙磁密公式,直观地反映了正常和故障情况下发电机磁场的变化,并利用 Ansoft Maxwell 仿真,分析了气隙磁密的分布及偏心后的谐波频率,并仿真了发电机所受磁拉力的变化。

4.6.1 正常情况的气隙磁密和磁拉力

发电机未出现气隙偏心时,气隙长度是不随着转子旋转而变化的,此时磁场的分布也是均匀对称的,定、转子的气隙结构如图4.7所示。因此,气隙磁导为:

$$\Lambda = \frac{\mu_0}{\delta_0} \tag{4.29}$$

式中　δ_0——正常情况下气隙长度;

μ_0——空气磁导率。

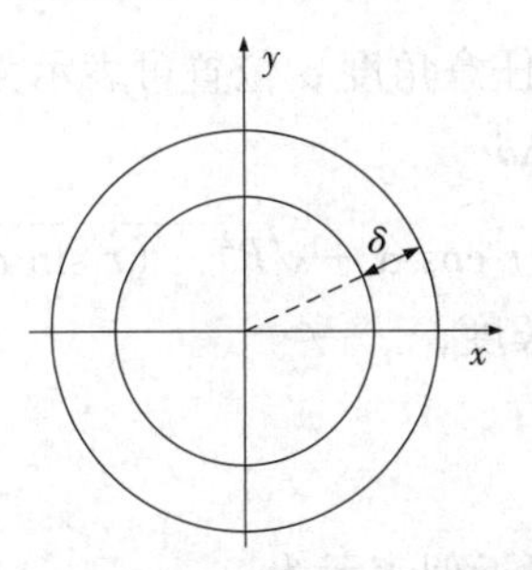

图4.7　发电机无偏心时气隙结构

发电机的磁动势(即磁拉力)可表示为：

$$F(\alpha,t)=F_{\mathrm{j}}\cos(\omega t-p\alpha) \tag{4.30}$$

式中 F_{j}——转子提供的基波磁动势；

p——电机极对数；

ω——电角频率。

因此，发电机正常运行，无偏心时气隙磁密可表示为：

$$B=\mu_0\frac{F(\alpha,t)}{\delta}=\Lambda_0F(\alpha,t) \tag{4.31}$$

由于正常运行时，气隙均匀，发电机各处磁拉力相互抵消，不平衡磁拉力为零。

4.6.2 转子偏心故障的气隙磁密和磁拉力

当永磁发电机出现气隙偏心时，定、转子之间距离不均匀的气隙导致电感发生变化，加剧了气隙内磁通的不平衡。当偏心变得明显时，由此产生的不平衡磁拉力对发电机运行具有很大的危害，将可能导致定子与转子之间的摩擦，将进一步导致定子与转子的损害。

偏心时定、转子气隙结构如图4.8所示。

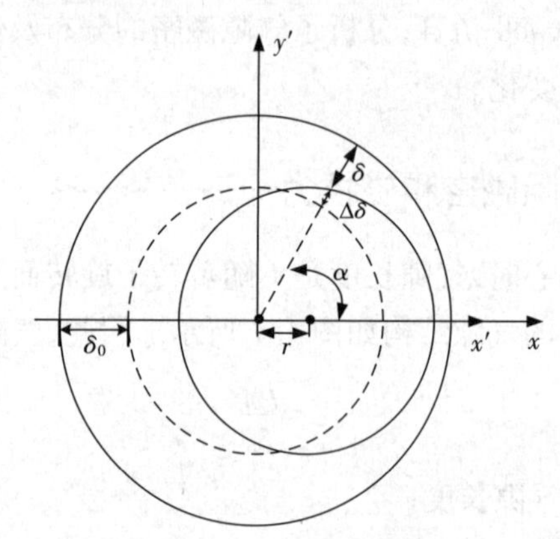

图4.8 偏心时气隙结构

根据图4.8，气隙长度 δ 在任意角度 α 位置可表示为：

$$\begin{aligned}\delta&=\delta_0-\Delta\delta\\&=\delta_0-\left[r\cos\alpha+\sqrt{R^2-(r\sin\alpha)^2}-R\right]\end{aligned} \tag{4.32}$$

式中 δ_0——正常情况下气隙长度；

r——转子中心偏心距离；

R——转子半径。

由于 $r\ll R$，则式(4.32)可近似表示为：

$$\delta=\delta_0-r\cos\alpha \tag{4.33}$$

将气隙磁导用傅里叶级数展开为：

$$\Lambda = \sum_{n=0}^{\infty} \Lambda_{\mathrm{n}} \cdot \cos n\alpha \tag{4.34}$$

式(4.34)中，傅里叶系数：

$$\Lambda_{\mathrm{n}} = \begin{cases} \dfrac{\mu_0}{\delta_0} \dfrac{1}{\sqrt{1-\varepsilon^2}} & n = 0 \\ \dfrac{2\mu_0}{\delta_0} \dfrac{1}{\sqrt{1-\varepsilon^2}} \left[\dfrac{1-\sqrt{1-\varepsilon^2}}{\varepsilon} \right]^n & n > 0 \end{cases} \tag{4.35}$$

式中 μ_0——空气磁导率；

$\varepsilon = r/\delta_0$——相对偏心率。

气隙磁密分布及近似的 Maxwell 应力分别表示为：

$$B = \mu_0 \frac{F}{\delta} = \Lambda(\alpha, t) F(\alpha, t) \tag{4.36}$$

$$\sigma = \frac{B^2}{2\mu_0} \tag{4.37}$$

根据式(4.37)给出不平衡磁拉力的表达式：

$$\begin{cases} F_x = f_1 + f_2 \cos 2\omega t + f_3 \sin 2\omega t \\ F_y = f_2 \sin 2\omega t - f_3 \cos 2\omega t \end{cases} \tag{4.38}$$

式(4.38)中：

$$\begin{cases} f_1 = \dfrac{RL\pi}{4\mu_0} (2\Lambda_0\Lambda_1 + \Lambda_1\Lambda_2 + \Lambda_2\Lambda_3)(F_{\mathrm{s}}^2 + F_{\mathrm{j}}^2 + 2F_{\mathrm{s}}F_{\mathrm{j}} \cos \lambda) \\ f_2 = \dfrac{RL\pi}{8\mu_0} \Lambda_2\Lambda_3 (F_{\mathrm{s}}^2 + F_{\mathrm{j}}^2 \cos 2\lambda + 2F_{\mathrm{s}}F_{\mathrm{j}} \cos \lambda) \\ f_3 = \dfrac{RL\pi}{8\mu_0} \Lambda_2\Lambda_3 (F_{\mathrm{s}}^2 \sin 2\lambda + 2F_{\mathrm{s}}F_{\mathrm{j}} \sin \lambda) \end{cases} \tag{4.39}$$

式中 F_{s}——定子磁动势基波幅值；

λ——定、转子磁动势夹角。

由式(4.38)可知，x 轴上的不平衡磁拉力含有与时间无关的部分，幅值为 f_1，相比 x，y 轴随时间变化的部分要大得多，所以沿着 x 轴方向上的偏心造成的不平衡磁拉力主要由 F_x 的第一项决定，方向沿着 x 轴指向气隙最小位置。

4.6.3 转子偏心的仿真验证

(1)正常、偏心情况下的气隙磁密对比

图4.9表明正常无偏心和水平方向上向右分别偏心10%、30%时的气隙磁密分布

情况，对比图4.9(a)—(c)可以发现，转子偏心对永磁发电机的气隙磁密影响较大。图4.9(a)中显示，当发电机正常运行，即无偏心故障时，气隙磁密为均匀分布且含少量谐

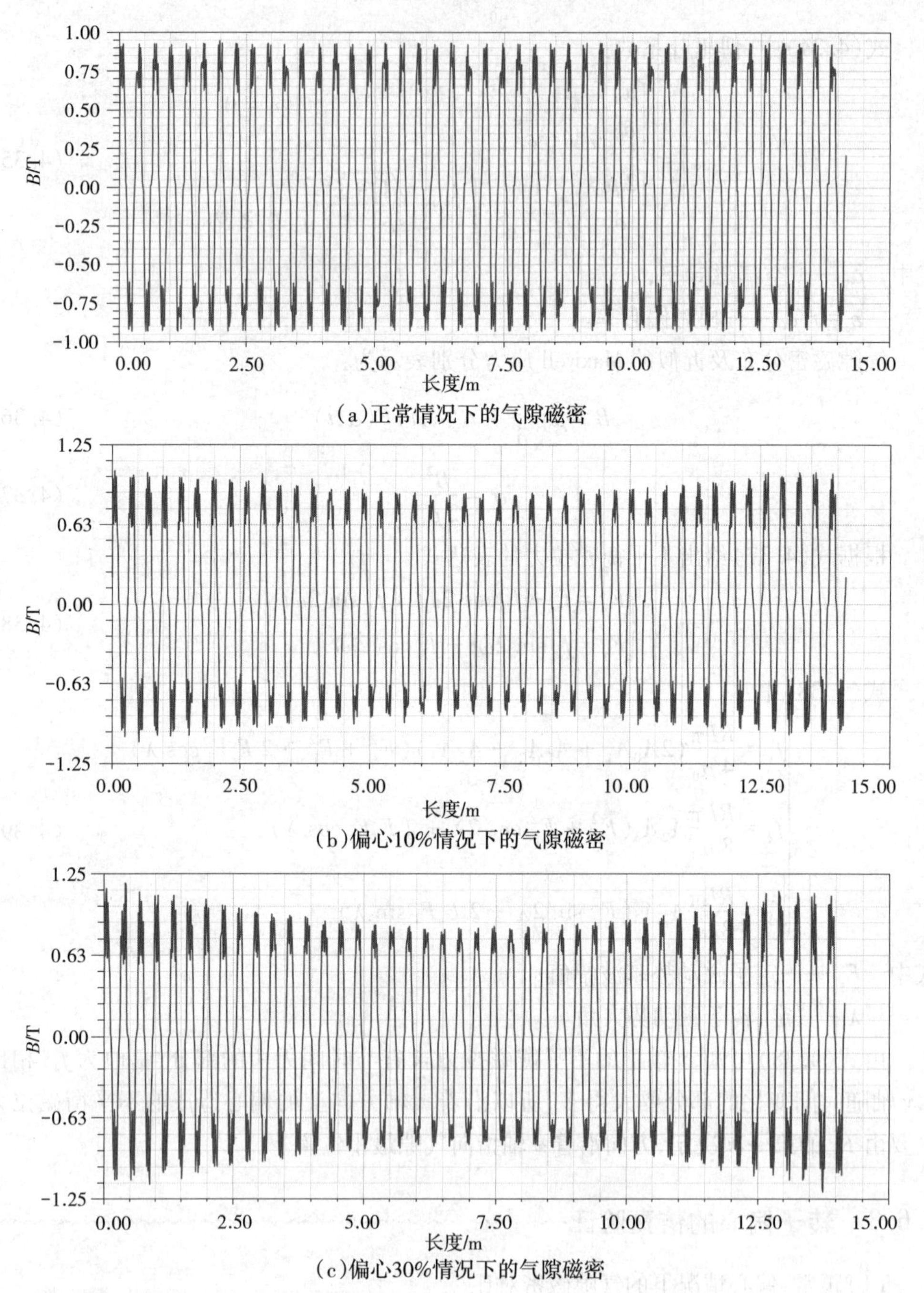

(a)正常情况下的气隙磁密

(b)偏心10%情况下的气隙磁密

(c)偏心30%情况下的气隙磁密

图4.9　正常、偏心10%、30%情况下的气隙磁密

波的梯形波。图4.9(b)中显示,当发生偏心故障后,气隙较小侧的磁通密度明显加强,气隙较大侧磁通密度显著减弱。图4.9(c)中,变化趋势与4.9(b)相同,但幅值变化更为明显。

出现偏心故障后,发电机气隙磁场分布会发生明显变化,由均匀分布趋向不均匀分布。偏心朝向处,气隙较小,磁阻在此处变小,磁场在该处密集,导致此处的磁通密度变高;另外一侧气隙较大处变化则与之相反。如图4.9(b)、4.9(c)所示,气隙磁密由均匀分布变为两侧高,中间低。通过采集图4.9(c)的数据,气隙小处磁密幅值高达1.134 8 T,气隙大处磁密幅值降为0.817 4 T。

(2)不同转子偏心程度下气隙磁密各次谐波

根据上述分析,偏心会引起定、转子磁场变化,并造成气隙磁密发生畸变,以下分别提取转子不同偏心程度时一对磁极下的气隙磁密进行傅里叶变换,得到基波和各次谐波,如图4.10所示。

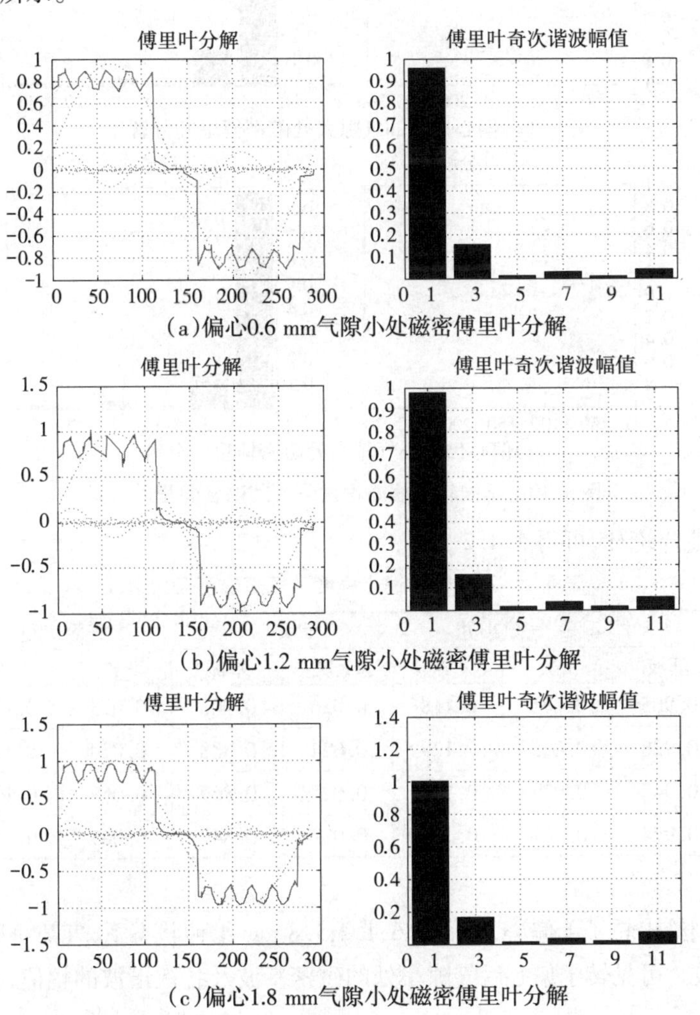

(c)偏心1.8 mm气隙小处磁密傅里叶分解

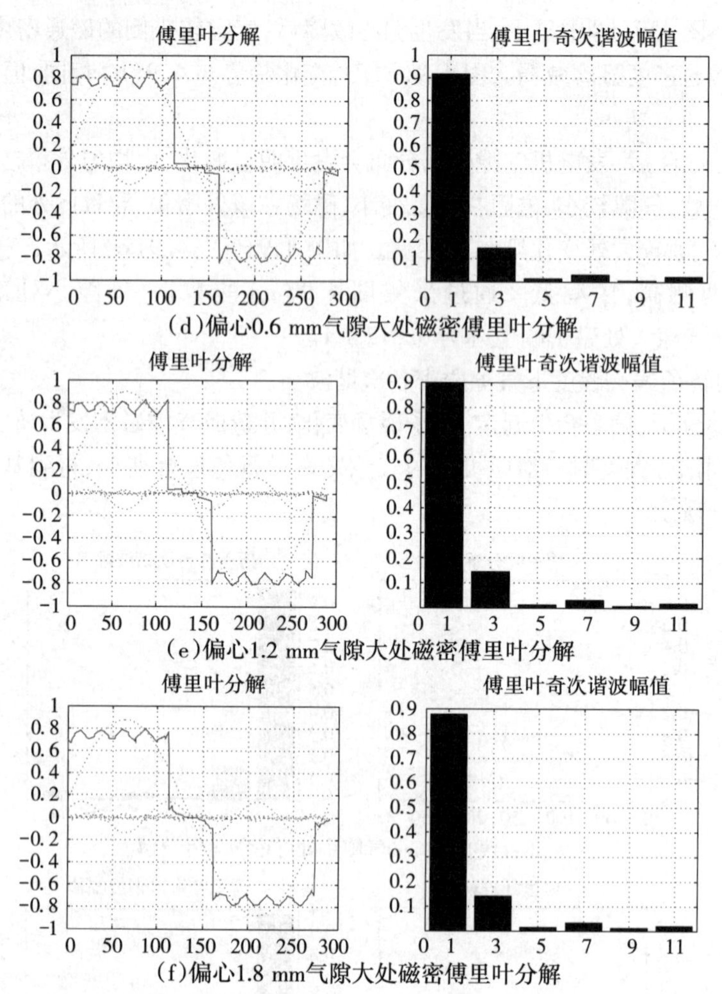

(d)偏心0.6 mm气隙大处磁密傅里叶分解

(e)偏心1.2 mm气隙大处磁密傅里叶分解

(f)偏心1.8 mm气隙大处磁密傅里叶分解

图 4.10　不同转子偏心程度下气隙磁密傅里叶分解

将数据整合统计，可得表 4.2。

表 4.2　不同转子偏心程度下气隙磁密各次谐波

谐波 偏心距	气隙小处				气隙大处			
	基波	3 次	7 次	11 次	基波	3 次	7 次	11 次
0 mm	0.905	0.071	0.118	0.026	0.908	0.073	0.124	0.023
0.6 mm	0.928	0.075	0.129	0.024	0.888	0.070	0.125	0.025
1.2 mm	0.947	0.077	0.129	0.027	0.869	0.068	0.123	0.024
1.8 mm	0.974	0.081	0.135	0.022	0.849	0.065	0.119	0.020

表中分别给出转子无偏心，偏心 0.6，1.2，1.8 mm 4 种状态下，气隙小和气隙大处的磁密各次谐波。可见转子偏心后气隙小处的磁密基波及各次谐波的幅值，随着偏心距离

的增加而逐渐增大;而在气隙大处磁密的各次基波及谐波的幅值则呈下降趋势。如偏心1.2 mm 的情况,磁密的基波在气隙小处相比偏心前增大了4.6%,在气隙大处下降了4.3%。

(3)磁拉力的变化

转子偏心导致气隙长度改变,气隙磁通密度不再均匀,产生不平衡磁拉力,造成定、转子的振动,对发电机的安全运行及设备产生严重影响,因此有必要对转子偏心时定、转子表面磁拉力进行分析。

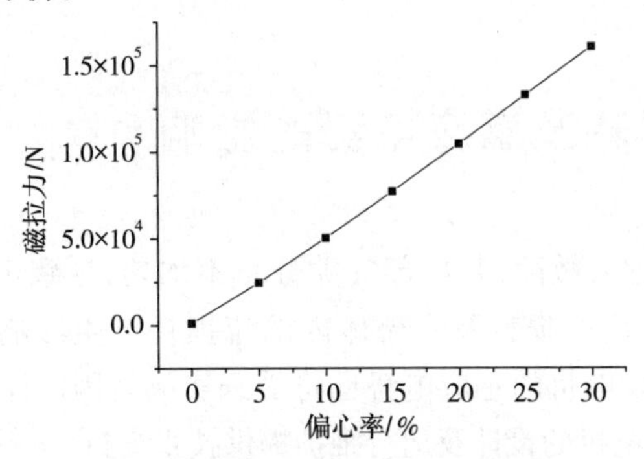

图4.11 磁拉力与偏心率之间的关系

计算得出磁拉力的分布,如图4.11所示。发电机所受单边磁拉力与偏心率之间存在非线性关系。在稳态运行时,磁拉力为零;当转子发生偏心故障后,磁拉力发生了很大的变化,偏心程度越高,发电机所受单边磁拉力越大。

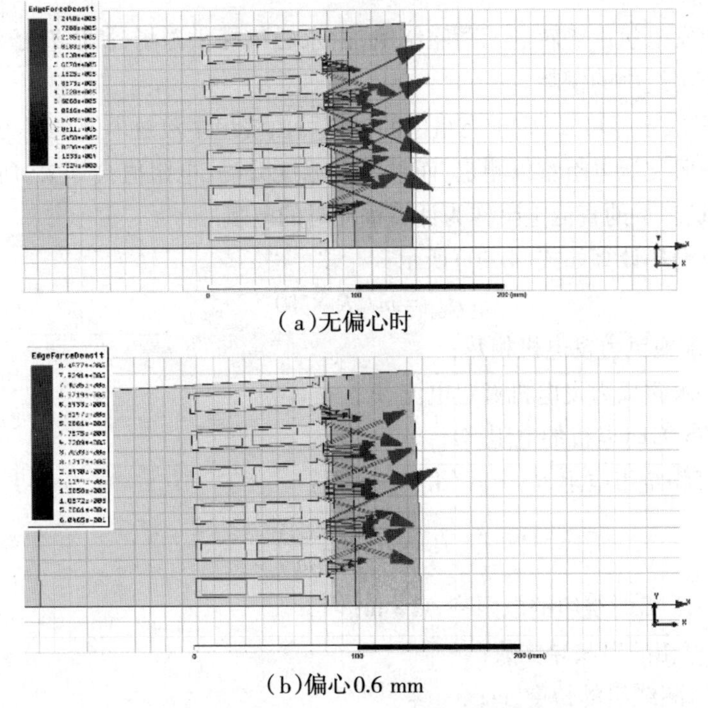

(a)无偏心时

(b)偏心0.6 mm

图4.12 正常与偏心故障下定子内表面力密度

将正常运行和偏心 0.6 mm 时定子内表面磁拉力密度分布进行对比,如图 4.12 中(a)、(b)所示,色谱表示磁拉力密度由大到小(8.24×10^5 N/m^2 ~ 8.73×10^5 N/m^2)。可见,发电机无偏心时,定子表面所受最大拉力均匀分布,发电机左右两侧磁拉力相抵,合力为零;偏心 0.6 mm 时,磁拉力出现不平衡,发电机所受合力不再为零,产生单边磁拉力,电机即便在静止状态,轴承也会受到磁拉力。

4.7 偏心对损耗及感应电势的影响

发电机一旦出现偏心故障,其内部气隙分布不均匀,导致定、转子铁芯内的磁场发生改变,进而对铁芯内的损耗及永磁体内涡流损耗产生影响,发电机局部温度上升,性能下降。同时,发电机的感应电势也将受到影响。因此计算偏心故障下发电机的损耗及感应电势,为电机的设计及运行维护提供技术支持,避免由局部过热或发电质量不达标导致的重大事故。

4.7.1 永磁发电机的定子损耗

(1)定子铜耗

永磁风力发电机由于转子无励磁绕组,由永磁体提供磁场,所以转子没有铜损耗,只需计算定子绕组中的铜耗。

由焦耳-楞次定律可知,定子绕组中的铜耗可由绕组中流过电流的平方与绕组电阻的乘积得到。但交流电阻难以测定,而且随着温度升高,电阻值会增大,所以一般计算中使用 75 ℃状态下的直流电阻作为计算铜耗时的电阻。

定子绕组铜耗计算如式(4.40)所示:

$$P_{\mathrm{Cu}} = mI_{\mathrm{N}}^2R \times 10^{-3} \tag{4.40}$$

式中 m——永磁风力发电机相数;

I_{N}——永磁风力发电机额定电流,A;

R——75 ℃时电机的电阻,Ω;

75 ℃时每相绕组电阻 R_1 由式(4.41)可得:

$$R_1 = \rho_{75}NL\left(\frac{1}{n}\right) \tag{4.41}$$

式中 ρ_{75}——75 ℃时绕组的电阻率,Ω · m;

N——每相的串联导体数;

L——每圈绕组的长度,m;

n——每个导体并绕导线根数。

L 可由式(4.42)计算,如图 4.13 所示。

线圈半匝长度
$$L_C = L_1 + 2(d + L_E) \tag{4.42}$$

式中　L_1——定子长度,m;

d——线圈两边伸出长度,m,通常情况 $d = 10 \sim 30$ mm;

L_E——线圈端部长度的一半,m。

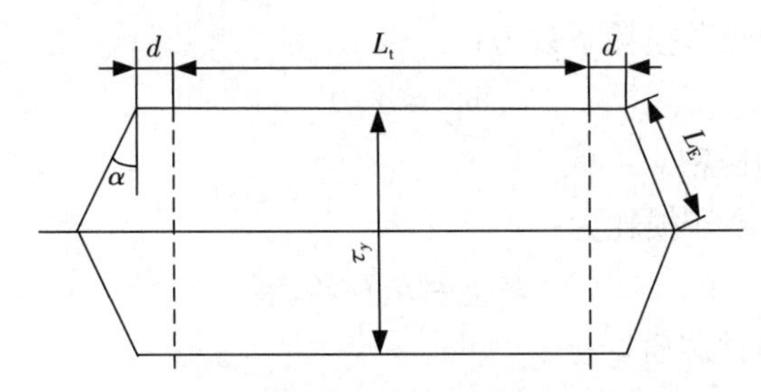

图 4.13　定子绕组每匝线圈每根导体长度计算

若线圈为单层,则

$$L_E = K\tau_y \tag{4.43}$$

若线圈为双层,则

$$L_E = \frac{\tau_y}{2\cos\alpha} \tag{4.44}$$

式中　K——发电机经验系数,极数为 2,4 时,K 取 0.58;极数为 6 时,K 取 0.6;极数为 8 时,K 取 0.625;极数大于 10 时,K 取大于 0.7 的值;

τ_y——定子线圈的平均节距,m,计算公式为:

$$\tau_y = \frac{\pi(D_1 + h)}{2p}\beta \tag{4.45}$$

式中　D_1——定子内径,m;

h——定子槽深,m;

$2p$——发电机的极数。

$$\beta = \frac{y}{mq} \tag{4.46}$$

式中　y——绕组节距;

m——发电机相数;

q——每极每相槽数。

线圈一匝长度
$$L = 2L_C \tag{4.47}$$

永磁发电机绕组的铜损耗是整个电机损耗中最主要的损耗,占总损耗的 90% 以上。

(2)定子铁芯磁滞损耗

交变磁场产生的磁滞损耗主要与磁场的频率及磁通密度相关,磁滞损耗系数是单位质量的定子铁芯硅钢片内磁场变化而引起的磁滞损耗,表达式可表示为:

$$p_{\mathrm{h}}=\sigma_{\mathrm{h}}fB^{\alpha} \tag{4.48}$$

式中 σ_{h}——定子铁芯的材料系数;

f——磁场频率;

B——磁通密度。

定子轭硅钢片的磁滞损耗系数为:

$$p_{\mathrm{hj}}=\sigma_{\mathrm{h}}fB_{\mathrm{j}}^{2} \tag{4.49}$$

式中 B_{j}——定子轭磁密。

定子轭硅钢片的磁滞损耗为:

$$P_{\mathrm{Fehj}}=p_{\mathrm{hj}}G_{\mathrm{j}}P_{10/50} \tag{4.50}$$

式中 G_{j}——定子轭铁芯质量;

$P_{10/50}$——当 $B_{\mathrm{j}}=1\mathrm{T}$, $f=50$ Hz 时,单位质量损耗。

定子齿硅钢片的磁滞损耗系数为:

$$p_{\mathrm{ht}}=\sigma_{\mathrm{h}}fB_{\mathrm{t}}^{2} \tag{4.51}$$

定子齿硅钢片的磁滞损耗为:

$$P_{\mathrm{Feht}}=p_{\mathrm{ht}}G_{\mathrm{t}}P_{10/50} \tag{4.52}$$

定子硅钢片的磁滞损耗为:

$$\begin{aligned}P_{\mathrm{Feh}}&=P_{\mathrm{Fehj}}+P_{\mathrm{Feht}}\\&=p_{\mathrm{hj}}G_{\mathrm{j}}P_{10/50}+p_{\mathrm{ht}}G_{\mathrm{t}}P_{10/50}\\&=\sigma_{\mathrm{h}}fP_{10/50}(B_{\mathrm{j}}^{2}G_{\mathrm{j}}+B_{\mathrm{t}}^{2}G_{\mathrm{t}})\end{aligned} \tag{4.53}$$

(3)定子铁芯涡流损耗

铁芯中的磁场发生变化时,铁芯中会感应出涡流,进而会造成涡流损耗。通常采用中间有绝缘的薄硅钢片叠加的定子和转子铁芯,以控制铁芯的涡流损耗。

忽略涡流磁场情况下,涡流损耗系数为:

$$P_{\mathrm{e}}=\sigma_{\mathrm{e}}(fB)^{2} \tag{4.54}$$

式中 P_{e}——涡流损耗系数;

σ_{e}——铁芯导电系数;

f——磁场变化频率;

B——铁芯内磁通密度。

定子轭铁芯的涡流损耗为:

$$P_{\mathrm{Feej}}=p_{\mathrm{ej}}G_{\mathrm{j}}P_{10/50} \tag{4.55}$$

定子轭铁芯涡流损耗系数为:

$$\widehat{P}_{ej}=\sigma_e(fB_j)^2 \tag{4.56}$$

式中 G_j——定子轭铁芯重；

$P_{10/50}$——磁感应强度1.0 T、f=50 Hz时的硅钢片单位质量的铁损值；

B_j——定子轭磁密。

定子齿铁芯的涡流损耗为：

$$P_{Feet}=p_{et}G_tP_{10/50} \tag{4.57}$$

定子轭铁芯涡流损耗系数为：

$$P_{et}=\sigma_e(fB_t)^2 \tag{4.58}$$

式中 G_t——定子齿铁芯重；

B_t——定子齿磁密。

永磁发电机铁芯中的涡流损耗为：

$$\begin{aligned}P_{Fee}&=P_{Feej}+P_{Feet}\\&=\sigma_e f^2P_{10/50}(B_j^2G_j+B_t^2G_t)\end{aligned} \tag{4.59}$$

工程中，铁损一般按式(4.60)简化计算：

$$\begin{aligned}P_v&=P_h+P_c+P_e\\&=K_hf(B_m)^2+K_c(fB_m)^2+K_e(fB_m)^{1.5}\end{aligned} \tag{4.60}$$

根据式(4.59)、式(4.60)可以发现，永磁发电机的涡流损耗、铁芯损耗与磁密的平方成正比，根据前文的分析，转子偏心对永磁发电机的气隙磁密影响较大，当出现偏心时，偏心方向上的气隙磁密及其各次谐波增大，随之损耗的增加将更加明显。

4.7.2 永磁发电机的转子损耗

永磁风力发电机转子上无励磁绕组，不需要计算铜耗，又由于转子与定子同步旋转，一般认为转子上没有铁耗，所以只需要计算永磁体中的涡流损耗。

由涡流损耗有限元分析原理可知，在时域内磁场方程为：

$$\nabla\cdot\frac{1}{\mu}(\nabla\cdot A_z)=J-\sigma\left(\frac{\partial A_z}{\partial t}+\nabla E\right)+\nabla\cdot H_c \tag{4.61}$$

式中 μ——相对磁导率；

A_z——磁位矢量；

J——电流密度；

σ——材料电导率；

E——电势标量；

H_c——永磁体矫顽力。

绕组中电流密度为：

$$J = -\sigma\left(\frac{\mathrm{d}A}{\mathrm{d}t} - \nabla E\right) \tag{4.62}$$

涡流损耗可以表达为：

$$p = \int_{z}\left(\frac{|J_z|}{\sigma}\right)\mathrm{d}s \tag{4.63}$$

式中　J_z——电流密度 z 轴方向上的分量。

4.7.3　转子偏心对损耗的影响

转子偏心，气隙磁密变化也对发电机损耗有较大的影响。电机损耗主要包括铜耗、铁芯中的磁滞和涡流损耗，机械运动产生的摩擦和风阻损耗，以及杂散损耗。铁耗为关注的重点，根据上一节的数值分析，大小随磁通密度的平方变化。对表贴式永磁同步电机，由于转子与定子磁场同步旋转，常忽略转子中的涡流损耗，但是由于转子散热条件不好，涡流损耗可能会引起很高的温升，导致永磁体局部退磁。针对大型永磁风力发电机，运用 Ansoft maxwell 对不同偏心程度下的定子铁芯损耗和转子永磁体涡流损耗进行参数化仿真，分别设定为无偏心、偏心 10%、20%、30%，仿真计算结果如图 4.14、图 4.15 所示。

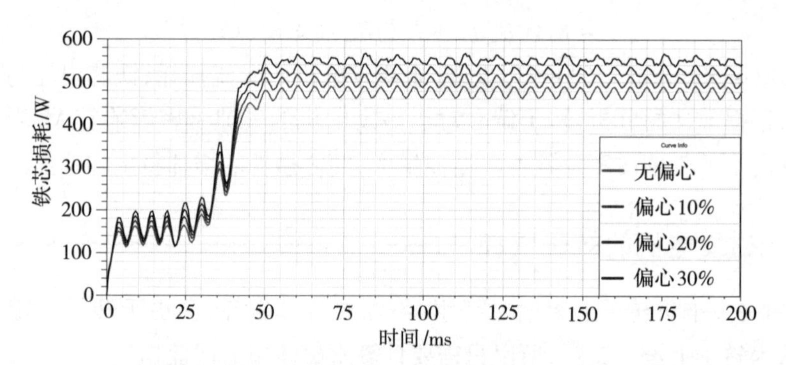

图 4.14　不同偏心程度下定子的铁芯损耗

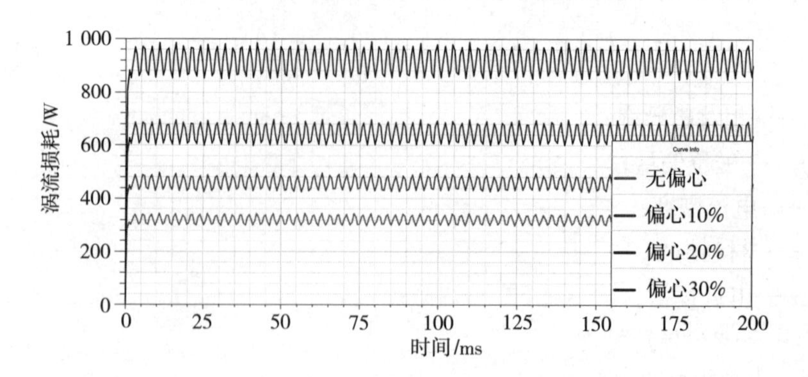

图 4.15　不同偏心程度下转子永磁体的涡流损耗

从图 4.14 可见,转子偏心对铁芯损耗的影响相对较小,偏心 30% 相比正常时,铁芯损耗增加了 20%;随着偏心程度增加,铁芯损耗增加。从图 4.15 可见,转子的涡流损耗受偏心影响较大,相比正常情况,偏心 30% 时涡流损耗增加到原来损耗的 3 倍多;偏心程度越大,涡流损耗增加越明显,将对发电机的发热和效率产生影响。

4.7.4　正常运行的感应电势

根据发电机绕组的结构及相应理论,正常情况下永磁发电机的感应电势可以表示为:

$$\begin{aligned} E &= qw_c k_{w1} Blv \\ &= 2qw_c k_{w1} \tau l F_1 \cos(\omega t - p\alpha)\Lambda_0 \end{aligned} \tag{4.64}$$

式中　f——转子电频率;

w_c——线圈匝数;

τ——极距;

k_{w1}——基波因数。

气隙偏心故障出现后,发电机定、转子的气隙长度和气隙磁场不再对称分布,气隙磁导、磁密相比发电机正常运行时发生变化,将偏心故障下气隙磁密的表达式(4.36)代入式(4.64),永磁发电机偏心故障下绕组的感应电势为:

$$E = 2qw_c k_{w1} \tau l F_1 \cos(\omega t - p\alpha)(\Lambda_0 + \Lambda_s \cos \alpha) \tag{4.65}$$

可以发现,当永磁发电机发生偏心故障后,感应电势除了存在直流成分外,还出现基波成分,并且从式中可以看出感应电势的基波成分与偏心程度有着相对应的关系,当偏心距离增大时,基波成分也会变大,进一步导致感应电势增大。

4.7.5　转子偏心的感应电势

转子发生不同程度偏心后,引起气隙磁密变化,进而对输出电势造成影响。图 4.16 仿真分析了偏心故障对永磁风力发电机感应电势的影响。

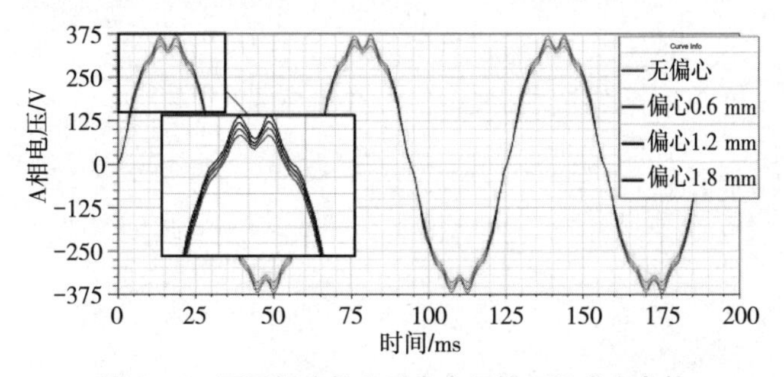

图 4.16　不同程度偏心时发电机的三相感应电势

图 4.17 的仿真表明,转子偏心故障对输出电势造成一定影响。在偏心朝向侧,输出电势幅值随着偏心程度的升高而逐渐增大,同时也影响三相感应电势的对称性。

4.8 本章小结

本章主要介绍了大型永磁风力发电机偏心故障的分类,静态偏心对发电机各主要参量的影响,有限元分析方法及 Ansoft Maxwell 求解器,故障诊断的主流策略及风机故障诊断的主流方法。

首先运用 Ansoft Maxwell 软件建立二维有限元模型,结合有限元法,针对转子在 x 轴上的静态偏心,分析了偏心对发电机各参量的影响。其次运用解析方法,推导了气隙磁密及磁拉力的解析式;最后运用仿真,计算并分析了不同偏心程度下,气隙磁密及磁拉力的变化规律,验证了偏心对发电机气隙磁密的影响,磁拉力以及发电机的损耗、感应电势的变化。

第 5 章　永磁风力发电机的保护

永磁风力发电系统是一个非线性、高耦合、多变量的复杂系统，并且由于永磁风力发电机常年工作在恶劣的环境中，所以更容易出现故障。有时发电机的一个故障特征可能对应多种故障，因此需要找出不同故障所特有的故障特征，并在此基础上提出保护算法才可以做到准确地区分不同故障，并加以推理和实验得出保护效果，判断保护的可行性。PMSG 故障诊断的第一步是首先要完成风力发电系统和故障电机的仿真。在仿真软件中将建立的故障电机代替风力发电系统中的正常电机进行仿真，得到 PMSG 故障状态下各个电气量的特征，再代入正常永磁风力发电机，设置机外故障，记录仿真数据，为验证所提的保护算法提供数据保障。文献[53-54]在 *abc* 坐标系下建立电机匝间短路故障模型，但等效数学模型考虑到计算量的问题，将等效电路做了化简，最后的仿真结果有一定的误差。总的来说，采用有限元仿真较之数学模型仿真的方法所得到的仿真数据更为准确，但有限元仿真只能针对单个发电机，无法完成整个发电系统的仿真。但研究发电机故障时对系统的影响以及系统发生故障时对发电机的影响都需要搭建系统模型，在研究保护算法时，可以将两者结合起来，采用有限元所仿真出的精准数据，代入 MATLAB 软件中，既完成了整个永磁风力发电系统的仿真，也保证了仿真的准确性。

永磁风力发电机具有低噪声、高效率、体积小、高寿命、维护成本低等诸多优点。永磁风力发电机无增速齿轮箱，风轮的转速会随风速大小改变，发出交流电的频率也会随之发生变化，必须经过地面的变流器，永磁风力发电机发出的不同频率的交流电转换为直流电，再通过一次逆变将其变回工频交流电的形式才可以输入电网。国际上比较先进的直驱永磁风力发电机，沿用的是多极对数、低转速的齿轮箱，最后经过一台全功率变流器对频率的调整送入电网。

(1)永磁同步发电机基本结构

永磁同步发电机按照内部结构的磁通方向可分为径向、轴向以及横向磁通永磁同步发电机。目前,在大容量的风力发电系统中大多采用的是径向磁通永磁发电机。

径向磁通永磁发电机(RFPM)中绕组电流沿轴向分布,这也是常规普通的永磁电机形式。径向磁场式发电机具有制造方便、结构简单、维护成本低等优点,应用十分广泛。

(2)永磁风力发电机结构特点

①采用多极式结构。为了保证发电机的输出频率,需要的极对数较多,这就使得发电机的定子和转子的尺寸较大。发电机绕组内置式的结构可以产生较高的磁场密度,但对尺寸大、极对数多的发电机无法实现,在实际生产过程中,大多使用的是表面式结构。

②采用性能良好的永磁材料。良好的永磁材料可以产生较高的气隙磁密,进而缩小发电机的体积。因而选取永磁材料时需要考虑体积、质量以及所产生的磁密。

③采用分数绕组槽。为了使发电机的体积在规定范围之内,定子槽数不能开太多,但是电机的极对数又要足够充足。取每极最小整数也可以达到减少槽数的目的,但在发电机工作当中,非正弦磁场所产生的感应电动势的谐波得不到削弱,而且当每极每相槽数较少时,还会出现齿谐波电动势数值偏大的问题,这就使得发电机正常运行时也会产生大量的谐波。为了解决这一难题,采用分数槽绕组的形式,不但可以减小绕组中感应电动势所产生的谐波,同时也在一定程度上减小了转矩。

④采用较低的阻转矩。发电机在启动时阻转矩包括 3 个部分:齿槽转矩、机械摩擦转矩和磁滞转矩;对阻转矩影响最大的为齿槽转矩,解决方法是可以在设计中根据发电机容量的大小设计合适的齿槽数和极对数。

(3)永磁风力发电系统的基本原理

本书研究永磁风力发电机内部故障的保护方法,需要完成故障风机系统的仿真模型,所以要了解永磁风力发电系统的结构特点,永磁风力发电系统模型如图 5.1 所示。永磁直驱风机系统在宏观上来看以发电机为中心,整个系统呈现对称性。左侧是由永磁风力发电机组和交—直变频器组成,右侧由网侧直—交逆变器与主网组成。当风速达到永磁风力发电机启动条件时,风机解锁准备启动。外界的风能通过叶轮转化为旋转的机械能,然后通过传动装置带动转子旋转,输出频率变化的交流电。由于发电机发出电能的频率不定,不能直接并入电网,故引入了双 PWM 全功率变流器,使得发电机发出的变频电能转化为频率为工频且不随时间发生变化的电能,再输入电网。相比于传统的整流电路,采用 PWM 作为永磁风力发电系统的变频部分更好地滤除了谐波。此外,在发电机和电网之间装设变流器避免了因风速影响导致功率不稳定而影响到电网,增加控制单元来控制叶轮的转速,保证叶轮转速在一定范围之内。风机的控制主要由两部分组成(发电机控制与变流器控制),风速发生变化时,风机控制系统会控制叶轮转向,实现风能利用最大化,变流器控制部分还可以实现输出有功功率和无功功率的控制,调节输出功率因数,维持输入电网的电压恒定。网侧逆变器部起到逆变作用,将机侧变频器输出的直流电变为频率为 50 Hz 的交流电,实现永磁风力发电机的可靠并网。

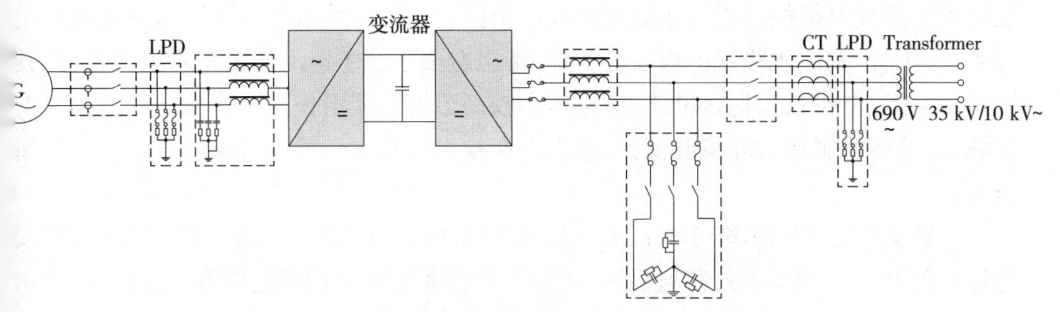

图5.1 永磁风力发电系统

5.1 大型永磁风力发电机绕组故障和保护

在风力发电系统中,发电机的性能直接影响着整个系统的运行安全与效率。风电机组主要由叶片、变桨机构、齿轮箱、偏航系统、控制系统、发电机、测风系统、塔架和底座等子系统组成。图5.2所示为风电机组的基本结构图。

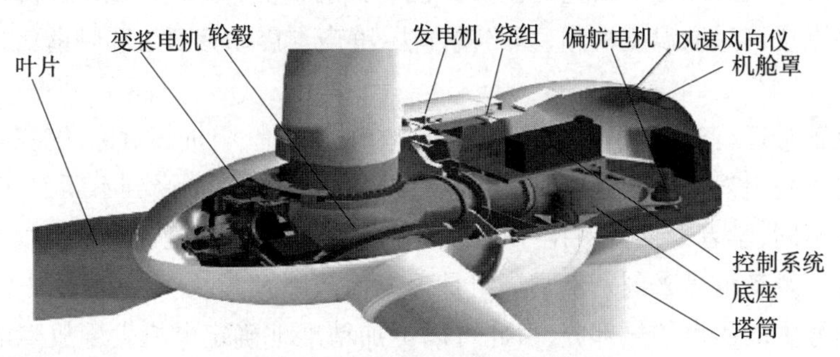

图5.2 风电机组的基本结构

风电机组出现的常见故障包括轴承及其衍生故障,定子绕组故障、转子端部故障、转轴及其他故障,其中的前3种故障比例已超过60%。目前正式并网的风力发电机有永磁同步、双馈感应以及笼型异步发电机3种,永磁风电机组较双馈机组结构简单,故障率低,维修工作量小,单机容量不断增大,并由陆上向海上发展,是风电机组未来发展的主流机型,也是本书的研究对象。永磁风电机组的电网兼容性好、无齿箱、可低风速运行、后续维护成本低。据统计,目前永磁风力发电机组在全国装机总数和总发电量方面都已达到30%及以上。

新疆达坂城以及江西的风电场都发生过多起永磁发电机部分线圈烧毁事故,经检查是由于沙尘或其他杂物使排水不畅,雨、雪水浸润绕组,加之绕组原有轻微损伤或由于运行后自身绝缘材料性能下降等原因共同导致。2011年3月,新疆玛依塔斯风电场发生了永磁发电机绕组引出线烧毁事故。全国各地的一些永磁直驱风力发电机在运行 4 ~5 年后,发电机绕组绝缘性能下降,甚至造成了绕组匝间及单相对地短路,究其原因,一是发电机在长期过电流、过电压和较高温度等因素作用下造成绕组绝缘冲击损坏,二是绕组制造时环境湿度大,水汽没有被充分驱除及发电机绕组浸漆不充分而引发。

一旦发电机发生故障,损失巨大,包括发电机的更换修理、发电机吊装、损失大量发电量等费用。一台机组故障后仅发电机的专用设备吊装费用就近百万元。目前,全国每年仅发电机维修的吊装这一项费用就需要几亿元,损失十分惊人(还不包括发电机维修以及损失发电量的费用)。随着发电机容量的不断增大以及海上风电的迅速发展,对于大型发电机的安全运行,应日益引起足够重视。

5.1.1 发电机定子绕组故障研究现状

近年来,关于发电机绕组故障,专家学者多针对鼠笼型异步电动机定子绕组短路、汽轮发电机定子绕组短路、永磁同步发电机等类型电机绕组故障进行故障诊断研究,以期能够实现对绕组故障的监测和诊断。

目前针对电机故障分析研究的主要方法有试验研究、数字仿真和解析计算。针对具体对象仿真法可采取温度检测、场路耦合法、噪声与震动诊断法和频谱信号分析法等方法。

发电机正常运行时,定子侧三相绕组结构、电流相位、阻抗都对称,气隙磁场密度也对称。当定子绕组发生匝间短路时,上述物理量的对称性都会受到不同程度的破坏,对于变化量的不同,学者专家针对定子绕组故障提出了不同的检测方法。文献[112]通过检测电流和震动信号来判别定子绕组是否发生故障及其故障程度,用小波变换可以过滤各种信号中的噪声信号部分,由此可以更加精准地确定电机发生故障的位置。文献[113]从时域角度分析了绕组短路的故障特点,以三相电流差相位不同提出判别方法,根据三相电流相位差是否偏差以及偏离正常角 120°的程度、三相功率偏离程度来检测故障的严重程度。

近来,一些研究采用电流的特征频率来判别绕组故障类型与程度。文献[113-114]就是通过将电流信号进行频谱分析,用分析得到的故障特征信号来判断绕组的匝间短路故障程度。文献[115]研究了定子绕组匝间短路,分析了电流频谱的空间分布,对其进行派克变换得到的转矩进行了频谱分析,最后比较了电机故障前后的气隙磁场的变化并总结了特征。

有限元分析法和多回路理论是分析电机的两种重要方法,将这两种方法结合并建立电机场路耦合的数学模型,可以更好地分析电机物理结构、磁极形状、铁磁饱和涡流参数等。文献[116]建立了同步发电机定子绕组故障的多回路-有限元耦合模型,有效考虑了铁磁和涡流等因素的影响，相对于多回路理论，更加精准。

基于上述故障研究方法，对发电机绕组发生故障前后各种电气量的特征变化进行分析、检测和研究可以实现对定子绕组匝间短路故障的基本判别，也可对其故障程度进行判断。

5.1.2　发电机定子绕组保护方案现状

大型发电机绕组短路产生的较大短路电流，不仅严重威胁其运行安全，而且会造成巨大的经济损失，发电机本身也是一个较为贵重的器件，因此针对不同的故障和不正常运行都应该配备相应的继电保护装置。目前针对大型风力发电机绕组的保护配置还不够完善，绕组各部分还没有得到有效保护，已有大量风电机组发生绕组短路故障，所以为了保证电能质量和电力传输的稳定性，必须给风力发电机组配备高性能的绕组短路主保护。如何给发电机绕组配备主保护，许多学者进行了这方面的研究。在设计主保护方案之前，需要对发电机有可能发生的故障类型和数目进行详细的统计，简单粗略地统计故障信息是不可取的，假若没有详细的故障分析作为基础，就无法为匝间、相间短路配备合适的保护。

主保护灵敏度的确定对主保护配置至关重要，在全面分析发电机绕组故障的基础上，需要对相应的差动电流和动作电流进行整定计算，从而计算出灵敏度并校验。目前关于发电机绕组保护的现行方法中针对灵敏度问题多校验发电机两端短路灵敏度系数。但是发电机定子绕组的相间短路不同于机端侧短路，不能像输电线两端保护一样只校验末端两侧灵敏度，也即是发电机短路不能仅以末端两相短路灵敏度为校验标准。发电机定子绕组发生匝间短路时，主保护采用横差保护配置，即零序电流和裂相横差保护，当监测对象是机端两侧短路时，横差保护因无动作电流经过不能工作，所以很少有研究针对横差保护的灵敏度的校验。文献[117]提出了简化大型水轮发电机主保护配置方案的设计过程。为了避免“枚举法”的巨大工作量，文献[118]提出选择分支的两个原则。文献[119-120]分别分析和对比了二滩电站、龙滩电站、三峡电站的主保护配置方案，阐述了发电机主保护配置定量设计过程，将相等或相似容量作为复制其他主保护配置方案的条件。文献[121]纠正了复制方案的错误并给出了优化结果及其设计过程。文献[122]介绍了大型发电机定子绕组故障电流的计算方法，并根据短路电流，阐述了发电机主保护配置的设计过程。以上各文献均采用大型发电机来介绍发电机主保护配置的设计过程，多在研究发电机绕组保护时忽略了横差保护的灵敏度校验，并以机端两相短路的灵敏度作为相间短路时的校验标准，为了给发电机提供更加完善的保护，需要对定子绕组故障进行深入分析，包括故障类型和仿真计算分析，在此基础上完善保护策略。

5.1.3 本章主要研究内容

本章主要研究永磁同发电机定子匝间短路的故障特征，主要是定子侧各物理量变化规律，并针对发电机定子绕组短路保护的配置问题进行详细研究，工作包括下述几个方面。

①对发电机定子绕组短路故障进行深入研究，首先分析了定子绕组短路故障类型和数目，主要是对1.5 MW永磁风力发电机绕组的故障类型、位置和数目做出统计，以便实现定子绕组短路计算的全面性和准确性。

②介绍多回路理论方法，以多回路理论为基础，建立永磁同步发电机正常情况及其发定子绕组匝间短路故障时的数学模型。分析定子绕组匝间短路故障并总结电流中谐波成分的变化规律。基于MATLAB仿真软件编写多回路仿真程序，永磁同步发电机定子绕组正常和发生匝间短路情况下的仿真结果，并进行验证。此外本章还对绕组发生匝间短路后，定子电流相位角、幅值的变化规律作出分析。

③引出方式的不同将引起不同的保护效果，将不同分支引出分为两个和3个中性点引出方式两种情形讨论。深入研究4种差动（零序电流横差保护、裂相横差保护、不完全和完全纵差保护）保护的工作原理和构成方式。建立发电机有限元模型，通过有限元法计算出发电机绕组短路时各相及各分支电流，进而对各种差动保护的灵敏度进行分析计算，得出主保护装置动作时易致保护死区的位置，并根据匝间短路和相间短路的分析结果总结灵敏度变化规律，便于对比主保护方案的工作性能。

④基于仿真得到的1.5 MW永磁发电机空载时故障电流暂态波形及发生短路时的最大值，校验各种短路状态下的灵敏度。全面分析和对比各个保护方案，统计保护死区数目，在此“优势互补、综合利用”的基础上，提出了1.5 MW发电机绕组主保护配置方案。

风能作为可再生能源的重要组成部分，得到了国内外学者的高度重视，提高风能的利用效率已成为各国的关注焦点，但风能的不稳定性对其开发和利用造成了巨大障碍。永磁同步发电机凭借其独特的结构和运行方式，在一定程度上解决了风能利用低效和并网故障的风力利用难题。

1）永磁风力发电机定子绕组基本结构

本章研究的1.5 MW永磁风力发电机的定子铁芯是经由绝缘漆处理过的0.5 mm高硅扇形片套于鸽尾支持筋上叠压而成，发电机定子线圈的材料是双玻扁铜线，匝间绝缘材料是绝缘垫条或半叠包绝缘带，发电机结构上类似于绕线式同步机，其运行原理与励磁同步电机相同，主要包括转子、定子、端盖等。按照电枢绕组的位置可以分为内转子和外转子，包括径向和轴向两种磁场式。转子铁芯表面有类似瓦片和表贴式的永磁体，在性能上属于隐极结构，表贴式转子结构简单且转动惯量小，为提高整个传动系统性能导线与端部均被加压处理。风力发电机并网运行时，机组的发电电压幅值、频率、相位、相序等均与电网侧一致,很好地实现了风电机组的控制与并网。

2)永磁风力发电系统的工作原理

永磁风力发电机采用变速恒频技术,风轮与电机之间无齿轮箱连接,通过变流器实现交流—直流—交流间的电能转换,最终变频器将产生电能连入电网。永磁同步电机没有齿轮箱,不易发生故障,维修成本低,风速较低时电能转化率却很高。但是永磁体的本身成本较高,且一旦损坏,会出现维修成本过高甚至无法修理的情况。

①工作原理。整个系统需要风力机来实现能量转换,其叶面受风力影响而转动,风能转化为装置运行的机械能,在风电理论中,发电机需要把机械能顺利地转化为电能,定子、转子气隙间的两个圆形旋转磁场就必须相对静止。永磁同步电机的定子是对称三相交流绕组,三相对称电流流入对称绕组就会在气隙间形成圆形旋转磁场,定子绕组上的电流频率为:

$$f_1 = p\frac{n_1}{60} \tag{5.1}$$

式中　n_1——定子绕组运行时磁场的旋转速度;

f_1——运行频率;

p——发电机的极对数,此时转子侧的磁场相对转速为:

$$n_2 = 60\frac{f_2}{p} \tag{5.2}$$

②传动机构。传动机构是风电机组中连接发电机与风力机的传动装置,永磁风力发电机组并不需要齿轮箱就可以将风力机与发电机相连,使电机与风机的转速相同且结构简单,有效提高了机组的工作效率。

③永磁同步发电机。近年来,永磁同步发电机在风电机组市场中的占有率逐年提高,特别是在中小型机组市场中已超过半数。永磁同步发电机的优点是:阻抗较小、结构较为简单、工作效率较高。永磁同步发电机使用的永磁体体积小且励磁绕组简单,在额定功率相同的情况下,其电机本身体积较小。

④变流器。因为风能的随机性和波动性较大,发电机的输出频率不稳定,这就需要变频装置来保证发电机产出电能的频率与电网频率相等。变流器通过调控发电机定子电流的频率来保证风电机组安全有效地运行。

3)永磁同步发电机的变流器

风电机组采用背靠背 PWM 变换器并网,其工作原理是使用两个 PWM 变换器完成系统电路的整流和逆变,其拓扑结构如图 5.3 所示。该系统主要由发电机、传动系统、永磁同步发电机、交直流侧电容和背靠背 PWM 变换器等组成。其中机侧变换器和网侧变换器是指分别靠近永磁同步电机和电网的变换器。该背靠背系统结构能够转化交流电的频率、幅值直至电能能够符合并网要求。

背靠背 PWM 控制电路的优点如下所述。

①能够四象限运行,并且可以调节功率因数。

②相比于其他变换电路,控制简单、电流损耗小、工作效率高。

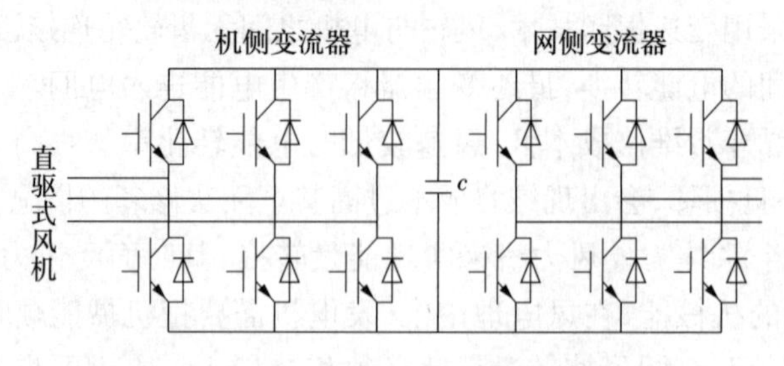

图 5.3 双 PWM 的拓扑结构图

4)永磁同步电机的数学模型

永磁同步发电机与传统的同步发电机相比较,区别是采用永磁体代替励磁绕组,其他部分与传统发电机大致一样。为了简化课题的分析过程,忽略永磁体阻尼、涡流损耗和转子磁场谐波,永磁同步发电机在 d-q 坐标下的数学模型为:

$$\frac{\mathrm{d}i_{\mathrm{d}}}{\mathrm{d}t}=-\frac{R_{\mathrm{s}}}{L_{\mathrm{d}}}i_{\mathrm{d}}+\omega_{\mathrm{e}}\frac{L_{\mathrm{q}}}{L_{\mathrm{d}}}i_{\mathrm{q}}+\frac{1}{L_{\mathrm{d}}}u_{\mathrm{d}}$$

$$\frac{\mathrm{d}i_{\mathrm{q}}}{\mathrm{d}t}=-\frac{R_{\mathrm{s}}}{L_{\mathrm{q}}}i_{\mathrm{q}}-\omega_{\mathrm{e}}\left(\frac{L_{\mathrm{d}}}{L_{\mathrm{q}}}i_{\mathrm{q}}+\frac{1}{L_{\mathrm{q}}}\lambda_{0}\right)+\frac{1}{L_{\mathrm{q}}}u_{\mathrm{q}} \tag{5.3}$$

式中 $u_{\mathrm{d}},u_{\mathrm{q}},i_{\mathrm{d}},i_{\mathrm{q}}$ ——分别是发电机定子侧 d 轴和 q 轴的电流和电压;

R_{s} ——定子的电阻;

ω——发电机电角频率;

$L_{\mathrm{d}},L_{\mathrm{q}}$ ——分别是 d 轴和 q 轴的电感;

λ_0——绕组磁链。

电磁转矩为:

$$T_{\mathrm{e}}=\frac{3}{2}p[(L_{\mathrm{d}}-L_{\mathrm{q}})i_{\mathrm{d}}i_{\mathrm{q}}+i_{\mathrm{q}}\lambda_{0}] \tag{5.4}$$

5)有限元模型

(1)有限元理论

在数学中,有限元法是求解边值问题近似解的数值技术,它具有极强的适应性,在各项研究中都有较为广泛的应用,近段时间已成功解决了工程领域的问题。有限元方程在大多数情况下都是基于变分法理论求解的,由于变分法使用了离散处理,于是就具有了更简洁的算法,而且非常复杂的问题也可以进行离散求解,因此该方法的实用价值日益增加。有限元法把相应的分值函数赋予每个解构单元中,而且函数的积分运算在相应的规则内进行。在工程实践中,需要分析的网格分布都相对比较简单,所以约束条件就很容易被满足,而且多数情况下低阶多项式就已达到了求解域的精度的要求。

(2)仿真的基本参数

本章在 Ansoft Maxwell 2D 建立永磁同步发电机的仿真模型的参数,依据现有的 1.5 MW 实际参数进行设置,该试验机组基本参数为额定功率: 1 500 kW,额定转速: 17.3 r/min,极数: 88,槽数: 576,定子外径: 4 505 mm,定子内径: 4 140 mm,气隙: 6 mm,额定输出电压:690 V,额定电流:660 A,频率:12.0 Hz,接法:Y,每相槽数:16,并联支路数:8。

(3)建立有限元模型

为了简化分析过程,仿真需要下述假设。

①忽略铁磁材料饱和,发电机内部永磁体的阻尼效应。

②不考虑定子、转子外表面漏磁场。

③定子绕组与定子铁芯绝缘。

④发电机内部的三相绕组是对称的,定子绕组具有正弦特征的感应电动势。

本章依照上节电机各个结构参数,依次创建永磁同步发电机几何模型,利用 Ansoft Maxwell 2D 软件搭建 1.5 MW 机组仿真模型,发电机的有限元模型如图 5.4 所示。

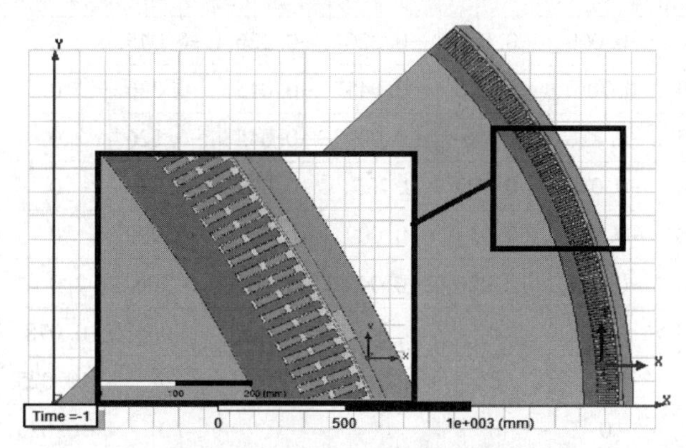

图 5.4　永磁发电机有限元模型

为了方便定子绕组匝间短路故障的研究,针对故障线圈设置仿真模型,即是对所研究的某相故障线圈单独设置。本章通过外电路的设计与应用,实现了定子侧不同的接线方式和定子侧不同的故障设置。定子侧的并联支路故障电路的外电路设计原理如图 5.5 所示,通过调节图中所示的短路连接电阻 r 来设置绕组短路程度。

(4)电感参数计算

发电机电感参数分为不变电感参数和时变电感参数,定子内各个支路自感和互感、转子中各个支路的自感和互感参数均不会发生改变;定子各支路与转子各支路间的互感为时变参数。不变电感参数见表 5.1。从表中可以得到定子绕组的自感为 0.706 H,转子绕组的自感为 0.078 H。对于本章所研究的电机类型,并联的两条支路互感系数最小,如表 5.1 中的第一条与第二条支路的互感值。

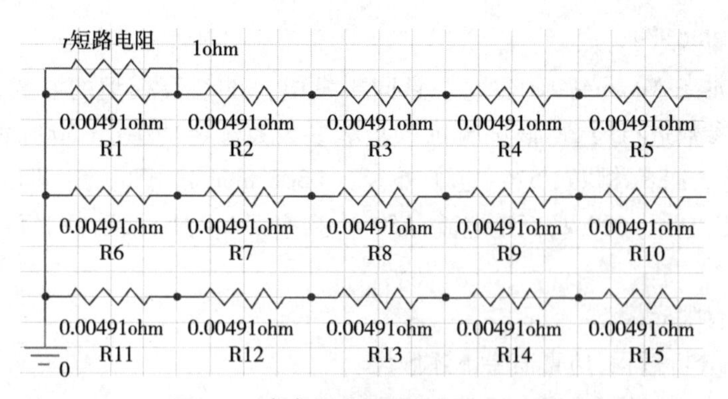

图 5.5　发电机定子匝间短路原理图

当发电机空载运行时,时变的电感参数值如图 5.6 所示。图中所示的 Ma、Mb、Mc 分别表示定子绕组 A 相的第一条支路与转子 a,b,c 3 条支路的互感系数。

表 5.1　电感参数

电感值＼支路	S_1	S_2	S_3	S_4	S_5	S_6	r_1	r_2	r_3
S_1	0.706	−0.009	−0.045	−0.226	−0.226	−0.045	0	0	0
S_2	−0.009	0.706	−0.226	−0.045	−0.045	−0.226	0	0	0
S_3	−0.045	−0.226	0.706	−0.009	−0.045	−0.226	0	0	0
S_4	−0.226	−0.045	−0.009	0.706	−0.009	−0.045	0	0	0
S_5	−0.226	−0.045	−0.045	−0.009	0.706	−0.009	0	0	0
S_6	−0.045	−0.226	−0.226	−0.045	−0.009	0.706	0	0	0
r_1	0	0	0	0	0	0	0.078	−0.025	−0.025
r_2	0	0	0	0	0	0	−0.025	0.078	−0.025
r_3	0	0	0	0	0	0	−0.025	−0.025	0.078

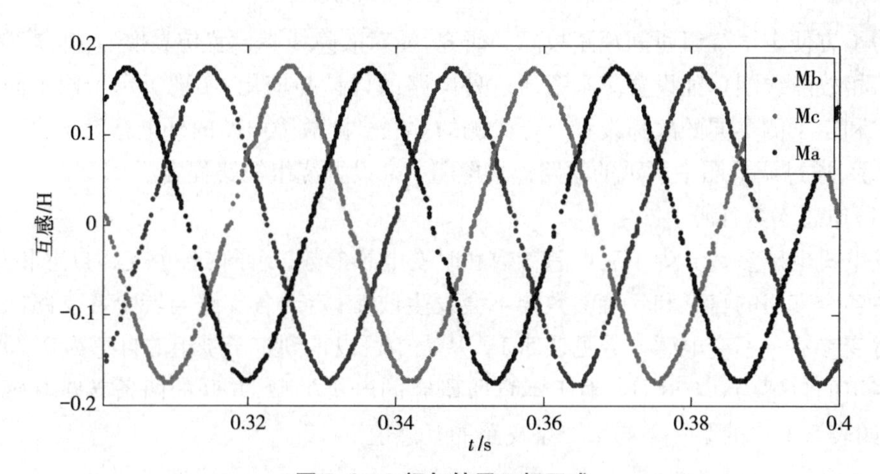

图 5.6　A 相与转子三相互感

5.2 永磁风力发电机正常状态数学模型

5.2.1 多回路数学模型的基本原理

发电机是将机械能转化为电能的主要设备。其主要特点:定子是由三相绕组组成的对称结构;转子是永磁体,和普通发电机相比,在推导数学模型的过程中省去了转子上三相绕组的部分,这使得永磁风力发电机的数学模型比较简单。本章的仿真对象永磁风力发电机,采用多回路结合 park 变换的方法建立数学模型,为后续永磁风力发电机故障状态以及整个风电系统的仿真提供理论基础。

搭建数学模型首先根据电机的结构等效出简化电路,然后利用多回路理论知识找出对应的回路方程,并进行计算和分析。永磁风力发电机正常状态和匝间短路故障状态下的数学模型可以分为转矩方程、电压方程和运动方程 3 个部分;定子绕组单相接地下的数学模型由励磁回路、阻尼回路和定子回路 3 部分构成。这样,在分析永磁风力发电机内部故障时,就可以根据以上 3 个方程来建立模型,并据此分析永磁风力发电机暂态特性。

5.2.2 *abc* 坐标系下的数学模型

为方便建模,搭建永磁风力发电机的数学模型时作出以下假设:

①磁动势与磁通呈正弦对称分布。

②不计磁路中发生的涡流及磁滞损耗。

③铁芯不会出现饱和现象。

这些假设为数学模型的搭建提供了方便。图 5.7 所示为永磁同步电机三相绕组示意图。

图 5.7(a)所示的转子结构示意图是一台表贴式的永磁同步电机,定子有 A,B,C 三相绕组,转子上是永磁体,轴线分别用 A,B,C 表示,θ 为转子位置偏向角,即永磁体与 A 相定子轴线之间的夹角。建立数学模型的方法与电动机类似,电流正值设定如图 5.7(b)所示。电流经过线圈绕组时会产生磁链,磁链方向与电流方向一致,转矩的正方向与转子径向相同,在发电机启动时作为驱动转矩,外加负载转矩在发电机启动时作为制动转矩。v^s,i_s 分别为三相绕组的相电压、相电流; R_s 和 L_s 分别为三相绕组的相电阻及电感; N_s 为线圈匝数,参数中的上标“s”表示此参数为永磁风力发电机正常运行状态下的参数。假设磁路不会发生饱和的情况下,由基尔霍夫定律和法拉第电磁感应定

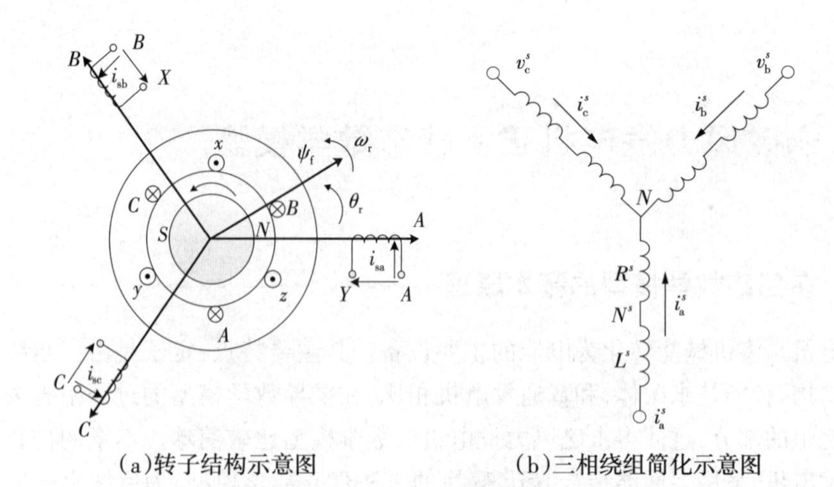

(a)转子结构示意图　　(b)三相绕组简化示意图

图 5.7　永磁同步电机三相绕组示意图

律推论出 abc 坐标系下的数学模型，可以表示为式(5.5)的形式。

$$v_{abc}^s = R_{abc}^s i_{abc}^s + \frac{d\psi_{abc}^s}{dt} \tag{5.5}$$

式中　v_{abc}^s ——绕组三相端电压；

R_{abc}^s ——定子绕组电阻；

i_{abc}^s ——三相绕组电流；ψ_{abc}^s 为定子绕组的磁链。

式中各参数都是矩阵的形式，矩阵表示如式(5.6)所示：

$$\begin{cases} v_{abc}^s = \begin{bmatrix} v_a^s & v_b^s & v_c^s \end{bmatrix}^T \\ R_{abc}^s = \begin{bmatrix} R_a^s & 0 & 0 \\ 0 & R_b^s & 0 \\ 0 & 0 & R_c^s \end{bmatrix} \\ i_{abc}^s = \begin{bmatrix} i_a^s & i_b^s & i_c^s \end{bmatrix}^T \\ \psi_{abc}^s = \begin{bmatrix} \psi_a^s & \psi_b^s & \psi_c^s \end{bmatrix}^T \end{cases} \tag{5.6}$$

永磁风力发电机正常工作时，磁通 ψ_{abc}^s 由两部分组成，分别为定子绕组中的电流所产生的自感和转子上的永磁体在定子绕组上产生的互感，所以磁通表达式如式(5.7)所示。

$$\psi_{abc}^s = L_s i_{abc}^s + \psi_{mabc}^s \tag{5.7}$$

其中，L_s 参数矩阵如公式(5.8)所示，对角线上的值为自感，其他值为两绕组间的互感，电机正常运行时，三相绕组呈三相对称状态，自感大小相同，设为 L_m，互感也相同，设为 L_s。

$$L_s = \begin{bmatrix} L_{aa} & L_{ab} & L_{ac} \\ L_{ba} & L_{bb} & L_{bc} \\ L_{ca} & L_{cb} & L_{cc} \end{bmatrix} \tag{5.8}$$

永磁体在三相绕组上所产生的互感大小和电角度有关。三相绕组呈对称分布，相邻两相绕组之间的夹角是120°，那么ψ_{mabc}如公式(5.9)所示，其中ψ_m为转子磁链的值。

$$\psi_{mabc} = \begin{bmatrix} \psi_{ma} \\ \psi_{mb} \\ \psi_{mc} \end{bmatrix} = \psi_m \begin{bmatrix} \sin(\theta_r) \\ \sin\left(\theta_r - \frac{2\pi}{3}\right) \\ \sin\left(\theta_r + \frac{2\pi}{3}\right) \end{bmatrix} \tag{5.9}$$

现在，由式(5.7)和式(5.9)可以得到电压方程如式(5.10)所示：

$$\begin{cases} v_{abc}^s = R_{abc}^s i_{abc}^s + L_s \dfrac{di_{abc}^s}{dt} + \dfrac{d\psi_{mabc}}{dt} \\ \dfrac{d\psi_{mabc}}{dt} = \psi_m \omega_r \begin{bmatrix} \sin(\theta_r) \\ \sin\left(\theta_r - \frac{2\pi}{3}\right) \\ \sin\left(\theta_r + \frac{2\pi}{3}\right) \end{bmatrix} \end{cases} \tag{5.10}$$

在式(5.10)中，电角度θ_r与电角速度ω_r都是未知量，欲求解此方程组，需要引入运动方程如式(5.11)所示：

$$\frac{d\omega_r}{dt} = \frac{1}{J} n_p \left(T_e - B_m \frac{\omega_r}{n_p} - T_L \right) \tag{5.11}$$

$$\frac{d\theta_r}{dt} = \omega_r \tag{5.12}$$

式中 B_m——黏性摩擦系数；

J——转动惯量；

n_p——极对数；

T_e，T_L——分别为电磁和负载转矩，PMSG 转矩方程如式(5.13)所示：

$$T_e = \frac{1}{2} n_p (i_{abc}^s)^T \frac{dL}{d\theta_r} i_{abc}^s \tag{5.13}$$

联立方程(5.10)—方程(5.13)求解微分方程即可获得永磁风力发电机正常状态下的数学模型。用此方法推导数学模型，绕组即使出现不对称分布，同样可以计算。因此，当永磁风力发电机出现故障时，以上推导的数学模型仍然适用。永磁风力发电机在*abc*坐标系下的数学模型可以完成绕组故障状态下的暂态仿真，为故障电机的仿真打下理论基础。

5.2.3 两相静止坐标系下 PMSG 数学模型

式(5.5)经过 Park 变换,就可以得到电压方程,如式(5.14)所示:

$$\begin{cases} u_{\mathrm{s\alpha}} = R_{\mathrm{s}} i_{\mathrm{s\alpha}} + \dfrac{\mathrm{d}\psi_{\mathrm{s\alpha}}}{\mathrm{d}t} \\ u_{\mathrm{s\beta}} = R_{\mathrm{s}} i_{\mathrm{s\beta}} + \dfrac{\mathrm{d}\psi_{\mathrm{s\beta}}}{\mathrm{d}t} \end{cases} \tag{5.14}$$

式中 $i_{\mathrm{s\alpha}}, i_{\mathrm{s\beta}}$ ——定子电流;

$\psi_{\mathrm{s\alpha}}, \psi_{\mathrm{s\beta}}$ ——定子磁链。

同理,abc 坐标系下的定子磁链方程经过 Park 变换得到两相静止坐标系下的表达式,如式(5.15)所示:

$$\begin{cases} \psi_{\mathrm{s\alpha}} = L_{\mathrm{s}} i_{\mathrm{s\alpha}} + \psi_{\mathrm{f\alpha}} \\ \psi_{\mathrm{s\beta}} = L_{\mathrm{s}} i_{\mathrm{s\beta}} + \psi_{\mathrm{f\beta}} \end{cases} \tag{5.15}$$

式中 L_{s} ——等效电感;

$\psi_{\mathrm{f\alpha}}, \psi_{\mathrm{f\beta}}$ ——转子磁链;

ψ_{f} ——拆分到两相静止坐标系下的分量。

电磁转矩表达式如式(5.16)所示:

$$T_{\mathrm{e}} = \frac{3}{2} n_{\mathrm{p}} (\psi_{\mathrm{s\alpha}} i_{\mathrm{s\beta}} - \psi_{\mathrm{s\beta}} i_{\mathrm{s\alpha}}) \tag{5.16}$$

5.3 永磁风力发电机定子绕组匝间短路状态数学模型

PMSG 匝间短路故障是发电机故障中最常见也是发生频率最高的故障。通常绕组线圈之间的绝缘层被破坏就很可能出现匝间短路故障,初期匝间短路对发电机的影响并不大,PMSG 仍然可以继续工作,如果长时间不做保护处理措施,故障就会恶化从而导致整个相绕组被烧毁,最后电机被迫停止运行。这是因为,绕组绝缘层被破坏,会在两线圈之间形成很大的环路电流,温度急剧增高,这时就会产生连锁效应,接连破坏周边线圈的绝缘层。因此对 PMSG 匝间短路的保护应该得到重视。发电机绕组的结构实际上是与电动机相似的。本章建立的永磁风力发电机匝间短路故障模型是在三相坐标下建立的,这样在做故障诊断仿真研究时,无须对不同类型的短路故障再重新搭建模型,只需要改变其中的参数即可。

为了完成永磁风力发电系统的仿真,首先需要搭建 PMSG 匝间短路故障状态下的数学模型，电机绕组由故障相和正常相两部分组成。每个正常相形成一个回路，短路相形成一个额外的环路。这样，一共出现了 4 个回路，在数学模型中用四阶矩阵来表示。引入参数 θ_f，σ 来表示 PMSG 定子绕组匝间短路故障程度。θ_f 表示故障相与 a 相轴的夹角；σ 表示短路匝数（ N_f ）与绕组总匝数（ N_s ）之比。θ_f 只能在 0，2/3 π，2/3 π 中取值（短路相只能为 a，b 或 c 相）。现在将有关短路支路的变量用下标 f 表示，那么 PMSG 定子绕组新的电压方程就可以改写为如式(5.17)、式(5.18)的形式，其中下标 f 表示为故障相的变量。

$$v_{\text{abcf}}^{s} = R_{\text{abcf}}^{s} i_{\text{abcf}}^{s} + \frac{\mathrm{d}\psi_{\text{abcf}}^{s}}{\mathrm{d}t} \tag{5.17}$$

$$\begin{cases} v_{\text{abcf}}^{s} = \begin{bmatrix} v_{\text{akf}}^{s} & v_{\text{b}}^{s} & v_{\text{c}}^{s} & v_{\text{f}}^{s} \end{bmatrix}^{\text{T}} \quad v_{\text{f}}^{s} = 0 \\ v_{\text{abcf}}^{s} = \begin{bmatrix} R_{\text{a}}^{s} & 0 & 0 & 0 \\ 0 & R_{\text{b}}^{s} & 0 & 0 \\ 0 & R_{\text{b}}^{s} & 0 & 0 \\ 0 & 0 & R_{\text{c}}^{s} & 0 \\ 0 & 0 & 0 & R_{\text{f}}^{s} \end{bmatrix} \\ i_{\text{abf}}^{s} = \begin{bmatrix} i_{\text{a}}^{s} & i_{\text{b}}^{s} & i_{\text{c}}^{s} & i_{\text{f}}^{s} \end{bmatrix}^{\text{T}} \\ \psi_{\text{abf}}^{s} = \begin{bmatrix} \psi_{\text{a}}^{s} & \psi_{\text{b}}^{s} & \psi_{\text{c}}^{s} & \psi_{\text{f}}^{s} \end{bmatrix}^{\text{T}} \end{cases} \tag{5.18}$$

假设永磁风力发电机在 b 相绕组发生匝间短路故障，忽略磁饱和及退磁的问题，故障相的磁链都可以分为正常部分和短路部分，两者的大小和 σ 成比例。由式(5.9)可得式(5.19)：

$$\psi_{\text{mabc}} = \begin{bmatrix} \psi_{\text{ma}} \\ \psi_{\text{mb}} \\ \psi_{\text{mc}} \\ \psi_{\text{mf}} \end{bmatrix} = \psi_{\text{m}} \begin{bmatrix} \sin(\theta_{\text{r}} - \theta_{\text{f}}) \\ (1-\sigma)\sin\left(\dfrac{\theta_{\text{r}} - 2\pi}{3 - \theta_{\text{f}}}\right) \\ \sin\left(\dfrac{\theta_{\text{r}} + 2\pi}{3 - \theta_{\text{f}}}\right) \\ \sigma \sin\left(\dfrac{\theta_{\text{r}} - 2\pi}{3 - \theta_{\text{f}}}\right) \end{bmatrix} \tag{5.19}$$

在永磁同步电机发生匝间短路故障时，正常状态下的永磁风力发电机运动学方程(5.11)—方程(5.13)仍然适用，所以联立方程(5.11)—方程(5.13)与方程(5.17)—方程(5.19)便是永磁同步电机在匝间故障下的数学模型。

运用比例原理计算 PMSG 的电阻参数。假设故障相短路匝数为 N_f，绕组总匝数为 N_s，那么电阻参数可以根据公式(5.20)求得：

$$\begin{cases} R_b^s = (1-\sigma)R_s \\ R_f^s = \sigma R_s \\ \sigma = \dfrac{N_f}{N_s} \end{cases} \tag{5.20}$$

永磁风力发电机故障模型电感参数是一个四阶矩阵，相对于正常模型中的电感矩阵，故障模型电感矩阵多了 2 项：故障相的自感、故障相与正常相之间的互感，电感矩阵如式(5.21)所示：

$$L_s = \begin{bmatrix} L_{aa} & L_{ab} & L_{ac} & L_{af} \\ L_{ba} & L_{bb} & L_{bc} & L_{bf} \\ L_{ca} & L_{cb} & L_{cc} & L_{cf} \\ L_{fa} & L_{fb} & L_{f} & L_{ff} \end{bmatrix} \tag{5.21}$$

式(5.21)中电感与互感值可用式(5.22)计算：

比例原理：

$$\frac{L_{bb}}{L_{bf}} = \left(\frac{1-\sigma}{\sigma}\right)^2 \tag{5.22}$$

泄漏原理：

$$\delta_{bf} = 1 - \frac{L_{bf}^2}{L_{bb}L_{ff}} \tag{5.23}$$

一致性原理：

$$L'_{ub} + 2L_{bf} + L_{ff} = L_{bb} \tag{5.24}$$

联立方程(5.22)—方程(5.24)便可以得到：

$$L'_{bb} = L_{bb}\frac{1}{\left(\dfrac{\sigma}{1-\sigma}\right)^2 + 2\dfrac{\sigma}{1-\sigma}\sqrt{1-\delta_{bf}} + 1} \tag{5.25}$$

$$L_{ff} = L_{bb}\frac{1}{\left(\dfrac{1-\sigma}{\sigma}\right)^2 + 2\dfrac{1-\sigma}{\sigma}\sqrt{1-\delta_{bf}} + 1} \tag{5.26}$$

$$L_{bf} = L_{bb}\frac{\sqrt{1-\delta_{bf}}}{\dfrac{1-\sigma}{\sigma} + \dfrac{\sigma}{1-\sigma} + 2\sqrt{1-\delta_{bf}}} \tag{5.27}$$

至于故障相与其他两相的互感参数，利用一致性原理计算如下：

$$L'_{bx} + L_{fx} = L_{bx} \tag{5.28}$$

运用比例原理：

$$\begin{cases} L_{ba} = L_{ba}(1-\sigma) \\ L_{bc} = L_{bc}(1-\sigma) \\ L_{fa} = L_{ba}\sigma \\ L_{fc} = L_{bc}\sigma \end{cases} \tag{5.29}$$

由式(5. 29)可以计算出故障电感矩阵的部分参数,由于矩阵具有对称性,这些计算出的电感参数之外的参数与正常电机模型中的电感参数相同。因此将电机的电感常量代入式(5. 25)—式(5. 29),电感参数矩阵可以表示为式(5. 30)形式:

$$L_s=\begin{bmatrix} L_{sl}+L_m & -\frac{1}{2}(1-\sigma)L_m & -\frac{1}{2}(1-\sigma)L_m & -\frac{1}{2}\sigma L_m \\ -\frac{1}{2}(1-\sigma)L_m & (L_{sl}+L_m)\frac{1}{(-\sigma)^2+2\frac{\sigma}{1-\sigma}\sqrt{1-\delta_{bf}}+1} & -\frac{1}{2}(1-\sigma)L_m & (L_{sl}+L_m)\frac{\sqrt{1-\delta_{bf}}}{\frac{1-\sigma}{\sigma}+\frac{\sigma}{1-\sigma}+2\sqrt{1-\delta_{bf}}} \\ -\frac{1}{2}(1-\sigma)L_m & -\frac{1}{2}(1-\sigma)L_m & L_s+L_m & -\frac{1}{2}\sigma L_m \\ -\frac{1}{2}\sigma L_m & (L_{sl}+L_m)\frac{1-\sigma}{\frac{1-\sigma}{\sigma}+\frac{\sigma}{1-\sigma}+2\sqrt{1-\delta_{bf}}} & -\frac{1}{2}\sigma L_m & (L_{sl}+L_m)\frac{1}{\left(\frac{\sigma}{1-\sigma}\right)^2+2\frac{\sigma}{1-\sigma}\sqrt{1-\delta_{bf}}+1} \end{bmatrix} \tag{5.30}$$

以上方程构成了永磁风力发电机的故障模型,选取电压方程,运动方程以及转矩方程为后续的仿真奠定理论基础。

5.3.1　定子发生匝间短路时电磁特性分析

交流发电机的定子绕组大多采用相差120°的三相对称绕组,采用此种设计的三相对称绕组能使电流产生的气隙磁场基本符合正弦分布。因为,当定子绕组的单个线圈支路通电时,此时气隙磁场会产生很强的低次谐波。而当多相绕组通电时,形成在各个线圈的低次谐波相互抵消,此时相绕组的磁动势的波形主要为基波。当发电机定子绕组发生匝间短路时,会在定子绕组中感应出谐波电动势。

当定子绕组发生匝间短路故障后,每相绕组不再对称,从而电动势产生谐波,因此当发电机定子绕组发生匝间短路时,定子绕组电流将会感应出谐波分量。

假设流过某一单匝线圈的电流 $i_1=\sqrt{2}I_1\cos(\omega t)$, 傅里叶展开式为:

$$f(a_1,t)=\frac{2\sqrt{2}I_1}{\pi P}\sum_{v}\frac{1}{v}k\cos(va_1)\cos(\omega t) \tag{5.31}$$

式中　k——单匝线圈节距因数;

a_1——线圈两边相隔的空间角度;

P——极对数;

v——谐波次数。对于短距线圈, $v=1/p,2/p,3/p,\cdots$,对于整距线圈 $v\neq 2,4,6,\cdots$。

短路线圈磁动势分解后,磁动势傅里叶展开式为:

$$f(\theta,t)=\frac{\sqrt{2}I}{\pi P}\sum_{v}\frac{1}{v}k_{yv}\cos(\omega t+vP\theta) \tag{5.32}$$

式中　k_{yv} ——短距因数。

5.3.2　定子侧线电流相角差及幅值差分析

当发电机定子绕组发生匝间短路故障后，定子侧三相电流对称分布受到影响。本节分析定子侧电流相角差和幅值的变化规律，并进行仿真计算。

发电机定子绕组 C 相的一个线圈匝间短路故障，三相绕组对称。分别对定子绕组 1 匝、5 匝和 10 匝短路故障进行分析验证。

图中横坐标表示时间(单位/ms)，纵坐标为电流(单位/A)。从图中可以得到，各个支路电流都有所差异，短路匝支路电流较大，定子侧线电流如图 5.8 所示，不再对称。

在计算过程中，应充分考虑谐波对电感参数的影响和发电机为空载运行工况。仿真中设 C 相中一条支路中的一个线圈发生匝间短路，分别对正常运行及发生 5 匝、10 匝和 15 匝短路情况进行仿真计算，定子侧相电流波形如图 5.8 所示。

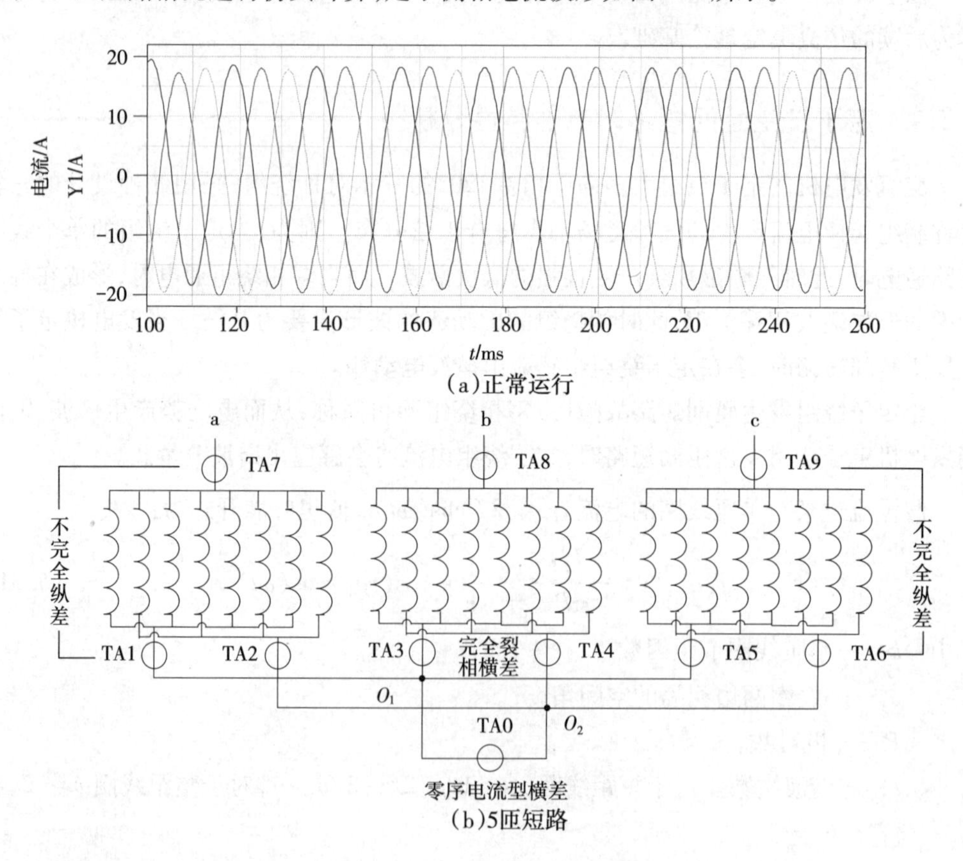

(a)正常运行

(b)5匝短路

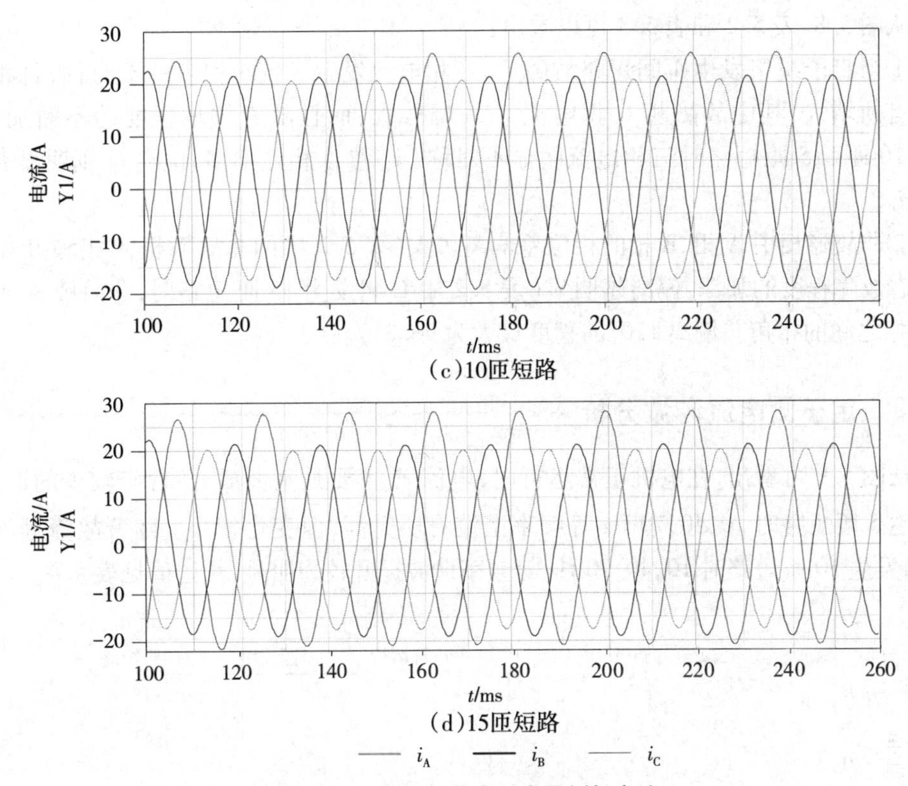

(c)10匝短路

(d)15匝短路

图 5.8　不同运行状态下定子侧相电流

表 5.2　定子侧相电流有效值

不同情况	相电流有效值/A		
	i_A	i_B	i_C
正常情况	9.86	10.15	9.96
5 匝短路	11.62	11.56	12.86
10 匝短路	11.73	11.61	13.92
15 匝短路	11.42	11.14	14.42

表 5.3　不同故障程度下三相电流相角差

相别	相角差/(°)			
	正常	5 匝短路	10 匝短路	15 匝短路
AB 相	132.4	126.9	101.1	96.2
AC 相	117.9	122.1	129.7	136.8
BC 相	128.3	127.6	124.5	131.1

从图 5.8、表 5.2 和表 5.3 可以看出：

①当定子绕组发生匝间短路故障后，三相电流发生了较小程度的不对称，每相电流都有所增大，其中故障相 C 相电流 i_C 增幅较大，而且随着故障程度的不断加深。发生 10 匝、15 匝短路时三相电流明显不对称，i_A 和 i_B 相差不多，电流 i_C 则明显大于 i_A 和 i_B。

②非故障相中 A 相、B 相的相位差偏离较大(表 5.2 中的非故障相 A 相和 B 相)，且随着故障程度的加深，偏离越明显(表 5.2 中 C 相发生 15 匝短路时，非故障相 A 相和 B 相之间的相角差偏离 120°的程度最大为 96.2°)。

5.3.3 定子侧电流谐波分析

从图 5.9 可看出，在电机正常运行时，电流 i_A 主要是基波成分，含有较少的谐波。当发生 5 匝短路时 10，40，70 Hz 等频率谐波有所升高，但变化较小。随着故障程度的加深，发生 10 匝短路时 10，40，70 Hz 等频率谐波提升较为明显，频谱值见表 5.4。

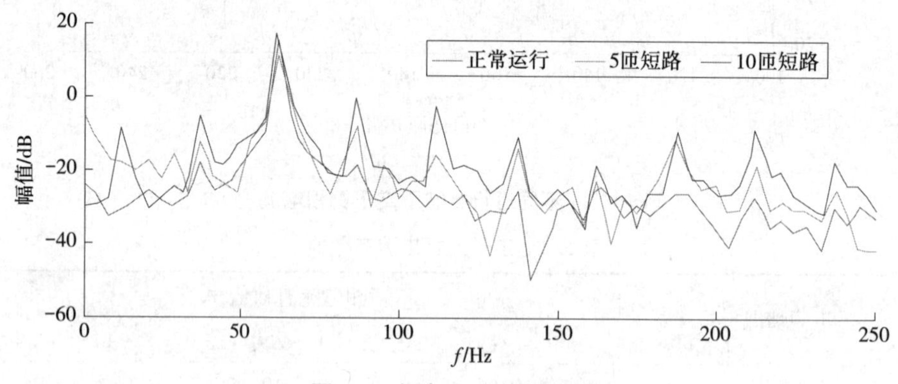

图 5.9　相电流 i_A 的频谱图

表 5.4　相电流 i_A 频谱幅值

频率/Hz	幅值/dB		
	正常	5 匝短路	10 匝短路
10	-27.6	-17.4	-11.1
40	-24.3	-21.6	-16.7
70	-15.1	-13.3	-10.1
100	-24.9	-27.5	-22.9
130	-31.0	-37.5	-24.8
160	-27.2	-22.9	-23.2
190	-26.1	-19.2	-17.8

续表

频率/Hz	幅值/dB		
	正常	5 匝短路	10 匝短路
220	-33.1	-28.3	-20.0
250	-32.6	-41.4	-30.9

从表5.4可以看出，通过对定子匝间短路和正常运行比较，故障情况下除基波外的其他频次谐波均有大幅增加，且随着故障严重程度而加剧。当定子发生10匝短路时，除其他个别频率外，故障时的特征信号更为明显。

本章是针对定子侧C相一个分支发生匝间短路时建立的故障模型，所以有必要对C相电流 i_C 做与上文同样的频谱分析，从而达到故障相和正常相相互比较的目的。分别对正常、5匝和10匝短路故障时的定子侧相电流 i_C 进行傅里叶变化，频率与谱能量的关系如图5.10所示。

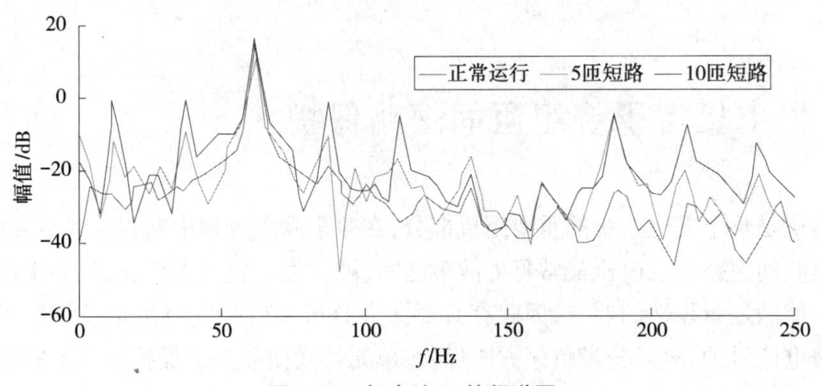

图5.10　相电流 i_C 的频谱图

表5.5　相电流 i_C 频谱幅值

频率/Hz	幅值/dB		
	正常	5 匝短路	10 匝短路
10	26.3	26.1	-18.1
40	-22.1	-18.7	-12.6
70	-16.3	-13.8	-13.5
100	-23.8	-28.8	-25.6
130	-31.2	-28.0	-29.3
160	-37.3	-30.2	-28.7

续表

频率/Hz	幅值/dB		
	正常	5 匝短路	10 匝短路
190	-26.9	-16.9	-18.1
220	-34.7	-27.5	-20.2
250	-40.0	-36.9	-27.5

比较图 5.9 和图 5.10 可以看出,相电流 i_C 的频谱分析结果各频率谐波的变化规律与 i_A 的变化规律较为相似,电流的变化规律也基本相同。通过比较表 5.4 和表 5.5 可以发现,将绕组短路故障与正常运行相比,C 相中大部分频率的谐波增幅比 A 相的增幅稍大一些,即故障相的信号较非故障信号更为明显。上述仿真结果表明,发电机定子绕组匝间短路出现故障时,定子侧各相电流 i_A,i_B,i_C 均可以检测到故障信号。

5.4 发电机定子绕组匝间短路保护

发电机是整个发电系统的重要组成部分,在整个发电过程中起着至关重要的作用,定子绕组匝间短路是发电机最常见的故障之一,随着发电机的大型化,仅装设传统的差动保护不能满足可靠性的要求,因此有必要深入分析和研究发电机定子绕组匝间短路三次谐波电流保护、故障分量负序方向保护、单元件式横联差动保护以及不完全纵差保护等多种保护的原理及发展,并在此基础上提出更加可靠的自适应保护方法。

5.4.1 单元件式横联差动保护

发电机横差保护的原理如图 5.11 所示,与传统的差动保护相比,省去了在其中一相装设电流互感器,即使故障发生在没有装设互感器的那一相,也会在其他相感应出较大的不平衡电流,完成保护的正确动作。单元件式横联差动保护的主要优点是只有一个互感器,接线简单,成本低,可以完成大部分匝间短路故障的正确动作,因此在实际的发电机保护中也得到了广泛应用。

发电机在正常运行情况下或者外部出现故障,理想情况下互感器感应出的电流之和依然为零。但是,在实际运行中,绕组中会出现不平衡电流。产生的原因有自身结构、制造工艺等,也有系统发生故障时机端所产生的过电压对发电机的影响。因此,对于横差保护的不平衡电流的计算就会和实际值出现偏差。由于三次谐波对不平衡电流

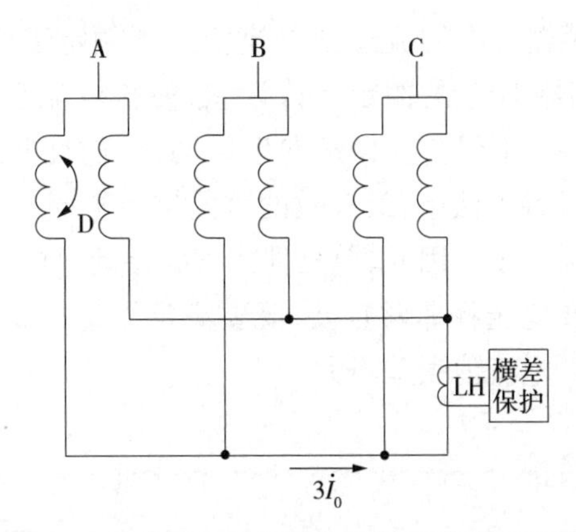

图5.11　单元件式横联差动保护原理示意图

的影响关系到保护装置的正确动作，所以在保护判断的过程当中必须去除三次谐波的干扰，考虑到这个问题，就必须在保护环节中装设滤波器，三次谐波的有效滤过比必须达到80%以上，这样可以保证在保护装置判断时，滤过了大部分的三次谐波成分，大部分都是基波电流。这些措施都是为了减小三次谐波对单元件横差保护的影响，保证发电机定子绕组出现短路故障时保护可以正确动作。即使在正常运行状态下，发电机中性点处也会出现零序电流，大小随着工况不同而改变。多台发电机的实验结果均显示，无论发电机在什么工况下运行，其不平衡电流与绕组电流之间有着近似的线性关系。因此，可以通过引入相电流作为制动量，来滤去不平衡电流对保护的影响，从而提高保护的选择性。此时，阈值只需按躲过正常运行时的最大不平衡电流整定，将制动量代入可靠系数中，就可以提高保护的灵敏度。此时，制动电流就会随着发电机的运行状态不同自适应变化。

因此，横联差动保护的阈值应考虑到不平衡电流的影响。在实际工程中不平衡电流无法避免，所以确定整定值时要躲过不平衡电流。动作电流如式(5.33)所示：

$$I_{\mathrm{DZ},\,J} = \frac{(0.2 \sim 0.3)I_{\mathrm{e,F}}}{n_{\mathrm{LH}}} \tag{5.33}$$

式中　$I_{\mathrm{e,F}}$——发电机定子绕组的额定电流；

n_{LH}——电流互感器变比。

按式(5.33)计算出的动作值无法满足灵敏度要求，还需要考虑到不平衡电流的影响，要求实际测量的不平衡电流应小于整定值的1/10。否则保护装置可能会发生误动，这是需要对保护的整定值做出相应的调整或者查明不平衡电流的原因。电流互感器变比的选择也很重要，应满足保护稳定性的要求，一般按式(5.34)选择：

$$n_{\mathrm{LH}} = \frac{0.25I_{\mathrm{e,F}}}{5} \tag{5.34}$$

随着发电机容量的增大或者发电机自身结构的原因，有时发电机发生短路时的短路电流很大，这时互感器一次侧流过的电流会达到额定工作时电流的几十倍甚至100倍，大大超过了互感器10%的额定允许误差，使得电流互感器严重饱和，导致二次侧测出的电流值不正确，不仅会使保护发生误动作，而且电流互感器也有可能发生烧毁。在防止磁饱和的各种方法中，最有效的就是增大电流互感器的变比。但是增大变比又会影响到保护的灵敏度。因此，单元件式横联差动保护对小容量的发电机有效，针对大型发电机组，CT变比选择非常重要，既要满足严重故障时CT不会出现饱和现象，又要满足轻微故障时，电流值误差不大。

5.4.2 不完全纵差保护

不完全纵差保护的特点和单元式横差保护相同，都减少了互感器的个数，在故障相未装设互感器时，也会在装设互感器的相感应出故障电流，从而使保护正确动作。

一次电流 I_i，通过互感器(TA)引入继电器，设互感器变比为 n_a，发生严重短路故障时，互感器磁路会发生磁饱和现象，从而导致二次侧电流有误差。二次电流 $\dot{I}'_i$ 的相量和 $\sum_{i=1}^{n} \dot{I}'_i \neq 0$，不平衡电流 I'_{unb}，实际工程计算时有：

$$I'_{u_{wb}'} = \sum_{i=1}^{n} \dot{I}'_i \approx K_{aper} K_{st} f_i I_{k,ou,\max} / n_a \tag{5.35}$$

式中 $I_{k,ou,\max}$——最大短路电流；

f_i——变比误差系数，取 $f_i = 0.1$；

K_{st}——同型系数。由于发电机在保护中所取的互感器型号不同，取 $K_{st} = 1.0$（同型号取0.5）；

K_{aper}——非周期系数，一般取为1.5~2.0。

为防止发电机外部发生短路时，机端产生过电流从而引起保护装置误动，引入可靠系数，动作电流如式(5.36)所示：

$$\dot{I}'_{op} = K_{rel} I'_{unh} = K_{rel} K_{aper} K_{st} f_i I_{k.ou.\max} / n_a \tag{5.36}$$

式中 K_{rel}——可靠系数，取1.3~1.5。

在互感器测得正确电流的情况下，不完全纵差保护满足灵敏度要求，但是在中性点处会出现保护死区，如果装设两套不完全纵差保护，保护死区的范围将会大大减小。

5.4.3 负序方向保护

发电系统出现短路故障时，可以在故障处等效一个附加故障分量电源（叠加原理），它将产生负序电压 $\Delta\dot{U}_2$ 和负序电流 $\Delta\dot{I}_2$（大小和故障所产生的负序分量的大小相同）。在发电机内部发生短路时，互感器中所测得的负序功率 ΔP_2，均是从保护区的内部流向外部，功率方向元件启动，保护动作。而在发电机外部出现短路时，互感器测得的负序功率是从保护区的外部流向内部,功率方向元件闭锁,不满足保护动作的条件。

负序功率 ΔP_2 可表示如式(5.37)所示(负序电压 $\Delta\dot{U}_2$ 和电流分量 $\Delta\dot{I}_2$ 均为基波部分):

$$\Delta P_2 = 3Re[\Delta\dot{U}_2 \times \Delta\dot{I}_2 \times e^{-j\varphi_{\mathrm{sen.2}}}] \tag{5.37}$$

式中　$\varphi_{\mathrm{sen.2}}$—最大灵敏角,$\varphi_{\mathrm{sen.2}} \approx 75° \sim 80°$。

由式(5.37)可得式(5.38):

$$\begin{cases} Re[\Delta\dot{U}_2 \times \Delta\dot{I}'_2] > \varepsilon_{\mathrm{p}} \\ \Delta\dot{I}'_2 = \Delta\dot{I}_2 e^{j\varphi_{\mathrm{ren.2}}} \end{cases} \tag{5.38}$$

式中　ε_{p} ——故障分量负序方向继电器的功率阈值。

设有式(5.39):

$$\begin{cases} \Delta\dot{U}_2 = \Delta U_{2\mathrm{R}} + j\Delta U_{2\mathrm{I}} \\ \Delta I'_2 = \Delta I'_{2\mathrm{R}} + j\Delta I'_{2\mathrm{I}} \end{cases} \tag{5.39}$$

式中　$\Delta U_{2\mathrm{R}}$,$\Delta U_{2\mathrm{I}}$,—— $\Delta\dot{U}_2$ 的实部和虚部;

$\Delta I'_{2\mathrm{R}}$,$\Delta I'_{2\mathrm{I}}$,—— $\Delta I'_2$ 的实部和虚部。

将负序功率方向继电器中的故障电压和故障电流代入式(5.38),得式(5.40):

$$\Delta U_{2\mathrm{R}} \times \Delta I'_{2\mathrm{R}} + \Delta U_{2\mathrm{I}}\Delta I'_{2\mathrm{I}} > \varepsilon_{\mathrm{p}} \tag{5.40}$$

在保护判据中引入故障分量,避免了系统正常运行时产生的不对称电流对保护判据的影响。不仅可以满足匝间短路等多种发电机内部故障的保护,对机端的相间短路故障也能正确动作,可以作为可靠的后备保护。

但当发电机投入并网运行之前,若发电机发生故障,此时定子绕组的电流不会发生变化(恒为0),发电机发生内部故障时均只有 $\Delta\dot{U}_2$,而 $\Delta\dot{I}_2=0$,计算后 ΔP_2 恒为0,功率方向元件闭锁,保护就会出现拒动现象,在发电机启动到并网或者发电机解列运行时保护无法启动。因此,故障分量功率方向保护不能单独作为发电机单相接地故障的主保护。另一方面,也可以增设 $(\Delta\dot{U}_2| > \varepsilon_{\mathrm{u_2}}) \cap \left(\Delta\dot{I}_2| = 0\right)$ 的第二判据来使此保护在发电机启动过程中也可以起到保护作用。

考虑发电机在并网前和并网后发生故障时负序功率方向保护可以正确动作,故构成动作判据如式(5.41)所示。

①判据 1,发电机并列运行:

$$\Delta P_2 > \varepsilon_{\mathrm{P_1}} > 0 \tag{5.41}$$

式中　$\varepsilon_{\mathrm{P_1}}$——启动元件的整定值;

$\varepsilon_{\mathrm{P_1}}$——由系统正常运行时所产生的 ΔP_2(不平衡负序功率)来判断。

无论系统外部发生何种故障,ΔP_2 均反向且 $\Delta P_2 < \varepsilon_{\mathrm{P_1}}$,负序功率方向元件闭锁,保护装置不动作,内部短路时,$\Delta P_2 > \varepsilon_{\mathrm{P_1}}$,负序功率方向元件启动,继电器跳闸。

②判据 2,发电机解列运行:

$$(\Delta\dot{U}_2 \mid > \varepsilon_{u_2}) \cap (\Delta\dot{I}_2 \mid = 0) \tag{5.42}$$

负序功率方向元件启动后,使用判据 1,若大于整定值则保护动作,否则使用判据 2,确定故障类型和位置。

5.4.4 定子绕组匝间短路自适应保护

永磁风力发电机作为风电场的主要组件,应给予重点维护,并对其运行进行监控,以免保护不及时对它们造成损坏。否则,发电机可能会频繁停机,这会导致发电中断以及高成本的维修费用。但是由于发生匝间短路的故障程度、故障点的不同,发电机正常运行方式发生改变以及系统发生故障时产生的机端过电流,都会使保护出现误动的现象。本章针对永磁风力发电机定子绕组匝间短路保护的不足之处,提出了新的自适应保护方法。

(1) 自适应保护原理

1) 基于三次谐波的匝间短路保护原理

三次谐波匝间短路保护是一种利用三次谐波和基波电流分量相配合的保护方法。当 PMSG 定子绕组发生匝间短路故障时,绕组电流中的三次谐波远大于正常运行时的三次谐波。因此,可以利用 PMSG 定子绕组发生匝间短路时,故障电流中的三次谐波为判据,构成匝间短路保护。但是,在 PMSG 外部发生故障时,定子绕组中也会出现三次谐波,为了避免保护装置发生误动,引入差动保护的思想,三次谐波电流保护的原理如图 5.12 所示。

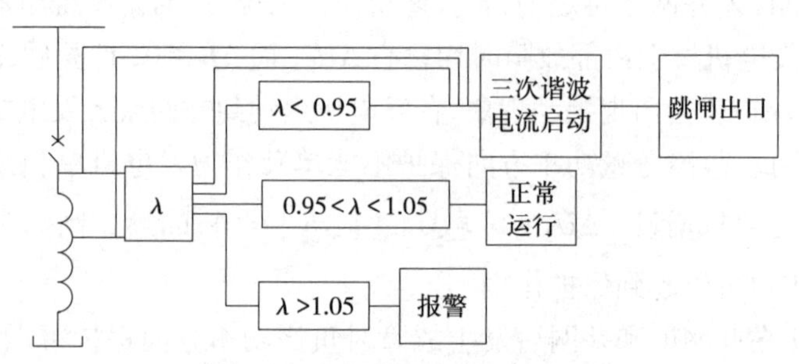

图 5.12 三次谐波电流保护原理

2) 自适应保护判据

为了便于定子绕组自适应保护判据的分析与计算,选取 1.1 kW 发电机作为研究对象,保护判据为:

$$|I_{3t} - I_{3n}| > \lambda I_{3top} \tag{5.43}$$

式中 I_{3t} 与 I_{3n} ——分别为定子绕组首端和第 4 匝绕组中三次谐波电流分量;

I_{3top} ——PMSG 绕组 3 匝短路时首端与第 4 匝绕组中三次谐波电流之差;

λ——制动系数。

式(5.43)利用了PMSG绕组电流中的三次谐波作为保护判据,提高了保护配置的灵敏度,但也存在一些问题:

①PMSG绕组匝间短路故障程度不同,若判据中的制动系数λ为定值,实际制约了保护判据的灵敏度。

②当PMSG外部发生短路故障时,也可能会在绕组上产生过电流,这时绕组电流中的三次谐波也会增大,导致保护装置误动作。因此,可以考虑实时改变动作量I_{op}和制动量I_{res},并根据它们的比值自动调整上述判据中的制动系数。

动作信号I_{op}表达式为:

$$I_{op} = |I_t - I_n| + I_k \tag{5.44}$$

式中　I_t和I_n——a相绕组首端和第4匝绕组中基波电流。

制动信号I_{res}表达式为:

$$I_{res} = |I_t + I_n| \tag{5.45}$$

式中　I_k——考虑正常运行情况下基波电流的一个浮动门槛,可取正常运行时基波电流的4%~15%。比率制动系数表达式为:

$$\lambda = 0.5\frac{I_k \cdot I_{res}}{I_P I_{op}} \tag{5.46}$$

式中　I_p——额定电流。

自适应保护判据原理如图5.13所示。

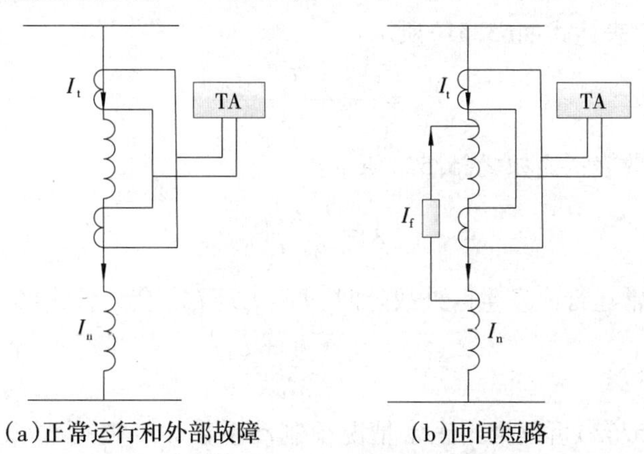

(a)正常运行和外部故障　　(b)匝间短路

图5.13　PMSG自适应保护判据原理图

图5.13(a)所示为PMSG正常运行和发生外部故障时定子绕组中的电流走向图,此时$I_t = I_n$,动作信号$I_{op} = I_k$,则有:

$$\lambda = 0.5\frac{|I_t + I_n|}{I_P} \tag{5.47}$$

由式(5.47)可以得出永磁发电机在正常运行状态下,$I_n = I_p = I_t$,制动系数为1;当永磁发电机外部发生故障时，I_t 与 I_n 都会增大，I_p 不变，从而制动系数 $\lambda > 1$。保证发电机正常运行和外部故障时，保护装置不会出现误动。图 5.13(b)所示为 PMSG 定子绕组发生匝间短路故障时电流走向图，有：

$$\lambda = 0.5\frac{I_k \cdot |I_t + I_n|}{I_P(|I_t - I_n| + I_k)} \tag{5.48}$$

由式(5.48)可得，当短路相电流不经过 I_n 测量点时，绕组短路匝数小于 3，I_t 与 I_n 都增大且 $I_t = I_n$，$\lambda > 1$，保护装置发出报警信号；当短路支路电流 I_f 经过 I_n 测量点时，$I_n > I_t$，$\lambda < 1$，且 λ 会随着短路匝数的增大而增大，启动三次谐波电流保护。

以上是两点测量的自适应保护判据，只能满足于容量较小的 PMSG 保护，随着 PMSG 容量的增加，两点测量的自适应保护判据无法满足保护的灵敏度要求。因为，需要增加测量点提高保护的灵敏度。以下是自适应保护的通用公式推导过程，以三点测量的保护算法为例。

动作保护判据如式(5.49)所示：

$$|2I_{3t} - I_{3n} - I_{3n1}| > \lambda I_{3top} \tag{5.49}$$

式中　I_{3n}——第二个测量点测量的三次谐波电流，装设在绕组匝数 1/3 处；

　　I_{3n1} 为第二个测量点，装设在绕组匝数的 2/3 处。

动作信号 I_{op} 如式(5.50)所示：

$$I_{op} = |2I_t - I_n - I_{n1}| + I_k \tag{5.50}$$

式中　I_t，I_n 和 I_{n1}——分别为 a 相绕组首端，1/3 以及 2/3 绕组匝数处基波电流。

制动信号 I_{res} 表达式如(5.51)所示：

$$I_{res} = \frac{|I_t + I_n + I_{n1}|}{3} \tag{5.51}$$

比率制动系数表达式如式(5.52)所示：

$$\lambda = \frac{I_k \cdot I_{res}}{3I_P I_{op}} \tag{5.52}$$

当 PMSG 正常运行或发生区外故障时，$I_t = I_n = I_{n1}$，代入公式(5.52)可得：

$$\lambda = \frac{|I_t + I_n + I_{n1}|}{3I_P} \tag{5.53}$$

同理：由式(5.53)可以推出正常情况下制动系数 $\lambda = 1$，外部发生短路故障状态下，制动系数远大于 1。

当 PMSG 发生区内故障时制动系数如式(5.54)所示：

$$\lambda = \frac{I_k \cdot |I_t + I_n + I_{n1}|}{3I_P(|2I_t - I_n - I_{n1}| + I_k)} \tag{5.54}$$

同理，由式(5.54)可以推出当短路电流不经过测量点时，制动系数 $\lambda > 1$；当短路电流经过测量点时，制动系数 $\lambda < 1$。

由三点测量所推出的保护算法和两点测量时的保护动作完全同步。根据递推法，当保护装设 m 个测量点时，保护的动作判据如式(5.55)所示：

$$|(m-1)I_{3t}-I_{3n}-I_{3n1}\cdots-I_{3n(m-1)}|>\lambda I_{3top} \tag{5.55}$$

制动系数表达式如式(5.56)所示：

$$\lambda=\frac{I_k\cdot|I_{3t}+I_{3n}+I_{3n1}\cdots+I_{3n(m-1)}|}{mI_P(|(m-1)I_{3t}-I_{3n}-I_{3n1}\cdots-I_{3n(m-1)}|+I_k)} \tag{5.56}$$

根据PMSG容量的大小和对灵敏度的要求，选择不同测量点数。当然测量点数越多，灵敏度越高，进而保护越准确，同时可以根据测量点所测电流得到故障位置信息。但是在实际工程中，需要考虑成本问题，所以要选择合适的测量点数，这样既可以达到PMSG发电机保护的要求，又可以将成本控制在可以接受的范围内。

(2)基于S函数的PMSG仿真模型

S函数是系统函数(System Function)的简称，可以在Simulink中用非图形化(C语言或M语言)的方式来描述一些复杂的模块。Simulink模块与S函数都有3个基本要素：输入向量、状态向量和输出向量。对于发生匝间短路的PMSG，可以利用S函数强大的编程功能实现仿真，在输出子模块中输入电压、电磁转矩和运动方程，计算输出电流、转矩和转速，最后在Simulink仿真软件中得到输出向量的波形仿真图。PMSG模型的S函数可以根据式(5.49)、式(5.51)和式(5.55)3个状态方程来实现，编写如下S函数描述的状态方程PMSG.m文件。由编程得到的仿真程序框图如图5.14所示。

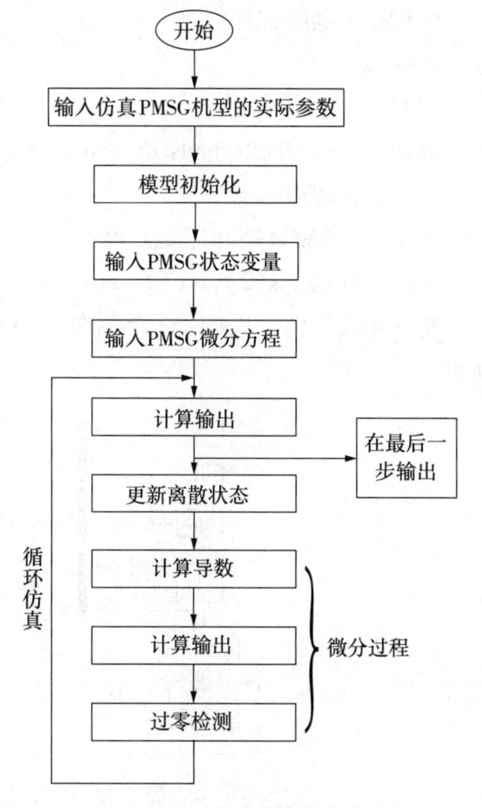

图5.14　PMSG仿真程序框图

以下是程序的主要部分：

1)主程序

```
function [sys, x0, str, ts] = PMSG (t, x,u, flag, p,R,L,M,J,Bm)
%5个输入变量:电压Va, Vb, Vc;角度θ;负载转矩Tl;
%6个输出变量:三相电流ia, ib, ic;故障电流if;转矩Te;转速n;
```

2)初始化子程序

```
function [sys, x0, str, ts] = mdlInitializeSizes
```

sizes. NumContStates = 4;% 4 个连续状态变量;

sizes. NumDiscStates = 0;% 无离散状态变量设置为 0;

sizes. NumOutputs = 6;%6 个输出变量;

sizes. NumInputs = 5;% 5 个输入变量;

x0 = [0 0 0 0 0 0];%状态变量初始状态设置为 0;

3)计算微分子程序

function sys = mdlDerivatives (t,x,u, p,R,L,M,J,Bm)

%设置 PMSG 参数;

Va = u(1); Vb = u(2); Vc = u(3); Tl = u(4);ω = u(5);

%定义输入量;

%PMSG 电压方程;

sys = dx;

4)计算输出子程序

function sys = mdlOutputs (t,x,u,P,L)

%设置 PMSG 参数;

%电压、电磁转矩和运动方程;

sys = [x(1), x(2), x(3), x(4),n,Te];%计算输出;

将 S 函数命名为 PMSG. m,然后在 Simulink 中建立 PMSG 匝间短路故障模型如图 5.15 所示。

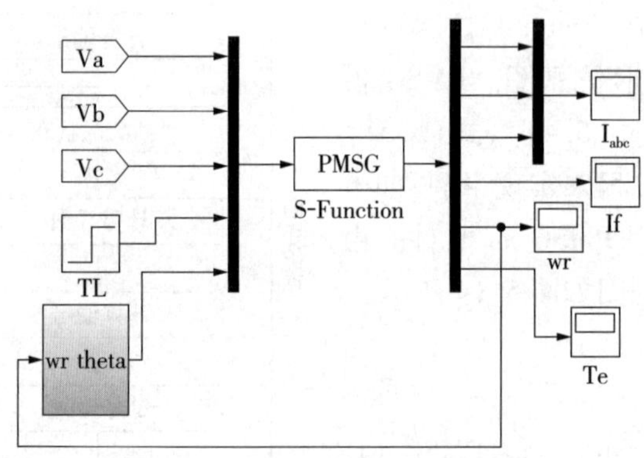

图 5.15 PMSG 匝间短路故障模型

由图 5.15 结合图 5.14 可得,$I_n = I_t + I_f$。相对于派克变换理论编写的 S 函数,利用多回路理论方法在故障模型的输出端口输出三相电流,可以直接做 FFT 变换进行谐波分析。

(3)仿真结果

1)PMSG 匝间短路仿真

永磁风力发电机的参数见表 5.6。

表5.6　PMSG仿真参数

参数	数值(单位)
极对数(p)	3
额定功率(P)	1.1(kW)
额定转速(n)	1 000(r/min)
额定转矩(T_e)	14.3(N·m)
相电阻(R)	1.5(Ω)
相自感(L)	1.725(mH)
相互感(M)	0.028(mH)
转动惯量(J)	18(kg·cm^2)
摩擦系数(B_m)	0.001(N·m/rad/s)
永磁体磁通(ϕ_m)	0.175(Wb)

为了验证搭建永磁风力发电机匝间短路故障模型的正确性,将仿真模型的转矩和转速与实际永磁风力发电机的转矩和转速进行对比,转矩与转速波形如图5.16所示。

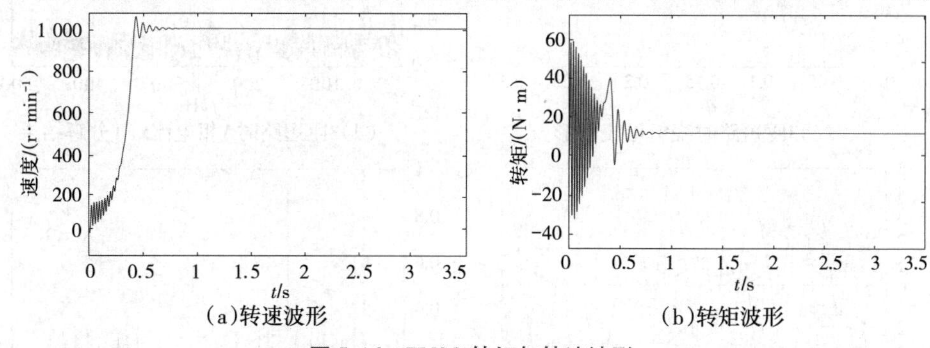

(a)转速波形　(b)转矩波形

图5.16　PMSG转矩与转速波形

仿真结果与额定参数相符,证明PMSG仿真模型正确。PMSG正常运行时,定子绕组三相电流波形及其FFT变换波形如图5.17所示。

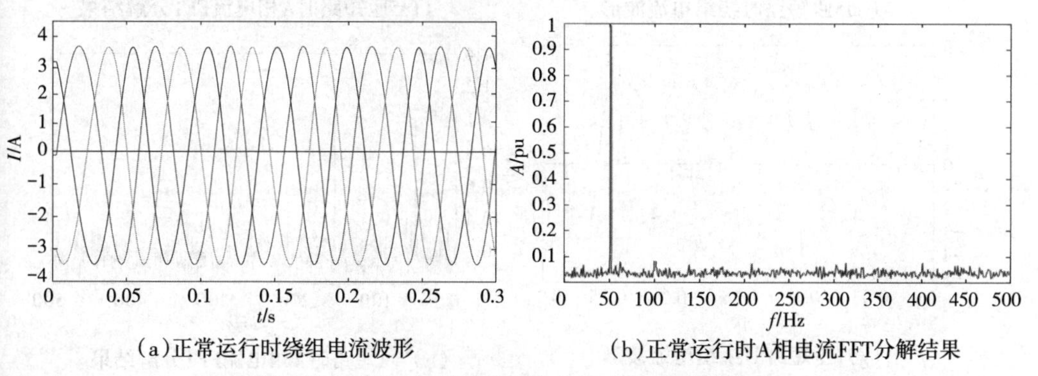

(a)正常运行时绕组电流波形　(b)正常运行时A相电流FFT分解结果

图5.17　PMSG正常状态下电流及其FFT变换波形

调整 S 函数中的故障系数 σ，将 σ 分别设置为 0，1/7，3/7，5/7，1 来模拟永磁风力发电机正常运行，1 匝短路，3 匝短路，5 匝短路，7 匝短路运行。

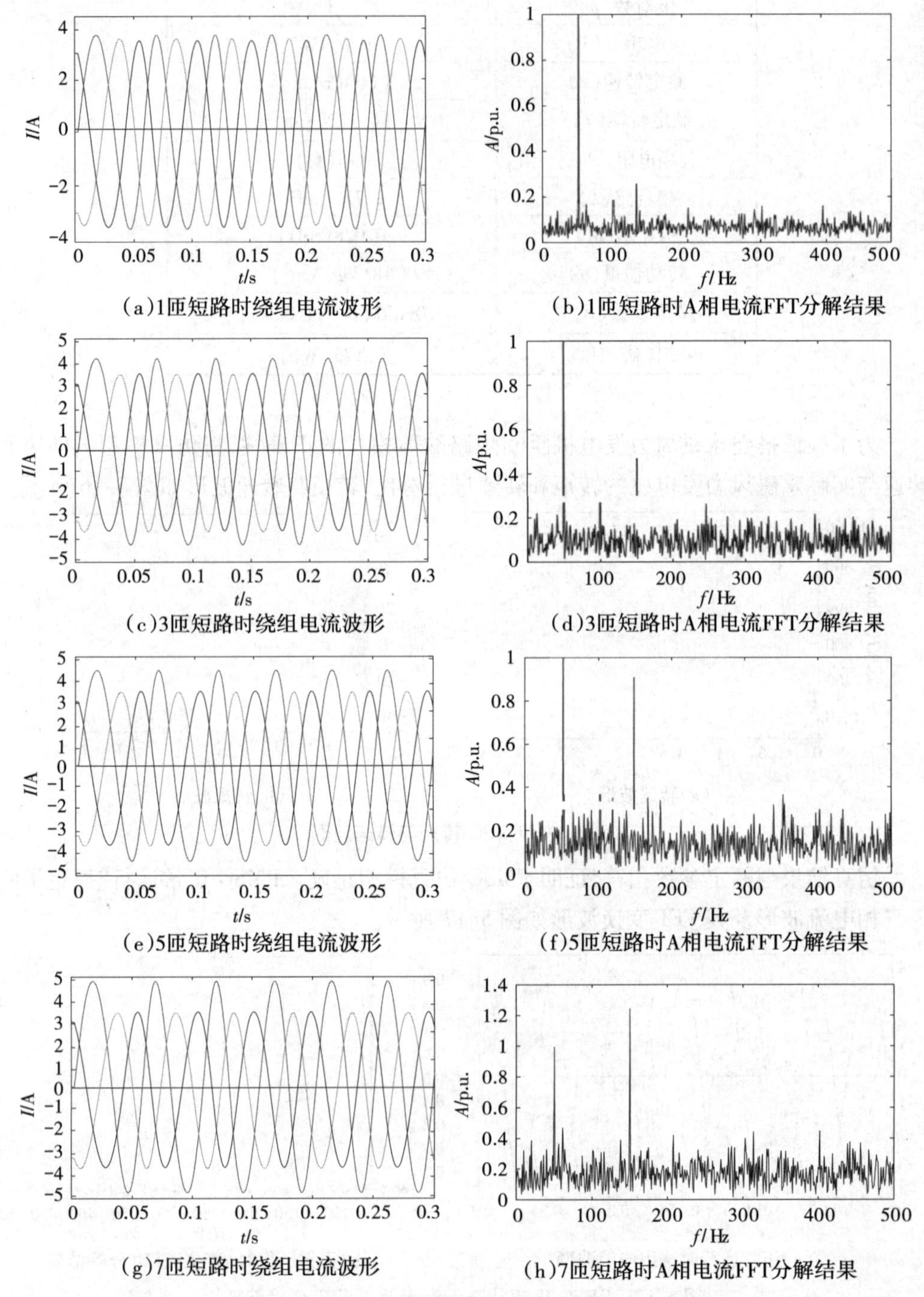

(a)1匝短路时绕组电流波形

(b)1匝短路时A相电流FFT分解结果

(c)3匝短路时绕组电流波形

(d)3匝短路时A相电流FFT分解结果

(e)5匝短路时绕组电流波形

(f)5匝短路时A相电流FFT分解结果

(g)7匝短路时绕组电流波形

(h)7匝短路时A相电流FFT分解结果

图 5.18　PMSG 多种故障状态下电流及其 FFT 变换波形

图 5.18 所示为 PMSG 定子绕组匝间短路故障电流及其 FFT 变换波形，由仿真波形得到表 5.7 和表 5.8。

表 5.7　仿真数据

发电机运行状态	I_f/A	FFT 变换
正常运行	0	0.045
1 匝短路	4.755	0.261
3 匝短路	6.416	0.469
5 匝短路	9.703	0.728
7 匝短路	14.244	1.154

由表 5.7 可知，PMSG 发生匝间短路时定子绕组三次谐波电流远大于正常运行时的三次谐波电流，且三次谐波电流随着短路匝数的增加而变大。

在求解 λ 的过程中，$I_p = 3.621$ A，$I_k = 0.15$，$I_p = 0.543$。由表 5.8 可以得出，永磁风力发电机正常运行时，$\lambda = 1$；发生 1 匝短路时，$\lambda > 1.05$，保护装置发出报警信号，三次电流谐波保护不启动；发生 3 匝短路与 5 匝短路时，$\lambda < 0.95$，三次谐波电流保护启动。

发生 3 匝短路时，$I_{3n} - I_{3t} = 0.469$ A，令 $I_{3top} = (I_{3t} - I_{3n})/0.168 = 2.791$ A；发生 5 匝短路时，$I_{3n} - I_{3t} = 0.728 > 0.152 I_{3top}$，保护装置动作跳闸；发生 7 匝短路时，$I_{3n} - I_{3t} = 0.728 > 0.140$，$I_{3top} = 0.596$ A，保护装置动作跳闸。

表 5.8　PMSG 仿真波形分析

发电机运行状态	I_t/A	I_n/A	λ
正常	3.621	3.621	1
1 匝短路	3.892	3.886	1.062
3 匝短路	4.159	10.575	0.168
5 匝短路	4.582	13.285	0.152
7 匝短路	4.967	19.211	0.140

综上可得：

①发生匝间短路故障时，制动系数小于 0.95，并且随着匝间短路严重程度的不同而改变，三次谐波电流保护装置启动。

②正常运行时，定子绕组电流中的三次谐波很小，制动系数接近 1，保护装置不动作。

③系统运行方式发生变化时，永磁风力发电机运行参数发生改变，将制动系数作为启动元件依据，保护闭锁，三次谐波电流保护不动作。

保护算法可以正确识别区内不同程度匝间短路故障，根据短路匝数的不同选择性跳闸或报警；且不受系统运行方式的影响，无论 PMSG 工作在轻载、满载或正常运行的情况下，保护都可以正确动作。

2)PMSG 外部故障仿真

当 PMSG 外部 A 相线路发生短路故障时，绕组电流波形如图 5.19 所示。

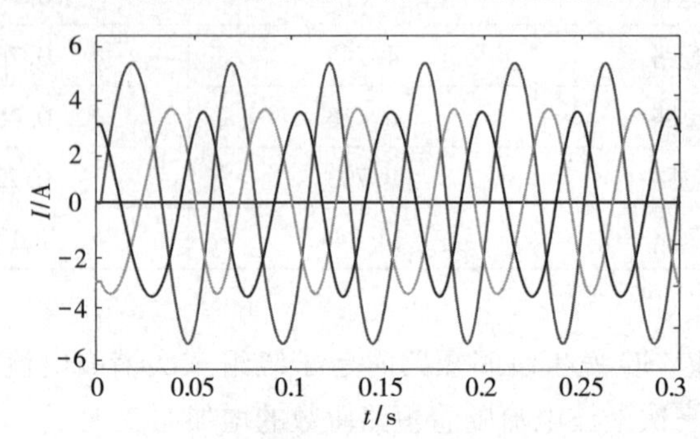

图 5.19　PMSG 发生外部短路故障时绕组电流波形

由图 5.19 电流波形可得：发电机外部发生短路故障时，$I_n = 5.301\text{A}$，$I_t = 5.301\ \text{A}$。代入公式(5.53)可得：$\lambda = 2.373 > 1.05$，保护装置发出报警信号。

综上可得：PMSG 发生外部短路故障时，定子绕组电流中三次谐波分量增大，但此时制动系数大于 1.05，启动元件闭锁，保护装置不动作。保护不受区外发生故障或其他因素引起的机端过电流的影响，保护都可以正确动作。

3)实验结果

为了验证仿真的正确性，使用 380 V TYSZ-150-90S 永磁同步电机进行测试。实验测试装置如图 5.20 所示，可使用的抽头用于产生定子绕组不同匝数的短路故障。在所有的实验测试中，电机定子绕组均采用星形连接。

图 5.20　永磁同步电机短路测试装置

测试电机正常状态下三相电流波形如图 5.21 所示，与仿真结果相近，进一步验证了仿真的正确性。

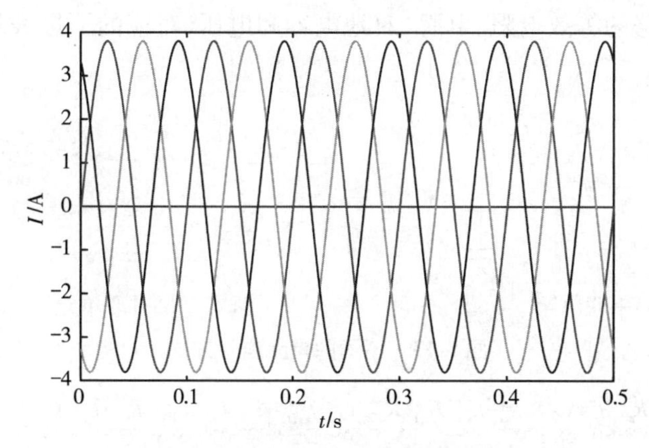

图5.21　永磁同步电机正常电流波形

测试电机正常运行及多种匝间短路故障状态下的故障相电流及FFT分解,所得三次谐波电流幅值如图5.22所示。

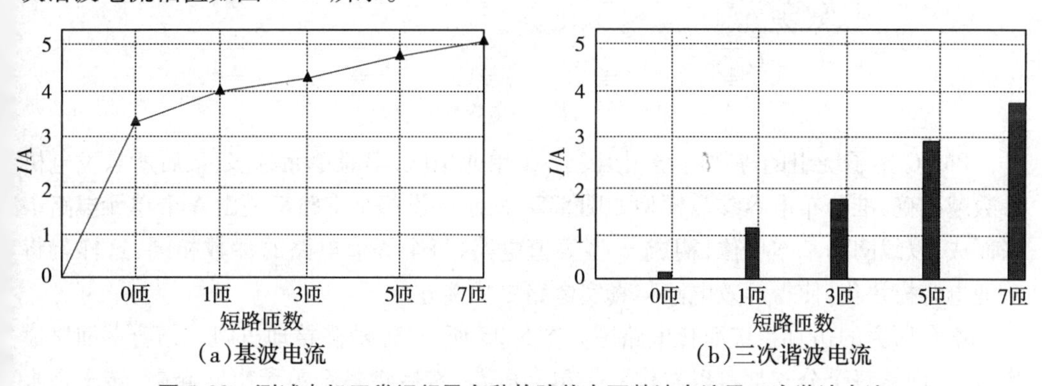

图5.22　测试电机正常运行及多种故障状态下基波电流及三次谐波电流

由图5.22可得,表5.8中实验数据与仿真数据相近,验证了判据的可行性。

5.5　发电机定子绕组单相接地状态数学模型

5.5.1　多回路结合准分布电容的数学模型

目前,永磁风力发电机的应用越来越广泛,单机容量也日趋增大,所以需要配备更加可靠的保护,保证风电系统的安全稳定运行。发电机组的对地电容随着发电机容量的增加而增大,所以在对大容量的发电机做仿真时就要考虑到对地电容的影响。定子绕组采用图5.23中串联单元(a)和并联单元(b)为两种单元电路形式,其中R,L,U和

C 分别为单元电路的等效电阻、电感、对地电容和电压,对应的下标表示所在相和分支序号。

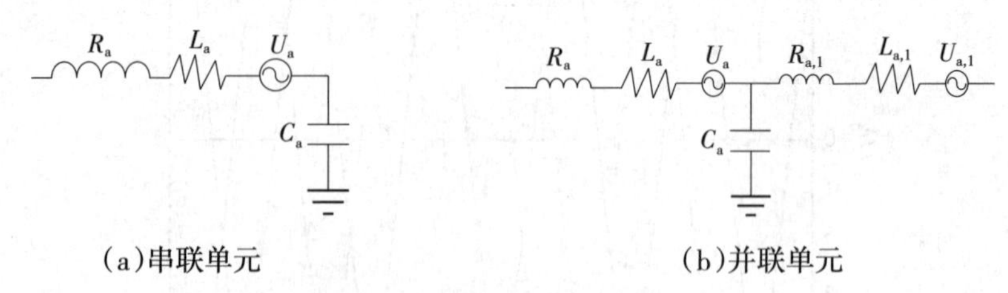

(a)串联单元　　(b)并联单元

图 5.23　不同的单元电路方式

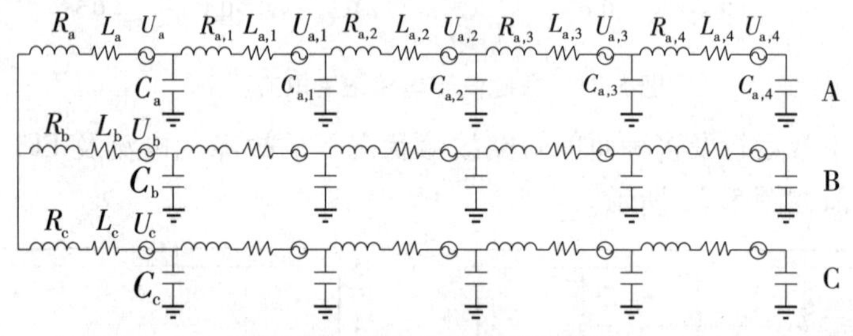

图 5.24　准分布电容参数模型

PMSG 定子绕组的等效电路相当于各个单元串联,串联单元越多,最后所求发电机参数越准确,准分布电容参数模型如图 5.24 所示。设每个支路都是由 N 个单元电路串联而成;以线圈为基本单位,构成 π 型等值电路,每个等值电路的参数相同,这样就将对地电容模块化,使得等效电路与真实电路更加接近。

本章研究的仿真系统简化电路图如图 5.25 所示,r_F 故障接地电阻。结合多回路模型,定子回路每个分支都可以看作一个单元电路,然后将各个单元串联起来,转子是永磁体没有等效电路。相比于双馈风力发电机,PMSG 的等效数学模型相对简单。最后建立一个中性点经消弧线圈或大电阻接地的 PMSG 内部发生接地故障的仿真模型。

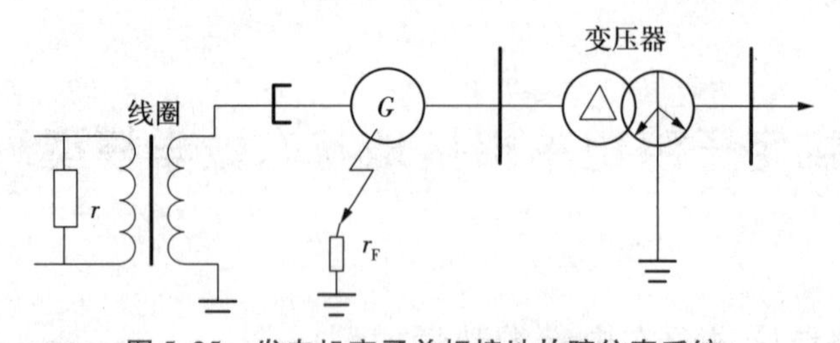

图 5.25　发电机定子单相接地故障仿真系统

5.5.2　基本状态方程

(1)PMSG 定子绕组回路方程

在准分布电容参数模型中,将定子绕组每个分支划分为 N 个单元电路。定义电容矩阵：

$$C_{\rm s} = {\rm diag}(C_{11}, C_{1,2}, \cdots, C_{1,N-1} \mid \cdots \mid C_{3{\rm m},1}, C_{3{\rm m},2} \cdots, C_{3{\rm m},N-1}) \tag{5.57}$$

$$C_{\rm t} = {\rm diag}(C_{\rm ta}, C_{\rm tb}, C_{\rm tc}) \tag{5.58}$$

当PMSG正常运行时，定子节点电压的状态方程为：

$$\begin{bmatrix} C_{\rm x} & & \\ & C_{\rm t} & \\ & & C_{\rm n} \end{bmatrix} p \begin{bmatrix} U_{\rm s} \\ U_{\rm t} \\ U_{\rm n} \end{bmatrix} = \begin{bmatrix} H_{11} & & \\ H_{21} & H_{22} & \\ H_{31} & & 1 \end{bmatrix} \begin{bmatrix} I_{\rm s} \\ I_{\rm t} \\ \vdots \\ I_{\rm n} \end{bmatrix} \tag{5.59}$$

式中　n——中性点；

t——终点；

s——定子；

p——表微分算子 $\mathrm{d}/\mathrm{d}t$。

式(5.59)可以进一步简记为：

$$C_{{\rm s}\phi} p U_{{\rm s}\phi} = H I_{{\rm s}\phi} \tag{5.60}$$

假设故障点经过渡电阻 $R_{\rm g}$ 接地，若故障发生在(j,k)节点处，此时该节点电压状态方程为：

$$C_{\rm j,k} p u_{\rm j,k} = i_{\rm j,k} - i_{\rm j,k+1} - \frac{u_{\rm j,k}}{R_{\rm z}} \tag{5.61}$$

很多保护都会在中性点出现死区，为了后期的仿真准备，设置故障发生在机端或者中性点，电压状态方程可写成：

$$C_{\rm s'} p U_{\rm s'} = H I_{\rm s'} - G U_{\rm s'} \tag{5.62}$$

式中，导纳矩阵 G 是一个对角阵，对角线上的参数为过渡电阻 $R_{\rm g}$ 的倒数，其余参数都为0。

定义磁链向量 $\psi_{\rm s}$、电阻矩阵 $R_{\rm s}$、电源向量 E 分别为：

$$\psi_{\rm s} = [\psi_{1,1}, \psi_{1,2}, \cdots, \psi_{1,N} \vdots \cdots \vdots \psi_{3{\rm m},1}, \psi_{3{\rm m},2}, \cdots, \psi_{3{\rm m},N}]^{\rm T}$$

$$\psi_{\rm t} = [\psi_{\rm ta} - \psi_{\rm tc}, \psi_{\rm tb} - \psi_{\rm tc}]^{\rm T}$$

$$R_{\rm s} = {\rm diag}(r_{1,1}, r_{1,2}, \cdots, r_{1,N} \vdots \cdots \vdots r_{3{\rm m},1}, r_{3{\rm m},2}, \cdots, r_{3{\rm m},N})$$

$$R_{\rm t} = \begin{bmatrix} r_{\rm ta} + r_{\rm tc} & r_{\rm tc} \\ r_{\rm tc} & r_{\rm tb} + r_{\rm tc} \end{bmatrix}$$

$$E = [e_{\rm a} - e_{\rm c} \quad e_{\rm b} - e_{\rm c}]^{\rm T}$$

不难得到定子磁链的状态方程：

$$\begin{bmatrix} H_{11}^{\rm T} & H_{21}^{\rm T} & H_{31}^{\rm T} \\ H_{22}^{\rm T} & & U_{\rm t} \\ & 1 & \end{bmatrix} = p \begin{bmatrix} U_{\rm s} \\ u_{\rm n} \end{bmatrix} \begin{bmatrix} \psi_{\rm s} \\ \psi_{\rm t} \\ \varphi_{\rm n} \end{bmatrix} - \begin{bmatrix} R_{\rm s} & & \\ & R_{\rm t} & \\ & & r_{\rm n} \end{bmatrix} \begin{bmatrix} I_{\rm s} \\ I_{\rm t} \\ i_{\rm n} \end{bmatrix} - \begin{bmatrix} 0 \\ E \\ 0 \end{bmatrix} \tag{5.63}$$

类似可以简记为：

$$H^{\mathrm{T}}U_{s'}=p\psi_{s'}-R_{s}I_{s'}-E_{s'} \tag{5.64}$$

(2)励磁电路的状态方程

励磁回路是由永磁体在定子绕组上产生的磁链和定子绕组自身电流所产生的磁链两部分构成。励磁回路磁链的状态方程为：

$$u_{\mathrm{f}}=p\psi_{\mathrm{f}}+r_{\mathrm{f}}i_{\mathrm{f}} \tag{5.65}$$

(3)磁链方程

磁链与电流的关系式为：

$$\begin{bmatrix}\psi_{s}\\ \psi_{t}\\ \varphi_{n}\\ \vdots\\ \psi_{f}\end{bmatrix}=\begin{bmatrix}-L_{s} & & & \vdots & M_{sf} & \\ & -L_{t} & & \vdots & & I_{t}\\ & & -L_{n} & \vdots & & i_{n}\\ \cdots & \cdots & \cdots & \cdots & \cdots & \cdots\\ -M_{sf}^{\mathrm{T}} & & & \vdots & L_{f} & \end{bmatrix}\begin{bmatrix}I_{s}\\ I_{t}\\ i_{n}\\ \vdots\\ i_{f}\end{bmatrix} \tag{5.66}$$

可以简记为：

$$\begin{bmatrix}\psi_{s'}\\ \psi_{f}\end{bmatrix}=\begin{bmatrix}-L_{s'} & M_{s'}f\\ -M_{s'}f^{\mathrm{T}} & L_{f}\end{bmatrix}\begin{bmatrix}I_{s'}\\ i_{f}\end{bmatrix} \tag{5.67}$$

(4)总的状态方程

对式(5.67)等号两侧求导，代入状态方程(5.64)、方程(5.65)，最终可得故障时总的状态方程为：

$$\begin{bmatrix}C_{s} & \vdots & & \\ \cdots & \cdots & \cdots & \cdots\\ & \vdots & -L_{x} & M_{s'}f\\ & \vdots & -M_{s'}s^{\mathrm{T}} & L_{f}\end{bmatrix}\begin{bmatrix}U_{s}\\ \vdots\\ L_{f}\\ i_{f}\end{bmatrix}=\begin{bmatrix}-G & \vdots & H & \\ \cdots & \cdots & \cdots & \cdots\\ H^{\mathrm{T}} & \vdots & pL_{r}+R_{s'} & -pM_{s'}\\ & \vdots & pM_{s'}s^{\mathrm{T}} & -r_{f}\end{bmatrix}\begin{bmatrix}U_{s'}\\ \vdots\\ I_{s'}\\ i_{f}\end{bmatrix}+\begin{bmatrix}\cdots\\ E_{r}\\ u_{f}\end{bmatrix} \tag{5.68}$$

简记为：

$$A(t)\frac{\mathrm{d}X}{\mathrm{d}t}=B(t)X+U(t) \tag{5.69}$$

式(5.69)为永磁风力发电机定子绕组单相接地故障的状态方程，模型的状态方程含有较多时变电感参数，加上准分布参数电容的影响，在后期仿真时计算量比较大，也可以试着减少一条分支来计算。

5.6 发电机定子绕组单相接地保护

由于发电机工作环境恶劣，更容易在生产过程中发生故障，发生接地故障，如果没有保护措施,故障会进一步扩大,对整个发电系统都会产生影响。如果长时间处于短路故障的状态,迟迟没有采取保护和维修,可能会出现多点接地故障,使得故障扩大,严重时发电机与电网解列,造成整个电网的电压降落。发电机定子绕组接地保护需要达到两个条件,一是不能出现死区;二是保护要有足够高的灵敏度,在工作过程当中不会出现误动、拒动现象。目前工程应用中使用较为广泛的定子接地保护,主要是利用发电机所产生的电气量作为保护的判断依据,包括零序电压保护和三次谐波电流保护。

5.6.1　零序电压定子接地保护

发电机出现单相接地故障时,会在中性点和机端产生零序电压,零序电压的大小与故障位置有关,以此作为保护依据可以形成零序电压定子接地保护,在发电机的机端或中性点处装设电压互感器,互感器所测的零序电压可以作为保护的动作判据。如图5.26所示,假设A相发生故障。可以按照简化电路图5.27所示计算,假设故障发生在 α 处(α 为中性点到故障处的距离占整个绕组的比值), U_{0d} 为故障零序电压, U_0 为机端零序电压, R_0 为接地电阻(换算至一次侧), C_g 为每相对地电容, R_g 为故障接地电阻。

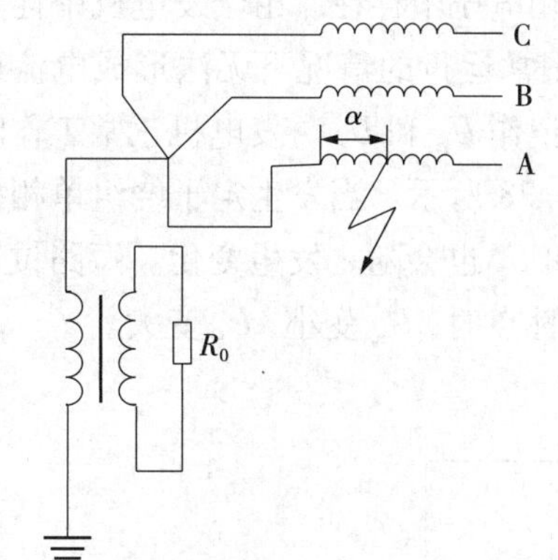

图5.26　发电机定子单相接地故障示意图

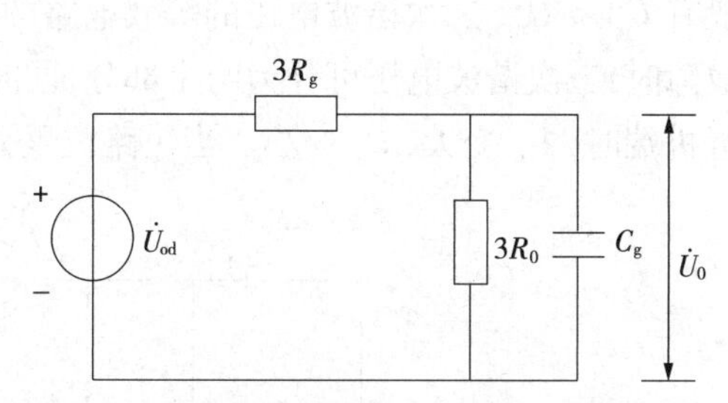

图5.27　发电机定子单相接地故障简化电路

由上述简化电路,可以算出零序电压 $\dot{U}_0$ 如式(5.70)所示:

$$\dot{U}_0 = \alpha \dot{U}_{\phi \times} \frac{3R_0 \parallel \frac{1}{jwC_g}}{3R_R + 3R_0 \parallel \frac{1}{jwC_g}} \tag{5.70}$$

由式(5.70)可得,发生单相接地故障时零序电压大小和 α 成正比, $\alpha = 1$ 时,此时互感器所测到的零序电压最大,发生单相接地故障的位置就在机端,所以若故障发生在此处时,保护的灵敏度最高;当 $\alpha = 0$ 时,故障点距离机端最远,互感器所测得的零序电压最小,故障电压值有可能会小于整定值,保护出现拒动现象。因此,若单独将零序电压作为发电机定子绕组单相接地的主保护,在中性点附近会存在死区,无法满足保护对发电机保护范围的要求。同时,还要考虑到发电机正常运行所产生的不平衡电压带来的影响,在实际发电机工作中,发电机正常工作时所产生的不平衡电压大于10 V,大小随着发电机容量的增大而升高,对于大容量的发电机,不平衡电压甚至会超过20 V,在保护计算过程中若躲过这个整定值,保护范围可能只有90%甚至更少。为了提高保护范围,就是要从不平衡电压入手,降低整定值。经过大量实验和仿真分析,不平衡零序电压中大部分为三次谐波,基波成分很小。那么,装设一个三次谐波滤过器,就可以大大降低零序电压值,这样保护的整定值也可以相应减小,增大了保护范围,可以使保护范围增大到90% ~95%。上述方法理论上使零序电压保护得到了改进,但是在实际整定中,还需要考虑到很多外部因素对零序电压的影响。另一方面,在发电机发生接地故障时,绝缘发生破坏,阻值下降,互感器所测到的电压值也会减小,导致保护的范围减小,依然会在中性点附近产生死区。

5.6.2 三次谐波零序电压定子接地保护

发电机在工作时,都会在定子绕组中产生一定量的三次谐波电压,由于是转子结构的不对称产生的电压,所以是零序性质的电压,只在相电压中存在。由于发电机中性点可以看作与地之间串联了一个高电阻,三次谐波在正常运行的情况下无法形成电流通路。三次谐波电压与大地和中性点之间形成的电压记作 U_n 和 U_s。发电机正常工作时一般有 $U_s < U_n$,三次谐波电压的等效电路图如图5.28所示。当发生定子绕组单相接地故障时,三次谐波电压可分为两个部分,同时 U_n 和 U_s 也会随之发生变化。短路位置靠近机端时, U_n 变大, U_s 变小。当短路位置靠近中性点时, U_n 变小, U_s 变大。

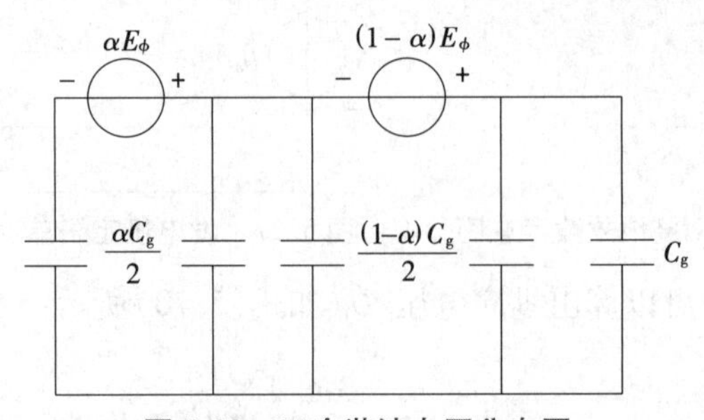

图5.28　三次谐波电压分布图

三次谐波电压会随着发电机运行状态的不同而改变,因此以 U_n 或 U_s 其中某一个值的变化来作为保护依据,都无法达到保护的目的,可以将机端零序电压和中性点零序电压的特点相互配合形成三次谐波定子绕组保护。现阶段发电机常用的保护算法主要分为两种,定子接地保护和差动定子接地保护,这两种保护都是基于三次谐波作为判断依据所提出的。定子接地保护判据是 $|U_s| > k|U_n|$,这种判据可以增大中性点处绕组的保护范围,不过基于三次谐波的定子接地保护无法单独作为保护,需要和其他保护

配合使用，同时依据大量的实验和仿真得出，这种判据不能满足容量较大的发电机灵敏度要求，实现保护的正确动作。另一种三次谐波和差动保护相结合：$|U_n - K_p U_s| > K_R|U_n|$，使用这种判据作为保护时，整定值会随着故障发生位置的不同而发生改变：故障点靠近机端时，整定值变大；故障点靠近中性点时，整定值变小，从而提高保护的灵敏度，但是当远离中性点和机端的绕组发生故障时，灵敏度就比较低。

由于零序电压中的三次谐波成分很少，所以，基于三次谐波的电压保护对互感器采集数据的准确性要求很高。同时还需要提取三次谐波的同时滤除其他杂波。这些问题在实际工程中都很难得到解决，所以此方法使用的并不多。

5.6.3　20 Hz 低频注入式定子接地保护

在发电机的二次侧接入 20 Hz 的外加电源，将注入发电机的电压和电流用测量装置记录，保护原理图如图 5.29 所示。通过等效电路，可以计算出接地电阻，等效电路图如图 5.30 所示。

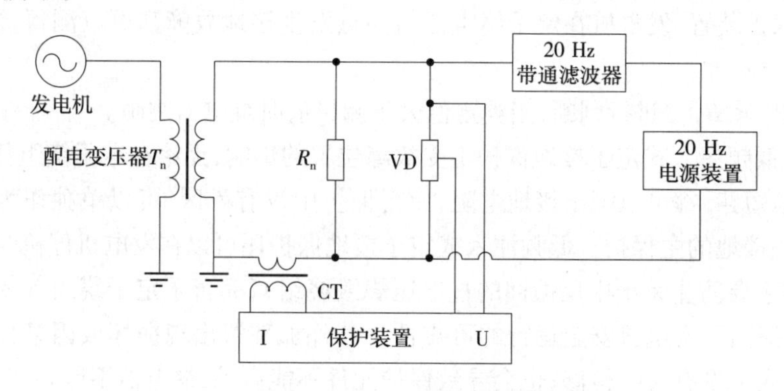

图 5.29　保护原理图

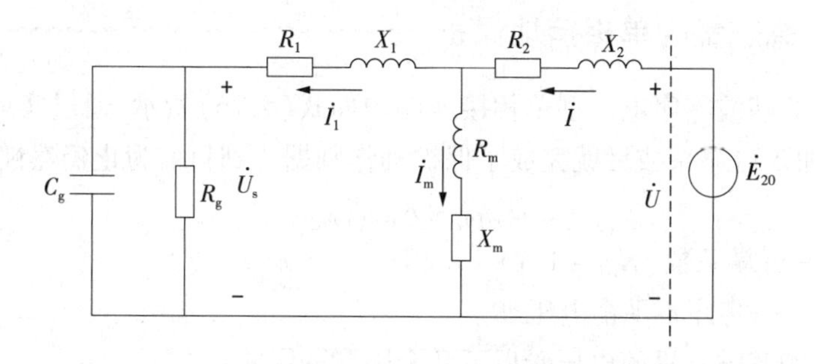

图 5.30　等效电路

在图 5.30 等效电路中，$\dot{I}$ 为测量点测到的输入频率为 20 Hz 的电流，$\dot{U}$ 为测量点测到的输入频率为 20 Hz 的电压；R_1，X_1 和 R_2，X_2 分别为发电机中性点一次侧和二次侧的漏电阻和漏电抗；R_2 和 X_2 为发电机中性点接地变压器的二次侧漏电阻和漏电抗；C_g 为发电机机端与大地之间的等效电容；R_g 为发电机发生接地故障时的接地电阻；R_m 和 X_m 为励磁电阻和励磁电抗。

由上述等效电路可得：

$$\dot{U}_s = \dot{U} - \dot{I} \times (R_2 + jX_2) - \dot{I}_1 \times (R_1 + jX_1) \tag{5.71}$$

$$\dot{I}_1 = \dot{I} - \dot{I}_m \tag{5.72}$$

$$\dot{I}_m = \frac{[\dot{U} - \dot{I} \times (R_2 + jX_2)]}{R_m + jX_m} \tag{5.73}$$

$$Y = \frac{\dot{I}_1}{\dot{U}_s} \tag{5.74}$$

接地电阻可由式(5.75)确定：

$$R_g = \frac{n^2}{Re(Y)} \tag{5.75}$$

式中　n——发电机中性点接地变变比。

通过保护装置，发电机在定子绕组任何一点发生接地故障都可以测得接地电阻的大小。

根据 $R_g < R_{g.set}$ 进行判断，当整定值大于测量值时继电器跳闸。

20 Hz 低频注入式定子接地保护不受故障位置的影响，无论在定子绕组任何位置发生单相接地短路，都可以测出接地电阻，使得保护中没有死区，可以单独作为发电机定子绕组单相接地的主保护。低频注入式定子接地保护还可以在发电机停机时起到保护作用（这里主要防止系统中反馈回的过电压烧毁绕组），完善了定子绕组单相接地保护的灵敏度，提高了发电机安全运行的可靠性。若外加装置出现损坏或因某种原因不能工作，工作人员没有及时检修，也会导致保护元件不能启动，继电器不能动作。

5.6.4 基于稳态量的单相接地保护

最早提出的基波零序电压型单相接地保护如式(5.76)所示，通过实验和仿真数据得到整定值，加入可靠系数后就完成了保护动作判据。到目前为止仍然被广泛使用。

$$U'_{op(0)} = K_{rel} U'_{unb(0)} \tag{5.76}$$

式中　K_{rel}——可靠系数，$K_{rel} = 1.15 \sim 1.30$；

　　$U'_{unb(0)}$——零序不平衡电压。

但是其中的基波不平衡电压受以下几个因素的影响：

①发电机自身绕组结构不对称所产生的零序不平衡基波电压。

②发电机外部发生短路故障时，在机端和中性点都会产生三次谐波零序电压，有三次谐波零序不平衡电压 $U'_{unb(0)3}$：

$\dot{U}'_{unb(0)3} = \dot{U}_{3n}/K3$（对中性点 TVO）

$\dot{U}'_{unb(0)3}=\dot{U}_{3t}/K3$(对机端TV)

但是,这种保护判据存在死区,灵敏度较差。如果两个或两个以上的部位同时发生故障,保护装置会出现判断错误,使得继电器出现误动现象。若发电机长期带“病”工作,单相接地短路所产生的短路电流会烧毁发电机。目前,电力工作者利用机端和中性点处三次谐波电压的特点来消除死区。设发电机机端和中性点三次谐波电压分别为 U_{3t} 和 U_{3n},则在发电机机端附近发生单相接地故障时,其显著特征是中性点 U_{3n} 增大,机端 U_{3t} 减小。目前基于稳态量的电压型单相接地保护判据有下列几种:

(1) $|\dot{U}_{3t}|>a$(阈值)

这是最早提出的电压型保护判据,阈值 a 必须躲过系统最大运行方式下发电机机端的三次谐波电压。但是,若故障发生在机端附近,发电机又处在低负荷工况或空载运行时,三次谐波电压可能会出现小于整定值的现象,保护不动作。可见,$|\dot{U}_{3t}|>a$ 的保护方案,只适用于部分工况,此方案已经淘汰。

(2) $|\dot{U}_{3t}|/|\dot{U}_{3n}|>c$

设 c 为 $(|U_{3t0}|/|U_{3n0}|)_{max}$,其中 $(|U_{3t0}|/|U_{3n0}|)_{max}$ 为发电机正常工况下 $|U_{3t0}|/|U_{3n0}|$ 的最大值。但是中性点过渡电阻过大,所产生的三次谐波电压也会很大,这样即使发生短路故障,也无法达到保护动作的要求,从而导致保护灵敏度降低。

(3) $|\dot{U}_{3t}-\dot{K}_p\dot{U}_{3n}|>\beta|\dot{U}_{3n}|$

该判据引入了调整系数 $\dot{K}_p$ 和制动系数 β,机组正常运行时,令 $\dot{U}_{3t}\approx\dot{K}_p\dot{U}_{3n}$,使得 $|\dot{U}_{3t}-\dot{K}_p\dot{U}_{3n}|\approx 0$,动作量非常小,保护元件不会启动。再减小制动量,其中制动系数 β 取0.2~0.3,保证保护不会出现拒动。该方案综合利用了发电机故障状态下机端和中性点处三次谐波电压幅值和相位的变化特征,大大减小了死区的范围。当故障发生在中性点附近时,$\dot{U}_{3t}$ 显著增加,从而使得动作量也会增加,由于制动系数远小于1,整定值较小,保护正确动作。但此方案无法满足所有工况下保护都能正确动作,所以灵敏度也较差。

5.7　发电机绕组保护灵敏度与性能分析

本章首先对发电机定子绕组短路类型进行了分析归类,然后介绍了定子绕组短路的4种差动保护-零序电流横差保护、裂相横差保护(完全裂相和不完全裂相横差保护)、完全纵差和不完全纵差保护的保护原理,最后根据不同的保护要求来分析计算差动电流、动作电流和制动电流,得到灵敏度计算方法,为保护效果和最终保护方案的配置提供依据。

5.7.1 发电机绕组短路类型

发电机定子绕组故障主要包括绕组端部因绝缘损坏或其他原因引起的短路。定子槽上、下层绕组之间的绝缘损坏造成的绕组短路,即定子同槽短路故障。绕组端部会产生很多交叉点,当绝缘发生损坏时,会造成定子端部交叉故障。区分故障类型后,需要根据定子绕组的结构确定其定子槽短路故障数和可能发生的定子端部短路故障数。目前学者多研究波绕组和叠绕组的定子同槽短路和端部短路故障,叠绕组是本章的研究对象。

两种绕组还可以根据具体故障进行分类,同槽短路或端部短路包含匝间短路和相间短路,匝间短路又包含同相同分支和同相不同分支匝间短路。

5.7.2 四种差动保护工作原理

(1)零序电流横差保护

零序电流横差保护又称单元件保护,零序电流横差保护将发电机绕组分为 2 个或 3 个部分,然后对元件各个部分之间的零序环流进行检测。零序电流横差保护是过电流保护,当电流超过规定值时,保护动作。在绕组的匝间保护中,零序电流横差保护的灵敏度较高,所以对发电机绕组横差保护,首选是零序电流横差保护。

以 1.5 MW 风力发电机为例,对于并联支路数为 8 的发电机,可以将 1,3,5,7 相隔引出连接起来,形成中性点 O_1;然后将 2,4,6,8 四个分支连接起来,形成中性点 O_2;通过电流互感器 TA0 互联,就可以成为一套零序电流横差保护,如图 5.31 所示。

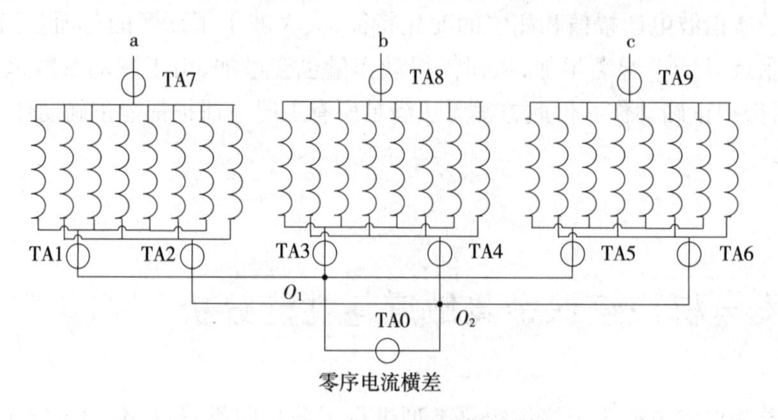

图 5.31　零序电流横差保护原理图

(2)裂相横差保护

在发电机定子绕组保护设计过程中,至少是一纵一横,当发电机只引出一个中性点时,不适用于零序电流横差保护。裂相横差保护将定子绕组分为两组中性点(完全裂相横差保护)或者舍弃某些分支将剩余分支分为两组(不完全裂相横差保护),比较的是绕组相间电流的不平衡度。

还是以1.5 MW风力发电机为例,以b相为例,可以将1,3,5,7相隔引出连接起来,装设互感器TA3,然后将2,4,6,8四个分支连接起来,装设互感器TA4,两个互感器之间形成完全裂相横差保护,如图5.32所示。

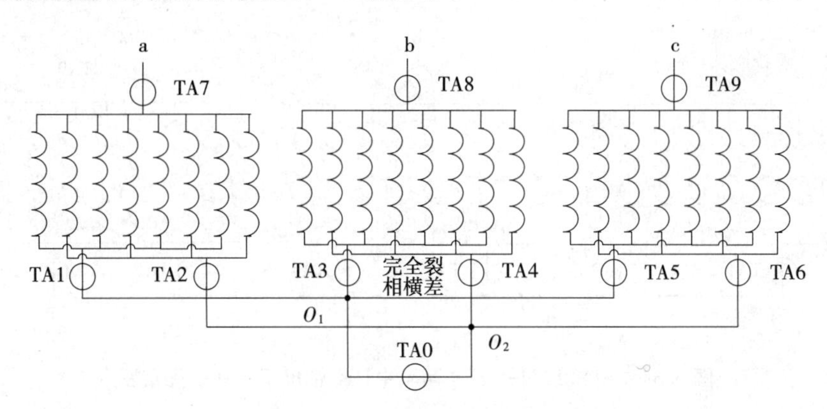

图5.32　裂相横差保护原理图

(3)不完全和完全纵差保护

不完全纵差保护是将电流互感器连于中性点侧某相分支绕组的并联部分,与末端侧分支互感器构成不完全纵差保护。完全纵差保护则是应用较为广泛的一种纵差保护,比较发电机机端侧和中性点侧电流是否平衡,对绕组相间短路敏感度较高且只能对其有保护作用。以a相,TA1与TA7之间构成分支数为4的不完全纵差保护,TA5、TA6与TA9一起构成c相的完全纵差保护如图5.33所示。

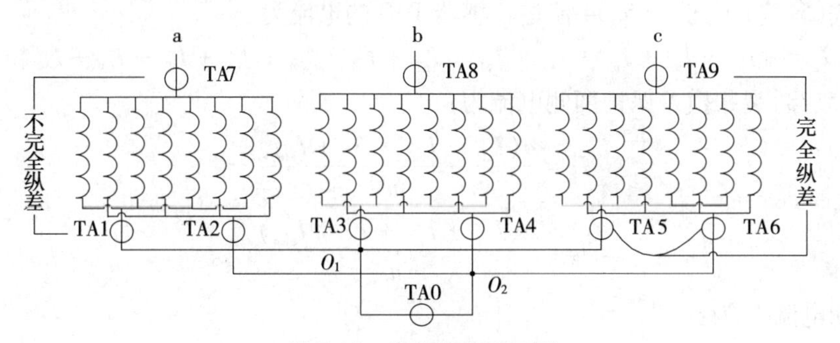

图5.33　纵差保护原理图

5.7.3　灵敏度计算

对于发电机的绕组保护方案,保护是否能够安全可靠地工作,发电机校验系数K_{sen}(灵敏度)是作为判断主保护是否可行的标准,灵敏度计算与差动电流和动作电流有着密切的关系。

1)保护所需差动电流计算

差动电流的计算对于发电机保护灵敏度的计算尤为重要,为了保证灵敏度计算的准确性,本章对4种差动电流计算进行了深入探索,以图5.34所示的主保护配置为例,详细解释了差动电流如何计算。图5.34是支路数为8的相邻引出的绕组保护配置图。

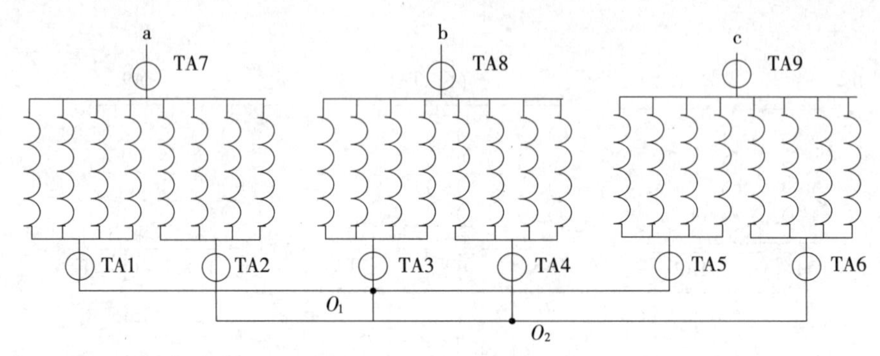

图5.34 相邻1234—5678两个中性点情况下主保护配置图

零序电流 I_d 流过TA0的电流为:

$$I_d = |I_{ai1} + \cdots + I_{aim} + I_{bi1} + \cdots + I_{bim} + I_{ci1} + \cdots + I_{cim}| \tag{5.77}$$

式5.77中 a 为并联路数,m 是连接第 i 个中性点的分支数,I_{aim},I_{bim},I_{cim} 分别为 A,B,C 三相第 i 个中性点中第 m 个连接的分支电流。

如图5.34所示的主保护配置策略,发电机的并联分支数为8,采用1234—5678相邻分支连接引出,此时将三相两个四分支引出的中性点 O_1 与 O_2 之间装设电流互感器TA0,一套零序电流横差保护由此形成。

据式(5.77)可知,图5.34流过互感器TA0的电流为

$$I_d = |I_{a1} + I_{a2} + I_{a3} + I_{a4} + I_{b1} + I_{b2} + I_{b3} + I_{b4} + I_{c1} + I_{c2} + I_{c3} + I_{c4}| \tag{5.78}$$

式(5.78)裂相横差保护两侧电流为:

$$I_1 = \frac{a(I_{ai1} + I_{ai2} + \cdots + I_{aim})}{m} \tag{5.79}$$

$$I_2 = \frac{a(I_{aj1} + I_{aj2} + \cdots + I_{ajm})}{n} \tag{5.80}$$

差动电流 I_d 为:

$$I_d = |I_1 - I_2| \tag{5.81}$$

式(5.79)和式(5.80)中 a 为并联分支数,m 和 n 是连接相应中性点的并联支路数,I_{aim},I_{ajm} 分别是a相将第 i 个和第 j 个中性点连接第 m 个的分支电流。例如完全裂相横差保护(TA1与TA2)的差动电流为:$I_1 - I_2$。其中:

$$I_1 = 0.5(I_{a1} + I_{a2} + I_{a3} + I_{a4}) \tag{5.82}$$

$$I_2 = 0.5(I_{a1} + I_{a2} + I_{a3} + I_{a4}) \tag{5.83}$$

不完全裂相横差保护与完全裂相横差保护的差动电流计算方法类似,不再赘述。

不完全纵差保护 a 相两侧的电流为:

$$I_1 = \frac{a(I_{ai1} + I_{ai2} + \cdots + I_{aim})}{m}$$

$$I_2 = I_{pa} \tag{5.84}$$

式(5.84)中 a 是并联分支数,m 是连接相应中性点的支路数,I_{aim} 为 a 相第 i 个中性点连接第 m 个的分支电流,I_{pa} 是 a 相的末端相电流。

完全纵差保护 a 相两侧的电流为:

$$I_1 = I_{ai1} + I_{ai2} + \cdots + I_{aia}$$

$$I_2 = I_{pa} \tag{5.85}$$

式(5.85)中 a 是并联分支数,I_{aia} 为 a 相第 i 个中性点连接第 a 个的分支电流,I_{pa} 是 a 相的末端相电流。

2)灵敏度系数

在定量设计定子绕组保护配置过程中,一般认为灵敏度 $K_{sen} \geqslant 1.5$ 时保护能够正常动作,当灵敏度 $K_{sen} < 1.5$ 时保护不能动作。空载运行时的灵敏度要比负载状态下的灵敏度小得多,从而负载状态下的保护死区不能明显反映出,会加大保护配置工作的难度,不利于保护配置的选择,选择空载运行时短路电流作为计算灵敏度所需的仿真短路电流较为可靠。

灵敏度为:

$$K_{sen} = \frac{I_d}{I_{op}} \tag{5.86}$$

5.7.4 定子绕组的分支引出方式

1)2 个和 3 个中性点时绕组分支引出方式

少分支和多分支引出方式都可以采用两个中性点的引出方式,一般要求发电机绕组分支引出尽可能地简洁。2 个中性点的引出方式支路数 $a \leqslant 4$ 时,2 个中性点引出方式是保护方式的首选,将每相定子绕组分成两个部分,然后进行合理化分析。绕组的故障特点决定了中性点侧引出方式,且主保护配置方案必须定量分析。2 个中性点引出时,根据并联支路数的奇偶性进行合理配置,表 5.9 为 2 个中性点时配置情况。

表 5.9　2 个中性点时分支组合情况

	a 为偶数	a 为奇数
第一个中性点分支数	$a/2$	$(a+1)/2$ $(a-1)/2$
第二个中性点分支数	$a/2$	$(a-1)/2$ $(a+1)/2$

3 个中性点的引出方式在多分支定子绕组的保护中应用,并联支路数 $a > 4$ 时,3 个中性点引出方式的保护方式多被采纳,引出方式的保护配置比前者要复杂,引出分组情况较为复杂。与两个中性点时一样,3 个中性点引出方式同样需要合理化分组,大多是根据分支数是否为 3 的倍数进行分组。表 5.10 为 3 个中性点时配置情况,其中 n 为整数。

表 5.10　3 个中性点时分支组合情况

	$a = 3n$	$a = 3n + 1$	$a = 3n + 2$
第一个中性点分支数	n	n　　$n + 1$	n　　$n + 1$
第二个中性点分支数	n	$n + 1$　　$n - 1$	$n + 2$　　n
第三个中性点分支数	n	n　　$n + 1$	n　　$n + 1$

以 1.5 MW 风力发电机为例,每相多达 8 分支,选择中性点引出方式既要考虑保护的可靠性,又要考虑配置的可行性,一般 2 或 3 个是比较合适的常规选择。引出 2 个中性点时可把绕组平均分成两部分,即 4 个分支构成某相的一组,也就是 8 个当中任意选择 4 个,剩下的再引出一个中性点,这样的分组情况有 $C_8^4/2 = 35$ 种。引出 3 个中性点时可把定子绕组分成(2,4,2)情形,共有 $C_4^2 C_8^4/2 = 210$ 种分组情况,或者分成(3,2,3)的情形,也有 $C_8^2 C_6^3/2 = 280$ 种分组情况。将几种差动保护组合搭配,进而寻找到合适的主保护配置方案。零序电流横差保护是主保护的首选,通过计算其灵敏度,再挑选其他保护与之配合。在不增加电流互感器数目的前提下,尽可能通过差动保护的搭配达到理想的保护效果。

篇幅有限,本节只简要地对 2 个和 3 个中性点引出方各举一个例子。图 5.35(a)表示 2 个中性点相邻分支引出方式,分支组合为{1,2,3,4}和{5,6,7,8},图 5.35(b)表示 3 个中性点引出方式,分支组合为{1,3}、{2,4,6,8}和{5,7}。

2)引出方式不同对保护性能的影响

定子绕组引出方式的不同会影响绕组的保护效果,由此在选择定子绕组的引出方式时,一方面要考虑中性点的引出个数,另一方面更要考虑对绕组匝间短路保护效果的影响。横差保护针对的主要是定子绕组匝间短路,在选择保护的配置方案时,需要比对绕组不同的引出方式对应的横差保护效果,在此基础上找出合适的分支引出方式。

如上所述,在选择发电机定子绕组匝间保护的差动保护类型时,不同的分支引出方式对所选保护的性能影响很大,由此需要对此作出深入研究。例如匝间短路,短路匝数差越大由此产生的电压差也就越大,由此短路因绝缘层被破坏的概率也就越大。所以分支引出方式可以根据同相同分支匝间短路、同相不同分支匝间短路和相间短路有针对性地选择。

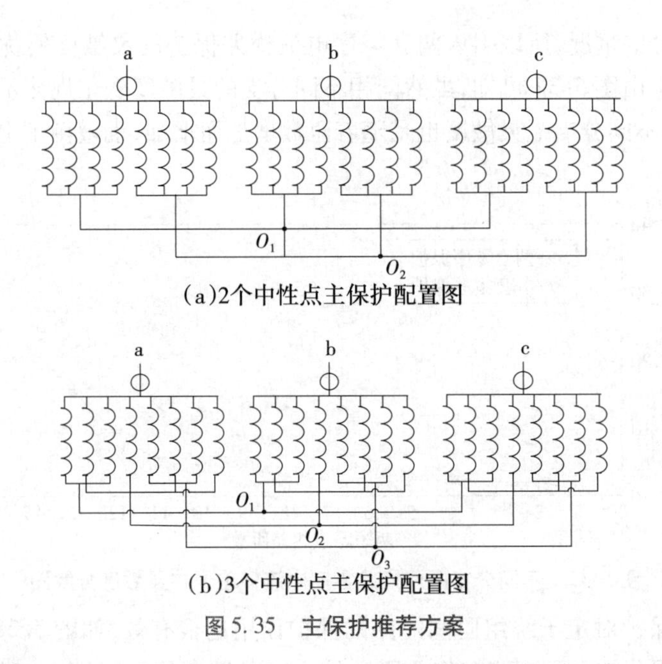

图 5.35　主保护推荐方案

5.7.5　保护性能分析

1)横差保护性能分析

根据上节介绍,横差保护包括零序电流横差保护和裂相横差保护,下面对这两种横差保护的性能进行分析计算。零序电流横差保护的灵敏度较高,所以对于发电机绕组横差保护,首选对零序电流横差保护分析计算。根据发电机 A 相第一分支匝间短路仿真结果分析其灵敏度,如图 5.36 所示,同分支短路下的灵敏度都会随着相差匝数的增加而增加,其中两套零序电流型横差保护的灵敏度要比一套时高,这与一套时引出 2 个中性点和两套时引出 3 个中性点有关。因为零序电流横差保护比较的是绕组故障时其两部分之间的不平衡度,而将整个定子绕组分成 3 个部分时,其各部分的不平衡度会大

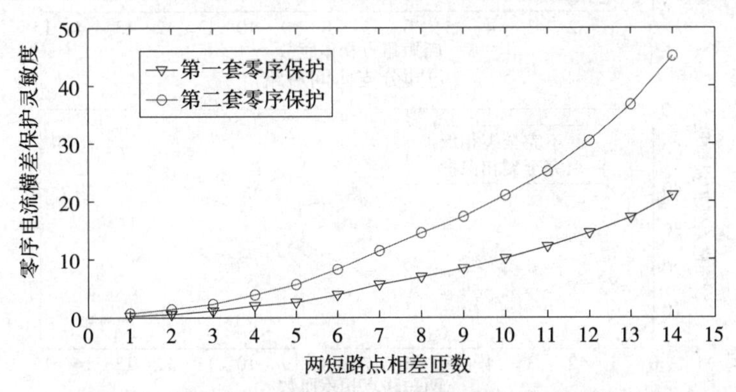

图 5.36　同分支匝间短路零序电流横差保护灵敏度分散图

于分成 2 个部分的情况,所以引入两套零序电流横差保护的灵敏度要优于 2 个中性点一套时的保护。由图 5.37 可知,虽然同相不同分支的灵敏度变化规律不如同相同分支那样明显,但是不同分支下灵敏度也是随着匝数增加而增加,也遵循了上述中性点的引出规律。

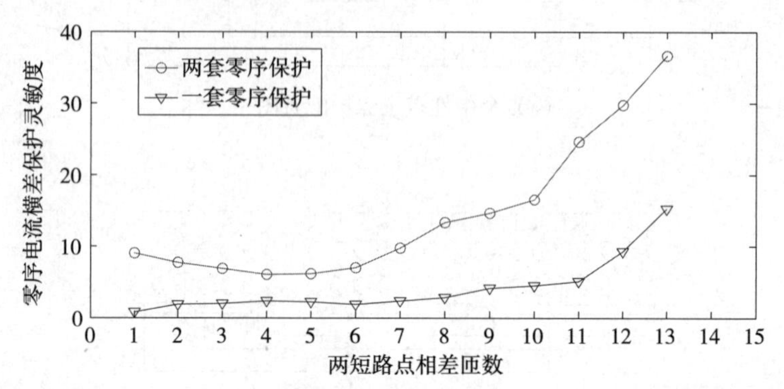

图 5.37　不同分支匝间短路零序电流横差保护灵敏度分散图

裂相横差保护对定子绕组匝间短路的保护作用也很有效,如图 5.38 所示:同分支匝间短路和不同分支匝间短路在相差匝数较小时灵敏度相差也较小,其中不完全裂相横差保护的灵敏度甚至要比完全裂相的高一些。随着短路相差匝数的增加,不完全裂相横差保护的灵敏度增长到一定程度后又开始逐渐下降,而完全裂相横差保护的灵敏度则一直在升高。由此得出:在相差匝数较多的情况下,完全裂相横差保护的效果较好。

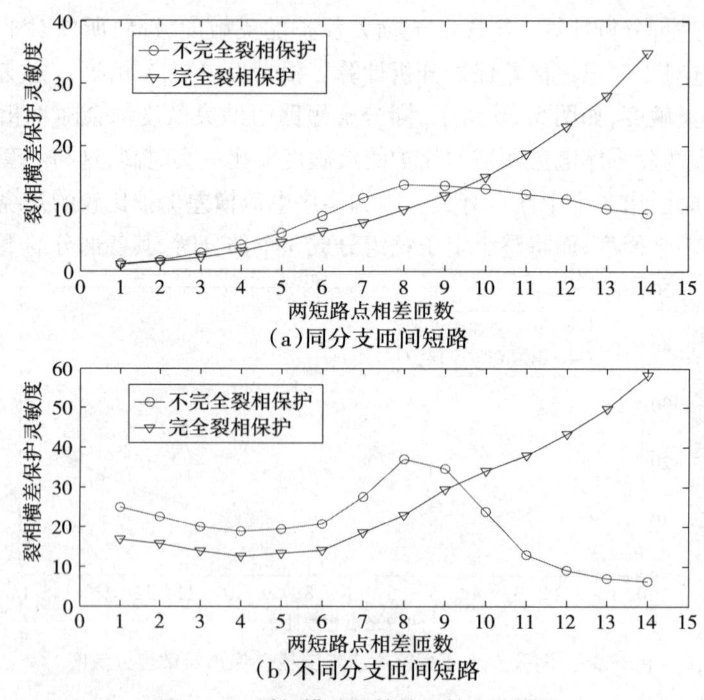

(a)同分支匝间短路

(b)不同分支匝间短路

图 5.38　裂相横差保护的灵敏度分散图

对不完全裂相横差保护，当故障分支被舍弃时，故障相绕组其余分支的不平衡度会很小，会导致故障相不完全裂相横差保护灵敏度降低，甚至会在同相小匝数短路时出现保护死区。

2）纵差保护性能分析

纵差保护有不完全纵差和完全纵差两种形式，其中完全纵差保护只能够对相间短路起到保护作用，但它是相间短路最好的保护方法，下面对两种纵差保护性能进行分析计算。

不完全纵差保护在相间短路保护方面不如完全纵差保护，但对匝间短路有一定的保护作用。图5.39分别为匝间短路和相间短路在引入2个和3个中性点时的灵敏度对比图，相间短路与匝间短路一样，引入分支数影响着灵敏度的变化。从图5.39(a)可知，随着中性点侧引入分支数的增加，匝间短路灵敏度减小。因为某相分支数的增多，该相各分支差动电流会降低，灵敏度减小。相间短路的灵敏度也与引入分支数相关联，与匝间短路有较大的不同，随中性点侧引入分支数的增加，每相的差动电流会增大，相间短路的灵敏度升高，如图5.39 (b)所示。

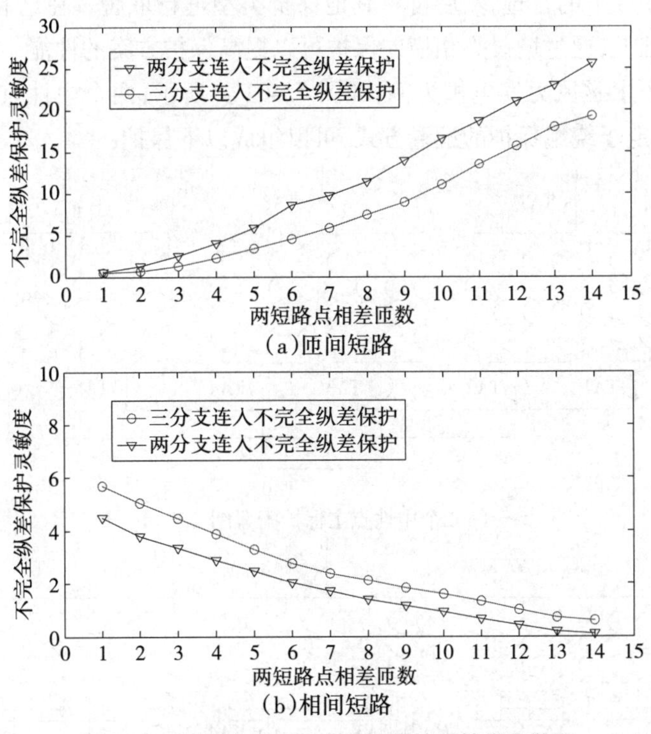

图5.39　不同分支不完全纵差保护灵敏度分散图

另外，对于完全纵差保护，相似的都是比较机端末侧与中性点侧分支电流差，当电流差值超过设定值，保护就会动作。完全纵差保护对绕组匝间短路不起保护作用，只对相间短路起保护作用，且保护效果较好，所以每个定子绕组都要装设完全纵差保护。

5.8 发电机绕组短路保护方案的配置

5.8.1 定子绕组保护方案的设计

根据对4种差动保护的原理和性能的分析,进而提出了定子绕组保护方案的设计过程,结合保护方案配置与实际发生的绕组短路故障,分析保护方案的可行性,最终得到发电机定子绕组的保护方案。

1)配置方案的选择

通过对4种差动保护合理配置来完成发电机定子绕组的保护工作,纵差保护与横差保护缺一不可。通常首先确定横差保护的类型,再确定纵差保护的类型,零序电流型横差保护是横差保护的首选,然后再对其他保护类型进行取舍。在已有的零序电流型横差保护的基础上,通过增设裂相横差保护可以提高保护方案的性能。

以1.5 MW永磁风力发电机为例,如图5.40(a)所示:两个中性点1234—5678相邻分支引出时,定子绕组保护的配置方式,可以组成以下保护:

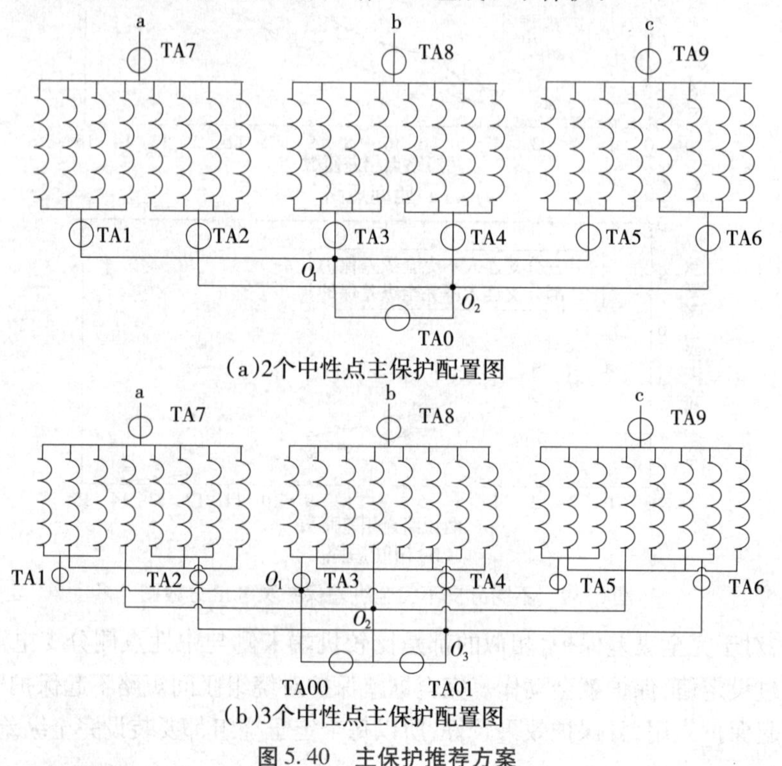

(a)2个中性点主保护配置图

(b)3个中性点主保护配置图

图5.40 主保护推荐方案

零序电流型横差保护:TA0;

裂相横差保护:TA1-TA2;

不完全纵差保护:TA1-TA7;TA2-TA7;

完全纵差保护:(TA1+TA2)-TA7。

如图5.40(b)所示:3个中性点13-2468-57的分支引出时,定子绕组保护的配置方式,可以组成以下保护:

零序电流型横差保护:TA00;TA01;

裂相横差保护:TA1-TA2;

不完全纵差保护:TA1-TA7;TA2-TA7;

完全纵差保护:(TA1+TA2)-TA7。

2)定子绕组主保护的配置方法

发电机定子绕组保护的定量化设计步骤是保护配置方案的核心,所以有必要对此进行深入探讨,通过前文的赘述对4种差动保护的性能已有所理解,现需要对设计过程作必要说明。

①首先选择零序电流型横差保护来确定横差保护的类型,然后确定不同中性点对应的引出方式和裂相横差保护的类型。

②针对定子绕组的相间短路故障和各种其他类型故障,需装设纵差保护,不完全纵差保护是首选,“一纵一横”的保护格局初步形成。

③对所有保护组合方案的动作性能进行对比分析,达到各个保护策略的综合利用,最终确定最优的保护方案。

a.相同分支下短路匝数较小时,各相中性点侧的支路电流在发生故障前后时的电流变化较小,从而降低了故障发生时主保护方案的灵敏度,并形成动作死区。

b.对于异相匝间短路,非故障支路电流的电势较故障支路小,故障相的两条支路电流相互抵消,从而使通过电流互感器的电流也很小。

c.对于相间短路,短路线圈数量较少且靠近中性点侧,所以两个短路点电位差小,前后故障电流变化小,从而主保护动作电流小,因此很容易形成死区。

将各种主保护方案组合并确定其适用部位,分析了易形成死区的故障位置,为提出最佳主保护方案还需要考虑以下因素:

a.便于引出中性点侧分支。

b.在方案中完成绕组短路保护功能的简化。

c.电流互感器少。

d.发生故障时对应主保护不动作数少。

5.8.2 配置方案

1)绕组短路类型分析

在设计主保护配置方案之前,分析故障类型和数目是确定保护方案的基础和前提。

发电机定子绕组故障主要包括绕组端部因绝缘损坏或其他原因引起的短路，并针对故障较多类型的故障电流进行仿真计算，而后进行保护设计工作。图 5.41 所示为永磁发电机绕组结构示意图，绕组为双层结构。

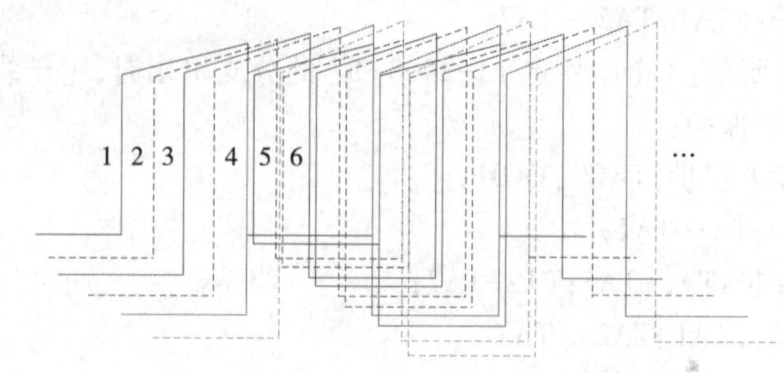

图 5.41　永磁发电机绕组结构示意图

定子槽上部位的交叉数为 y_1，会有 (y_1-1) 个上下部位的绕组交叉数，交叉会产生 (y_1-1) 个末端短路故障。槽的下部位交叉数为 y_2，会有 (y_2-1) 个下部位的绕组交叉数，会产生 (y_2-1) 个末端短路故障。总之，一个线棒有 (y_1+y_2-2) 个端部短路故障，所以整个定子绕组将会有 $Z\times(y_1+y_2-2)$ 个定子端部短路故障。定子槽内短路故障数是 Z 的情况下，定子槽内和端部短路故障的总数为 $Z\times(y_1+y_2-1)$。1.5 MW 永磁风力发电机，96 极，定子槽数为 1 536，每相有 8 分支，$y_1=y_2=16$，其故障统计见表 5.11。

表 5.11　定子绕组短路故障类型和数目统计

	槽内短路故障数	端部短路故障数
同相同分支短路故障	728	5 934
同相不同分支短路故障	24	24
相间短路时分支编号相同	768	26 538
相间短路时分支编号不同	16	4 368
总数	1 536	36 864

2）保护方案的提出

根据上文的设计思路，针对 1.5 MW 发电机提出了 2 个与 3 个中性点引出共 9 种配置方案，见表 5.12。其中Ⅰ代表两个中性点相邻引出方式；Ⅱ代表两个中性点相隔引出方式；Ⅲ代表 3 个中性点(2,4,2)的引出方式；Ⅳ代表 3 个中性点(3,2,3)的引出方式。

方案 1：零序电流横差保护Ⅱ+不完全纵差保护Ⅱ.1；

方案 2：零序电流横差保护Ⅱ+不完全纵差保护Ⅱ.1+不完全纵差保护Ⅱ.2；

方案3:零序电流横差保护Ⅱ+不完全纵差保护Ⅱ.1+不完全纵差保护Ⅱ.2+裂相横差保护Ⅱ;

方案4:零序电流横差保护Ⅲ.1+零序电流横差保护Ⅲ.3+不完全纵差保护Ⅲ.2;

方案5:零序电流横差保护Ⅲ.1+零序电流横差保护Ⅲ.2+不完全纵差保护Ⅲ.1+不完全纵差保护Ⅲ.3;

方案6:零序电流横差保护Ⅲ.1+零序电流横差保护Ⅲ.2+不完全纵差保护Ⅲ.1+不完全纵差保护Ⅲ.3+不完全裂相横差保护Ⅲ.2;

方案7:零序电流横差保护Ⅳ.1+零序电流横差保护Ⅳ.3+不完全纵差保护Ⅱ.2;

方案8:零序电流横差保护Ⅳ.1+零序电流横差保护Ⅳ.2+不完全纵差保护Ⅳ.1+不完全纵差保护Ⅳ.3;

方案9:零序电流横差保护Ⅳ.1+零序电流横差保护Ⅳ.2+不完全纵差保护Ⅳ.1+不完全纵差保护Ⅳ.3+不完全裂相横差保护Ⅳ.2。

将各种主保护方案组合并确定其适用部位,分析了易形成死区的故障位置,为提出最佳主保护方案还需要考虑以下因素:

①便于引出中性点侧分支。

②在方案中完成绕组短路保护功能的简化。

③电流互感器少。

④发生故障时对应主保护不动作数少。

⑤绕组短路保护死区占故障总数比例小。

表5.12　1.5 MW发电机各种保护方案对比分析

保护方案	保护数/套	中性点数目	互感器数目	不能动作故障数目
方案1	2	2	7	106
方案2	3	2	10	64
方案3	4	2	10	24
方案4	3	3	8	96
方案5	4	3	11	42
方案6	5	3	11	38
方案7	3	3	8	80
方案8	4	3	11	52
方案9	5	3	11	38

3)定子绕组保护建议

上节对1.5 MW永磁风力发电机定子绕组的9种保护方案作了简要介绍,下面对这些配置方案工作性能作简要分析,以确定最终的定子绕组保护方案。

①方案1、方案2和方案3是2个中性点的引出方案,保护性能并不比3个中性点的引出方案差太多,而且在经济和装设方面要优于其余6种保护方案。

②方案3、方案5与方案6较其余6种方案,保护死区减少,方案2较方案3增加了裂相横差保护,提高了整体保护性能,方案5通过增设不完全纵差保护起到了一定的匝间保护作用。但由于方案5和方案6是3个中性点的引出方式,设计组装过程更加复杂,故舍弃。

③若采用相邻的分支引出方式,故障相的某些分支的流经电流会被部分抵消,使得流过电流传感器的电流不够大,从而使裂相横差保护的灵敏度降低;而采用相隔分支引出方式时,短路回路电流会流经差动回路,由此完全裂相横差保护可以灵敏动作。

经过上述描述,方案3采用一套零序横差、一套裂相横差和两套不完全纵差的配置方案更为合适。为了便于中性点侧引出分支简单,优先选择相邻或者相隔的引出方式,所以本章研究的电机类型1.5 MW优先选择相隔1357—2468的引出方式,最终的配置方案图如图5.42所示。

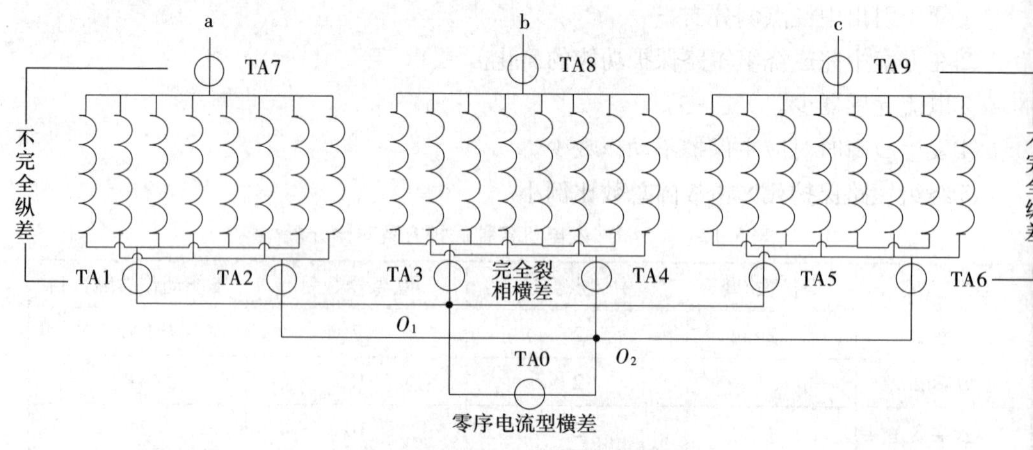

图5.42　发电机绕组主保护方案

发电机的定子绕组保护配置的确定,取决于绕组自身的结构类型和中性点引出方式。绕组并联分支数相同,但结构不一定相同,相应的故障种类和特点也不会相同,所以不能照搬绕组保护配置方案。

5.9　本章小结

本章通过对4种差动保护工作原理的研究,给出了绕组保护的设计步骤并最终确定定子绕组的保护配置方案。以 1.5 MW 永磁风力发电机为研究范例，对各种保护方案的可行性对比分析，为其提供保护策略依据，最终确定了 1.5 MW 永磁风力发电机的保护方案，得出以下结论：

①在确定发电机绕组主保护配置方案前，必须分析可能发生的定子绕组故障的类型和数目。

②定子绕组引出方式与保护效果密切相关。通过分析不同中性点个数、引出方式、定子绕组分支数以及不同分支的组合方式可以优化保护效果。

③发电机绕组保护方案的确定，不仅与各种保护的灵敏度相关，还需要考虑保护死区的位置。

本章主要针对永磁同步发电机定子绕组匝间短路时的故障特征，定子绕组主保护配置方案进行了深入研究。基于有限元建立永磁同步发电机场路耦合模型，分析永磁同步发电机发生匝间短路时的电流变化，分析总结了正常情况和不同程度匝间短路故障情况下对应谐波的变化规律，结论与成果如下：

①基于多回路和有限元理论成功搭建了仿真模型，根据后续课题的需要，整个电机模型和定子绕组的某一线圈均采用分匝设计，便于匝间短路故障的分析与计算。分别仿真了理想发电机正常运行、定子绕组不同程度匝间短路时各物理量的变化。并基于 MATLAB 仿真软件，采用频谱分析策略获得了正常情况和不同程度匝间短路故障情况下谐波的变化规律。

②分析总结了定子绕组匝间短路故障时，定子绕组线电流幅值、相位角和定子电流谐波部分的变化规律。

③定子绕组的保护效果与绕组的引出分支方式和差动的保护效果有关，其中横差保护的保护效果尤为重要。零序电流横差保护和裂相横差保护优先考虑相邻和相隔的分支引出方式，对于定子绕组相间短路，引出分支数越多，灵敏度越大，而匝间短路则相反。

④通过对 4 种差动保护的原理和保护性能的分析，总结主保护在不同配置下的工作性能；同相同分支与同相不同分支下的灵敏度都随着相差匝数的增加而增加，其中两套零序电流横差保护的灵敏度要比一套时高；相差匝数较多的情况下，完全裂相横差保护的效果较好，完全纵差保护只能够对相间短路起到保护作用，但它是相间短路最好的保护方法，不完全纵差保护在相间短路保护方面不如完全纵差保护，但对匝间短路有一定的保护作用。

⑤通过对上述保护性能的整理分析，得到同相同分支短路时小匝数短路保护效果差，同相不同分支短路时大匝数保护效果较差，易致保护误动，见表 5.13、表 5.14。

表 5.13　易形成保护死区的同槽故障数和线圈匝数

故障类型	同相同分支短路(728)								同相不同分支短路(24)		相间短路时分支编号不同(16)	相间短路时分支编号相同(768)					
线圈匝数	1	2	3	4	5	6	7	大于 8	9	27	1	2	3	4	5	6	7
故障数	12	12	12	12	12	12	12	228	12	12	16	192	168	144	120	96	72
易形成保护死区数	12	12	12	12	0	0	0	0	0	0	0	0	72	72	0	0	12

表 5.14　易形成保护死区的端部故障数和线圈匝数

故障类型	同相同分支短路(768)								同相不同分支短路(24)							
线圈匝数	1	2	3	4	5	6	7	大于 8	0	1	2	3	4	5	6	大于 7
故障数	12	12	12	12	12	12	12	684	0	0	0	0	0	0	0	24
易形成保护死区数	12	12	12	12	0	0	0	0	0	0	0	72	0	0	0	0

相间短路时分支编号相同(26 538)							相间短路时分支编号不同(4 368)							
2	3	4	5	6	7	大于 7	1	2	3	4	5	6	7	大于 7
1 280	846	640	260	248	16	23 788	224	292	460	696	768	643	60	925
160	96	64	32	16	8	0	60	32	68	96	176	38	16	0

首先对永磁风力发电机的结构特点进行了分析，针对现阶段永磁风力发电机内部故障保护配置不可靠的原因提出新的保护方法；其次在固定和旋转坐标系下建立了永磁风力发电机的数学模型，推导了 PMSG 电压平衡与磁链、转矩、电压等状态方程；最后完成了永磁风力发电机匝间短路以及单相接地故障的数学模型，为后续的仿真模型奠定了理论基础。

本章简要列举了发电机定子绕组的短路类型，包含了同槽短路和端部交叉短路，然后详细说明了相间短路、同相同分支和同相不同分支匝间短路。紧接着又介绍了定子绕组 4 种差动保护的组成方式和工作方法。以 8 分支的发电机并联分支数为例，对不同保护条件下保护判据所需的差动电流、动作电流和制动电流进行分析计算，详细说明了绕组保护灵敏度的计算方法。绕组分支引出方式与保护效果有着明显的联系，将定子绕组引出方式分为 2 个和 3 个中性点分组讨论，并详细介绍了 4 种差动保护的工作原理，通过对其灵敏度的分析计算得到了差动保护的灵敏度变化规律。

对于现阶段发电机定子绕组单相接地以及匝间短路方法进行系统总结和分析。对现有的几种保护方案做了对比，并提出了这几种保护方案的缺陷和不足之处。

针对永磁风力发电机内部绕组匝间短路故障，提出了三次谐波与基波电流配合的自适应保护判据，利用多回路数学模型和S函数进行故障电机的建模与仿真，完成不同程度的匝间短路故障状态以及PMSG外部发生短路故障时的仿真。通过实验数据和仿真结果验证了保护算法的有效性。

第6章　永磁风力发电机的电压穿越

6.1　高电压穿越的概念及研究现状

风电机组在运行过程中，由于电网电压波动、跌落甚至短路故障等，一旦风电机组纷纷解列，将导致系统的暂态不稳定，严重的可能造成局部甚至系统全面瘫痪。因此，风电机组的高电压穿越问题仍是风电技术研究工作的重点之一。

6.1.1　高电压穿越的概念和必要性

风电机组高电压穿越（High Voltage Ride Through，HVRT）的概念是相对于低电压穿越（Low Voltage Ride Through，LVRT）而言的，即并网点电压在一定的升高范围内风电机组/风电场能够保持一定时间不脱网连续运行。

导致风电机组高电压穿越的因素有很多，其中电力设备接地故障、风电负荷的突然切出、大规模无功补偿装置的投退等都有可能引起电网电压的突然升高。电网电压骤升可能造成并网风电机组与电网解列，威胁电网的安全稳定运行。

如果风电机组不具备高电压穿越能力，对于电压波动或线路上的干扰没有足够抵抗能力，那么在系统受到轻微干扰或者电压短暂骤升时，就会发生风电机组脱网事故。随着风电装机容量占电网总装机容量的比例急剧增长，风电机组大规模切机对电网的安全运行造成的影响也就日益严重。国外的运行经验表明当风电机组的装机容量比例达到3%～5%时，在高风电穿透功率情况下尤其是高风速期间，如果大面积切机将对电网产生毁灭性的打击。因此，风电机组的高电压穿越能力显得极为重要。

由电网电压骤升造成的风机大面积切机不但会对电网造成严重影响，还会对风电机组本身造成很大的危害。在这个过程中风电机组会出现机械输入功率和电气输出功率不平衡，暂态过程将导致发电机中产生过电流，可能造成电气元件的损坏。同时由于不平衡带来的附加转矩、应力,还有可能损坏机械部件。

6.1.2 高电压故障实例

表 6.1 为国内风电场故障穿越实例。

表 6.1 国内风电场故障穿越实例

故障时间	故障地点	故障原因	故障后果
2011 年 2 月 4 日	甘肃桥西第一风电场	电缆头的绝缘被击穿,风电机组不具备故障穿越能力	共造成 598 台风电机组脱网
2011 年 4 月 17 日	河北张家口国华佳鑫风电场	箱变发生 B、C 两相相间短路	共造成 629 台风电机组脱网
2011 年 4 月 17 日	甘肃瓜州干河口西第二风电场	箱变高压侧电缆击穿	共造成 702 台风机脱网

通过分析以上 3 起典型事故不难发现,发生类似事故的主要原因如下所述。

①当设备自身发生故障:比如表中的箱变、电缆等设备发生绝缘击穿或者短路故障从而诱发系统电压骤降,而运行中的风电机组不具备高、低电压穿越能力且不具备及时自动切除无功补偿装置的能力,随后引起的大面积风电场连锁反应,对电力系统造成严重冲击。

②风电机组运行方式:目前国内外市场上大部分风电机组常采用的方式为当风电厂出口母线电压波动超出或者低于预设值时,风机就会因电压保护而被强行切除,若此时风电机组具备高、低电压穿越能力,风电机组就可以在电压跌落、骤升在一定的范围内不会自动切除而继续工作。

以上 3 起因风电机组不具备故障穿越能力而大面积脱网的典型事故说明我国风电场存在的两个问题:第一,风电场电压设定值的不规范;第二,我国关于风电机组并网准则有待进一步完善。对此,我国已经制订了风电机组低电压穿越标准,但是我国关于风电机组的高电压穿越标准还未制订。

综合以上事故原因分析可知,为了风能有效安全地并入电网中且能够稳定运行,故解决风电机组高电压脱网故障势在必行。

6.1.3 高电压穿越研究现状

为了减少风电机组高电压穿越故障,各国对风电机组高电压并网准则进行了完善,风电机组具备 HVRT 能力也将逐步成为风电场的必然要求。并网准则要求风电机组在曲线以上区域不允许脱网,并对时间有严格要求。最早提出风电机组高电压穿越要求的国家是澳大利亚:当电网侧电压骤升至 1.3 U_n,并网机组在 60 ms 内不脱网,并且提供足够大电流以帮助电网电压恢复;德国 E. ON 公司制订的并网准则中不仅规定风电机组在电网电压升至 $1.2U_n$ 时不脱网,而且要求机组消耗一定量的无功功率,同时要求无功电流和电网电压的比值为 2∶1。综上所述,各并网准则提出高电压穿越标准不尽相同,但机组运行时间均不超过 1 s。具体标准如图 6.1 所示。

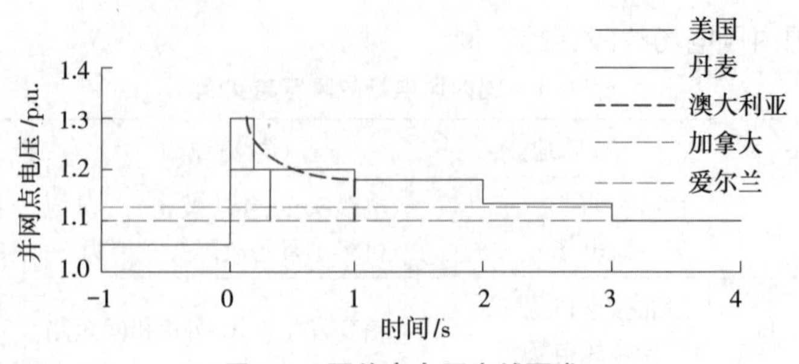

图 6.1　国外高电压穿越要求

部分标准规定根据电压等级不同风力发电机组限制也不同,部分风力发电机组高电压穿越技术要求汇总情况见表 6.2。

表 6.2　高电压穿越问题总结

国家(组织)	适用电压等级/kV	并网点工频电压值/p.u.	运行时间/s
WECC	115,230	$U_T > 1.20$ $1.175 \leqslant U < 1.20$ $1.15 \leqslant U_T \leqslant 1.175$	$t < 0$ $t \geqslant 1$ $t \geqslant 2$ $t \geqslant 3$
爱尔兰供电局	110,220	$1.10 \leqslant U_T < 1.15$ $U_T > 1.13$	$t < 0$
丹麦 Eltra & Elkraft 输电公司	132,150	$1.20 \leqslant U_T < 1.30$ $1.10 \leqslant U_T < 1.20$	$0 < t < 0.1$ $t \geqslant 0.2$
苏格兰输配电公司	132,275	$U_T < 1.20$(132 kV) $U_T < 1.15$(275 kV) $U_T < 1.10$	$t > 0$ $t > 0$ 不脱网运行
德国意昂集团	110,220,380	$U_T < 1.20$	正常进行
西班牙		$1.20 < U_T \leqslant 1.30$ $1.10 < U_T \leqslant 1.20$	$t \geqslant 0.5$
澳大利亚		$U_T = 1.30$ $1.10 \leqslant U_T < 1.30$	$t \geqslant 0.6$ $t \geqslant 1.4$
新西兰	220,110	$1.2 \leqslant U_T < 1.3$ $1.1 \leqslant U_T < 1.2$ HVDC 受端点电压可达到 1.43	$t \geqslant 0.5$ $t > 1$
加拿大(AESO)		$0.90 \leqslant U_T \leqslant 1.10$	连续运行不脱网

我国对风电机组高电压穿越的研究较晚，目前国内还没有高电压穿越标准。国家电网公司出台了一系列关于风电机组需具备一定的过电压能力要求，同时在最新的企业标准《风电场无功配置与电压控制技术规定》(Q/GDW 1878—2013)中，提出风电机组高电压穿越技术指标应满足表6.3的规定。

表6.3　高电压穿越指标

并网点工频电压值/p.u.	运行时间
$U_T > 1.20$	退出运行
$1.15 < U_T \leqslant 1.20$	运行200 ms
$1.10 < U_T \leqslant 1.15$	运行2 s
$1.00 \leqslant U_T \leqslant 1.10$	正常运行

国内外关于现有的实现风电机组高电压穿越技术手段主要分为三大类：增加辅助装置、添加硬件保护电路和改变系统控制策略。

1)增加辅助装置

通过增加硬件来解决高电压问题具有不错的效果，虽操作简单但会增加成本。在电网电压骤升时，为了防止网侧变流器功率反向流动而引起直流侧的电压骤升，通过采用在变流器直流侧增加Chopper电路可抑制直流侧电压升高。文献[123]和文献[124]中主要是提高风电机组变流器的直流电压过压抑制能力，在变流器直流回路加DC斩波耗能装置DC Chopper组件对直流电压进行抑制，并配合无功补偿装置实现机组的高电压穿越。文献[125]所采用硬件保护装置分别为静止同步无功补偿器和动态电压补偿器，在电网电压骤升时，两者皆通过控制策略使机组的机端电压保持恒定。文献[126]在分析了直驱风电机组高电压暂态特性的基础上，采用Chopper电路消耗故障期间多余能量，从而保持直流母线电压稳定。文献[127]和文献[128]通过储能型DVR对机端电压完全补偿，同时通过风电机组与储能型DVR的比例协调控制策略减小DVR所需的容量。

2)添加硬件保护电路

当电网电压骤升时，电网相当于回馈能量给风电机组，此时系统过多的能量将无法输出，而风电机组由于惯性很大，无法在短时间内通过风机内部系统调节来控制能量，因而需要一个通道来给风电机组释放能量，硬件保护电路孕育而生。当系统正常运行时耗能Crowbar保护系统不参与系统控制，当检测到电网电压骤升后投入耗能Crowbar保护电路，消耗多余的能量，这种方案的优点是实现简单，可靠性高，经济性也很好。当然，Crowbar保护的缺点是不能对电网电压恢复期间的欠电压进行有效的保护，但是欠电压持续时间短、影响较小。文献[129]通过对比风电故障机组和增加

Crowbar 电路,验证了 Crowbar 电路和感性无功实现风电场风电机组高电压穿越的可行性。也有文献采用储能 Crowbar 保护方案,把双向 DC/DC 变换器与直流母线相连接,当检测到电网电压骤升后将多余能量存储在储能设备中,检测到电压恢复后再将能量返回电网,采用这种方案能够有效抑制直流母线欠电压的影响。由于高电压穿越并网准则明确要求在风电机组电压穿越期间,还需要提供无功支持。

3)改变系统控制策略

通常情况下添加硬件设备会增加风电机组的投入成本,因此为了尽量降低成本,增加经济性,通过改变和改善控制策略来解决电网电压故障问题,但不管采用什么控制策略,都会增加控制的复杂性。文献[130]分析了机组升压变压器阻抗对并网点电压的影响规律,在此基础上,提出了基于变流器动态无功控制的高电压穿越控制策略。文献[131]为了避免硬件电路对风电机组的影响,提出了一种变流器动态无功控制的高电压穿越控制策略和风电机组主控系统与变流器协同控制完成高电压穿越。文献[132]提出以合理优化 GSC、RSC 的有功、无功的电流给定值,通过动态无功控制策略来达到高电压穿越,此外,为了防止母线电压可能出现突变情况,在直流母线上并联直流卸荷 Chopper 电路并设定电压上限值 U_{dcmax},当母线电压超过 U_{dcmax} 时,触发导通以确保直流母线的安全。文献[133]给出了新型的无功控制策略,通过控制励磁将转子侧变流器转移到网侧变流器上,这样就增加了网侧变流器的容量,加强了无功调节能力,改善风电机组运行环境,并有利于电网的快速恢复。

6.1.4 主要研究内容

本章主要在研究直驱永磁风电机组高电压穿越暂态特性基础上,利用 Crowbar 电路的卸荷特性实现风电机组高电压穿越,在 MATLAB/SIMULINK 仿真平台搭建仿真模型并对仿真结果进行分析。此外,对于风电机组在高电压穿越期间的并网逆变器的可控性进行了分析,并提出了综合控制策略,最后进行了仿真研究。本章重点如下所述。

在介绍风电发展和风电机组发展概况的基础上,提出了风电机组高电压穿越的概念,并通过实例分析了高电压穿越对风电场造成的危害,进一步说明了解决直驱风电机组高电压穿越的必要性。

分析了直驱风电机组逆变器的数学模型,并对直驱风电机组的控制策略进行了理论分析,再通过 1.5 MW 直驱风电机组进行了验证,为后面进行高电压穿越研究打下了基础。

在分析了直驱风电机组高电压穿越暂态特性的基础上,提出采用 Crowbar 耗能电路和超级电容储能电路两种卸荷电路,实现直驱风电机组高电压穿越并进行仿真分析。

针对高电压穿越期间并网逆变器的可控问题,提出了基于自适应算法实现并网逆变器高电压穿越的综合控制策略,并进行仿真分析。

6.2 直驱风电发电机组控制策略研究

6.2.1 永磁直驱风力发电机组拓扑结构

直驱永磁风力发电机组典型拓扑结构框图如图6.2所示。主要包括风力机、永磁同步发电机、机侧变流器、直流电容、网侧变流器、滤波器以及控制系统部分。

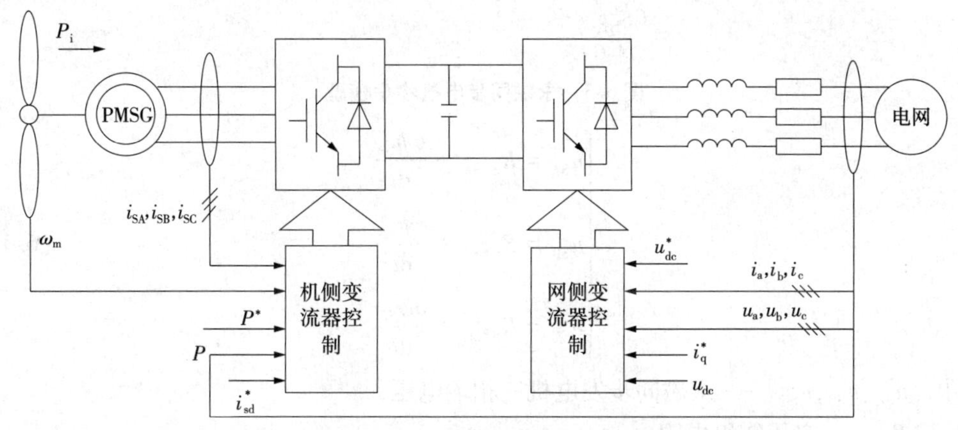

图6.2　直驱永磁风电机组拓扑结构

风力机是直驱永磁风电机组的重要器件，捕获风能并通过风轮将风能转换成机械能，再通过传动系统拖动永磁同步发电机转动，最终将风能转化为所需要的电能。永磁同步发电机输出的电能其频率与幅值均不稳定，需要经过变流器转换成与电网频率、幅值相同的电能才能并入电网。采用双PWM型变流器，便于对机侧与网侧变流器单独进行控制，有助于机组在高电压故障下安全运行。

6.2.2 直驱风电机组数学模型

在建立模型之前，为了简化分析，先做如下假设：

①忽略定、转子铁芯磁阻，忽略涡流损耗和磁滞损耗。

②气隙磁场均匀呈正弦分布。

③忽略齿槽效应。

④发电机端电压三相对称。

⑤数学模型采用电动机惯例。

1）三相静止坐标下PMSG数学模型

永磁同步电机物理模型如图6.3，利用基尔霍夫电路理论和电磁感应定律，得到三相静止坐标系下的电压方程。

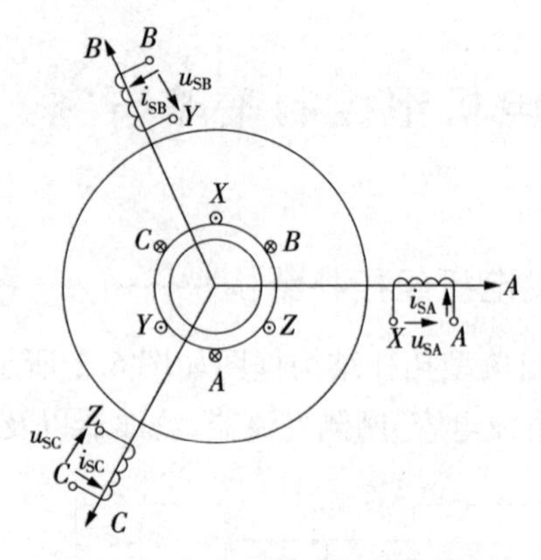

图 6.3　永磁同步电机物理模型

$$\begin{cases} u_{SA} = R_S i_{SA} + \dfrac{d\psi_{SA}}{dt} \\ u_{SB} = R_S i_{SB} + \dfrac{d\psi_{SB}}{dt} \\ u_{SC} = R_S i_{SC} + \dfrac{d\psi_{SC}}{dt} \end{cases} \tag{6.1}$$

式中　u_{SA}, u_{SB}, u_{SC} ——永磁同步发电机三相端电压；

R_S ——定子绕组电阻；

i_{SA}, i_{SB}, i_{SC} ——三相定子电流；

$\psi_{SA}, \psi_{SB}, \psi_{SC}$ ——三相绕组的全磁链。

而式(6.1)中的磁链可以表示为：

$$\begin{cases} \psi_{SA} = L_{SA} i_{SA} + L_{AB} i_{SB} + L_{AC} i_{SC} + \psi_{FA} \\ \psi_{SB} = L_{BA} i_{SA} + L_{BB} i_{SB} + L_{BC} i_{SC} + \psi_{FB} \\ \psi_{SC} = L_{CA} i_{SA} + L_{CB} i_{SB} + L_{CC} i_{SC} + \psi_{FC} \end{cases} \tag{6.2}$$

式中　$\psi_{FA}, \psi_{FB}, \psi_{FC}$ ——转子磁链 ψ_f 在三相静止坐标系下 A, B, C 轴向分量，其大小为：

$$\begin{cases} \psi_{FA} = \psi_f \cos\theta_r \\ \psi_{FB} = \psi_f \cos(\theta_r - 120°) \\ \psi_{FC} = \psi_f \cos(\theta_r - 240°) \end{cases} \tag{6.3}$$

永磁同步电机定子绕组对称分布，气隙磁场均匀，绕组自感和互感都与转子位置无关，因而有式(6.4)成立：

$$L_{AA} = L_{BB} = L_{CC} = L_{S\sigma} + L_{ml} \tag{6.4}$$

式中　L_{AA}, L_{BB}, L_{CC} ——每相绕组的自感；

$L_{S\sigma}$ ——绕组漏电感；

L_{m1}——绕组励磁电感。

$$L_{AB}=L_{BA}=L_{BC}=L_{CB}=L_{AC}=L_{CA}=-\frac{1}{2}L_{m1} \tag{6.5}$$

式中 $L_{AB},L_{BA},L_{BC},L_{CB},L_{CA},L_{AC}$——任意两相绕组的互感。

将式(6.3)—式(6.5)代入式(6.2)中,得到定子磁链方程:

$$\begin{cases}\psi_{SA}=(L_{S\sigma}+L_m)i_{SA}+\psi_f\cos\theta_r\\ \psi_{SB}=(L_{S\sigma}+L_m)i_{SB}+\psi_f\cos(\theta_r-120°)\\ \psi_{SC}=(L_{S\sigma}+L_m)i_{SC}+\psi_f\cos(\theta_r-240°)\end{cases} \tag{6.6}$$

式中 L_m——等效励磁电感,$L_m=\frac{3}{2}L_{m1}$。

根据规定的正方向,运动方程可写为:

$$T_e=T_L+J\frac{d\Omega}{dt}+R_\Omega\cdot\Omega \tag{6.7}$$

式中 T_e——电磁转矩;

T_L——负载转矩;

J——转子转动惯量;

R_Ω——旋转阻力系数;

Ω——转子机械角速度。

由电磁转矩与磁链、电流的关系可以得到:

$$T_e=n_p\psi_s\times i_s \tag{6.8}$$

式中 n_p——电机的极对数;

ψ_s——定子磁链矢量;

i_s——定子电流矢量。

2)两相同步旋转坐标系下PMSG的数学模型

将两相静止坐标系($\alpha\beta$坐标系)下的方程转换为两相同步旋转坐标系(dq坐标系)下的方程,同时规定永磁磁链方面,为d轴(直轴),超前d轴90°的方向为q轴(交轴),整个坐标系以同步角速度ω_s旋转,dq同步旋转坐标系如图6.4所示。

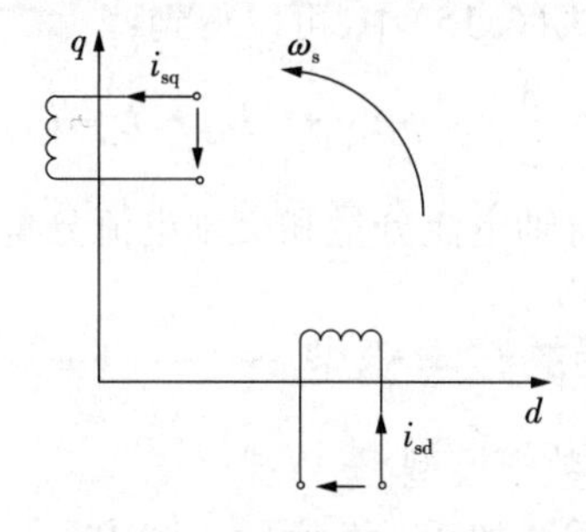

图6.4 dq同步旋转坐标系

由式(6.8)两相静止坐标系变换到两相同步旋转坐标系的变换矩阵,得到两相旋转坐标系下的电压方程为:

$$\begin{cases} u_{sd} = R_s i_{sd} + \dfrac{d\psi_{sd}}{dt} - \omega_s \psi_{sq} \\ u_{sq} = R_s i_{sq} + \dfrac{d\psi_{sq}}{dt} + \omega_s \psi_{sq} \end{cases} \tag{6.9}$$

式中 ψ_{sd},ψ_{sq} ——定子直轴磁链、交轴磁链;

i_{sd},i_{sq} ——定子绕组 d,q 轴电流;

ω_s ——同步转速。

同理,将转子磁链定在 d 轴上,得到定子磁链方程为:

$$\begin{cases} \psi_{sd} = L_{sd} i_{sd} + \psi_f \\ \psi_{sq} = L_{sq} i_{sq} \end{cases} \tag{6.10}$$

式中 L_{sd},L_{sq} ——定子直轴、交轴电感。

将式(6.10)代入式(6.9)得:

$$\begin{cases} u_{sd} = R_s i_{sd} + L_{sd} \dfrac{di_{sd}}{dt} - \omega_s L_{sq} i_{sq} \\ u_{sq} = R_s i_{sq} + L_{sq} \dfrac{di_{sq}}{dt} + \omega_s L_{sd} i_{sd} + \omega_s \psi_f \end{cases} \tag{6.11}$$

稳态时有:

$$\begin{cases} u_{sd} = R_s i_{sd} - \omega_s L_{sq} i_{sq} \\ u_{sq} = R_s i_{sq} + \omega_s (L_{sd} i_{sd} + \psi_f) \end{cases} \tag{6.12}$$

则发电机相电压空间矢量:

$$u_s = u_{sd} + ju_{sq} \tag{6.13}$$

其幅值大小:

$$U_s = \sqrt{u_{sd}^2 + u_{sq}^2} \tag{6.14}$$

两相旋转坐标下的电磁转矩方程可以表示为:

$$T_e = \frac{3}{2} n_p (\psi_{sd} i_{sq} - \psi_{sq} i_{sd}) \tag{6.15}$$

将磁链方程(6.10)代入式(6.15)中,可以得到:

$$T_e = \frac{3}{2} n_p [\psi_f i_{sq} + (L_{sd} - L_{sq}) i_{sd} i_{sq}] \tag{6.16}$$

电磁转矩由定子绕组的直轴电流分量和交轴电流分量决定。

6.2.3 网侧 PWM 变流器的数学模型

(1)网侧 PWM 变流器的数学模型

三相电压源型变流器主回路如图 6.5 所示。图中,e_{ga},e_{gb},e_{gc} 分别为三相电网相电压，i_{ga}，i_{gb}，i_{gc} 分别为三相电网相电流，u_{ga}，u_{gb}，u_{gc} 分别为变流器侧相电压，U_{dc} 为直流母线电压，i_{dc} 为直流负载电流。L_g 为交流滤波电感，在大功率场合常采用 LCL 滤波器，但在此处为分析简化，用电感 L_g 代替。R_g 为交流侧线路电阻，C 为直流侧滤波电容。

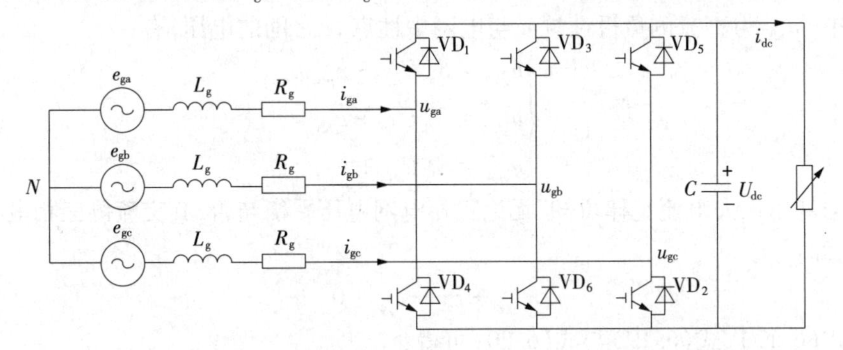

图 6.5　三相电压源型 PWM 变流器主电路图

为了实现三相 PWM 电压型变流器的高性能控制，首先需要建立并分析其数学模型。针对三相电压型 PWM 整流器一般数学模型的建立，通常做如下假设：

①电网电动势为三相平稳的纯正弦波电势。

②网侧滤波器电感 L 为线性的，且不考虑饱和。

③功率开关管的损耗包含在交流侧线电阻中，开关器件为理想开关。

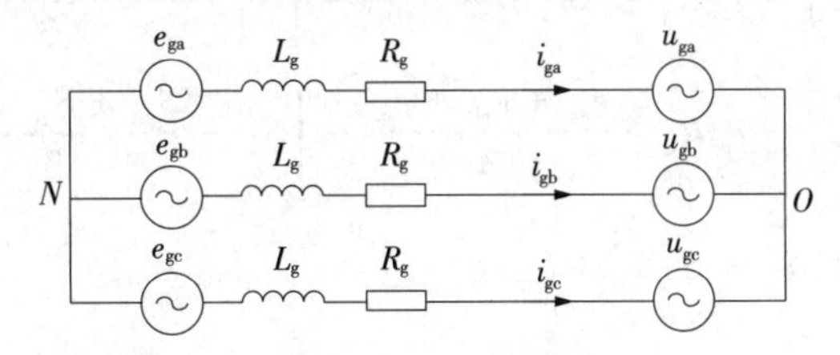

图 6.6　等效电路图

图 6.6 所示为等效电路图，图中 O 为变流器侧交流电压虚拟中性点。

(2)网侧 PWM 变流器数学模型

1)网侧 PWM 变流三相静止坐标系下的数学模型

根据基尔霍夫电压与电流定律，在三相静止坐标系中网侧 PWM 变流器数学模型为：

$$\begin{cases} u_{gaN} = e_{ga} - i_{ga}R_g - L_g \dfrac{di_{ga}}{dt} \\ u_{gbN} = e_{gb} - i_{gb}R_g - L_g \dfrac{di_{gb}}{dt} \\ u_{gcN} = e_{gc} - i_{gc}R_g - L_g \dfrac{di_{gc}}{dt} \\ C\dfrac{du_{dc}}{dt} = S_{ga}i_{ga} + S_{gb}i_{gb} + S_{gc}i_{gc} - i_{dc} \end{cases} \tag{6.17}$$

式中　S_{gv}——三相 PWM 变流器各相桥臂的开关函数,有:

$$S_{gx} = \begin{cases} 1 & \text{上桥臂开通,下桥臂关闭} \\ 0 & \text{下桥臂开通,上桥臂关闭} \end{cases} \quad (x = a, b, c) \tag{6.18}$$

式中,u_{nN} 为直流侧负极性端 n 与电网中性点 N 之间的电压,有:

$$\begin{cases} u_{gaN} = S_{ga} U_{dc} + u_{nN} \\ u_{gbN} = S_{gb} U_{dc} + u_{nN} \\ u_{gcN} = S_{gc} U_{dc} + u_{nN} \end{cases} \tag{6.19}$$

根据基尔霍夫电流定律可知,无论三相电网电压平衡与否,其交流侧三相电流之和应为零,即:

$$i_{ga} + i_{gb} + i_{gc} = 0 \tag{6.20}$$

由式(6.17)、式(6.19)与式(6.20)可得:

$$u_{nN} = \frac{e_{ga} + e_{gb} + e_{gc}}{3} - \left[\frac{S_{ga} + S_{gb} + S_{gc}}{3}\right] U_{dc} \tag{6.21}$$

将式(6.21)代入式(6.17)可得:

$$\begin{cases} L_g \dfrac{di_{ga}}{dt} = e_{ga} - i_{ga} R_g - \dfrac{e_{ga} + e_{gb} + e_{gc}}{3} - \left[S_{ga} - \dfrac{S_{ga} + S_{gb} + S_{gc}}{3}\right] U_{dc} \\ L_g \dfrac{di_{gb}}{dt} = e_{gb} - i_{gb} R_g - \dfrac{e_{ga} + e_{gb} + e_{gc}}{3} - \left[S_{gb} - \dfrac{S_{ga} + S_{gb} + S_{gc}}{3}\right] U_{dc} \\ L_g \dfrac{di_{gc}}{dt} = e_{gc} - i_{gc} R_g - \dfrac{e_{ga} + e_{gb} + e_{gc}}{3} - \left[S_{gc} - \dfrac{S_{ga} + S_{gb} + S_{gc}}{3}\right] U_{dc} \\ C \dfrac{du_{dc}}{dt} = S_{ga} i_{ga} + S_{gb} i_{gb} + S_{gc} i_{gc} - i_{dc} \end{cases} \tag{6.22}$$

由式(6.17)可得:

$$\begin{cases} u_{gab} = S_{ga} U_{dc} - S_{gb} U_{dc} \\ u_{gbc} = S_{gb} U_{dc} - S_{gc} U_{dc} \\ u_{gca} = S_{gc} U_{dc} - S_{ga} U_{dc} \end{cases} \tag{6.23}$$

变流器侧电压常控为不含有零序分量,则有:

$$u_{ga} + u_{gb} + u_{gc} = 0 \tag{6.24}$$

将式(6.24)代入式(6.23)得:

$$\begin{cases} u_{ga} = \left[S_{ga} - \dfrac{S_{ga} + S_{gb} + S_{gc}}{3}\right] U_{dc} \\ u_{gb} = \left[S_{gb} - \dfrac{S_{ga} + S_{gb} + S_{gc}}{3}\right] U_{dc} \\ u_{gc} = \left[S_{gc} - \dfrac{S_{ga} + S_{gb} + S_{gc}}{3}\right] U_{dc} \end{cases} \tag{6.25}$$

将式(6.25)代入式(6.22)可得静止坐标系下 PWM 变流器数学模型:

$$\begin{cases} L_{g}\dfrac{di_{ga}}{dt}=e_{ga}-i_{ga}R_{g}-\dfrac{e_{ga}+e_{gb}+e_{gc}}{3}-u_{ga} \\ L_{g}\dfrac{di_{gb}}{dt}=e_{gb}-i_{gb}R_{g}-\dfrac{e_{ga}+e_{gb}+e_{gc}}{3}-u_{gb} \\ L_{g}\dfrac{di_{gc}}{dt}=e_{gc}-i_{gc}R_{g}-\dfrac{e_{ga}+e_{gb}+e_{gc}}{3}-u_{gc} \\ C\dfrac{du_{dc}}{dt}=S_{ga}i_{ga}+S_{gb}i_{gb}+S_{gc}i_{gc}-i_{dc} \end{cases} \tag{6.26}$$

2)网侧 PWM 变流两相静止坐标系下数学模型

利用坐标变换将三相静止坐标系下 PWM 变流器数学模型转换到两相静止 $\alpha\beta$ 坐标系,得到网侧 PWM 变流器的数学模型:

$$\begin{cases} L_{g}\dfrac{di_{g\alpha}}{dt}=e_{g\alpha}-i_{g\alpha}R_{g}-u_{g\alpha} \\ L_{g}\dfrac{di_{g\beta}}{dt}=e_{g\beta}-i_{g\beta}R_{g}-u_{g\beta} \\ C\dfrac{du_{dc}}{dt}=\dfrac{3}{2}(S_{g\alpha}i_{g\alpha}+S_{g\beta}i_{g\beta})-i_{dc} \end{cases} \tag{6.27}$$

式中 $e_{g\alpha}, e_{g\beta}$ ——分别为电网电压的 α,β 轴分量;

$i_{g\alpha}, i_{g\beta}$ ——分别为网侧电流的 α,β 轴分量;

$u_{g\alpha}, u_{g\beta}$ ——分别为变流器侧电压 α,β 轴分量;

$S_{g\alpha}, S_{g\beta}$ ——分别为开关函数的 α,β 轴分量。

3)网侧 PWM 变流两相同步旋转坐标系下数学模型

利用旋转坐标变换转换到旋转角速度 $\omega=\omega_{g}$ 的两相同步旋转 dq 坐标同步旋转坐标系,可得到网侧 PWM 变流器在同步旋转坐标系下的数学模型:

$$\begin{cases} L_{gd}\dfrac{di_{gd}}{dt}=e_{gd}-i_{gd}R_{g}+\omega_{g}L_{gq}i_{gq}-u_{gd} \\ L_{gq}\dfrac{di_{gq}}{dt}=e_{gq}-i_{gq}R_{g}+\omega_{g}L_{gd}i_{gd}-u_{gq} \\ C\dfrac{du_{dc}}{dt}=\dfrac{3}{2}(S_{gd}i_{gd}+S_{gq}i_{gq})-i_{dc} \end{cases} \tag{6.28}$$

式中 e_{gd}, e_{gq} ——分别为电网电压的 d,q 轴分量;

i_{gd}, i_{gq} ——分别为网侧电流的 d,q 轴分量;

u_{gd}, u_{gq} ——分别为变流器侧电压 d,q 轴分量;

S_{gd}, S_{gq} ——分别为开关函数的 d,q 轴分量;

ω_g ——电网同步旋转角速度。

6.2.4 风电机组控制策略及仿真研究

1)机侧变流器控制策略

机侧变流器对永磁风力发电机进行控制,以实现机械能到电能的转换,一般采用基于转子磁链定向的转速(功率、电压)外环,电流内环双矢量控制策略,其控制框图如图6.7所示。

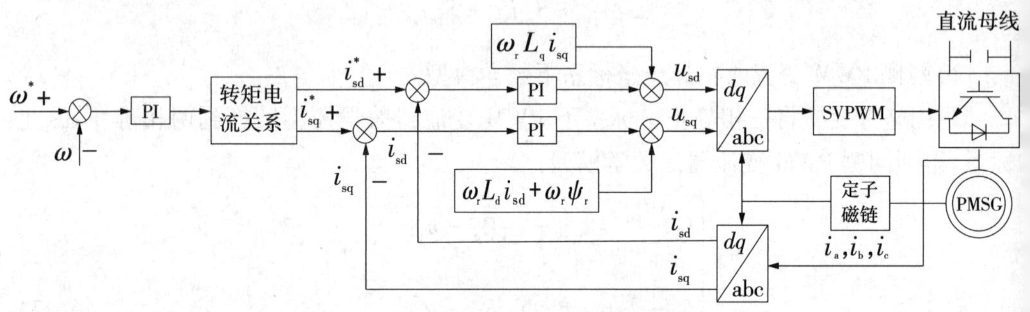

图6.7 机侧变流器控制框图

PMSG 在 dq 坐标系的电压方程为:

$$\begin{cases} u_{sd} = R_s i_{sd} + L_d \dfrac{di_{sd}}{dt} - \omega_r L_q i_{sq} \\ u_{sq} = R_s i_{sq} + L_q \dfrac{di_{sq}}{dt} + \omega_r L_d i_{sd} + \omega_r \psi_r \end{cases} \tag{6.29}$$

式中 u_{sd},u_{sq} ——分别为发电机定子电压的 d,q 轴分量;

i_{sd},i_{sq} ——分别为发电机定子电流的 d,q 轴分量;

R_s ——定子电阻;

L_d,L_q ——发电机 d,q 轴电感;

ω_r ——发电机转速。

2)网侧变流器控制策略

前述的网侧 PWM 变流器在两相同步旋转 dq 坐标系下的数学模型中,只规定了坐标轴旋转角速度 ω 等于电网频率的同步角速度 ω_g,并未规定旋转坐标系中 d 轴与电网电压 a 相的相对位置。选择电网电压作为矢量控制系统的定向矢量,将电网电压矢量 e_g 固定在两相同步旋转 dq 坐标系的 d 轴上,逆时针转 90° 即为 q 轴,它垂直于矢量 e_g。则有:

$$\begin{cases} e_{gd} = E_g \\ e_{gq} = 0 \end{cases} \tag{6.30}$$

式中 E_g ——电网电压矢量 e_g 的幅值。

当采用电网电压定向矢量控制时,坐标变换关系如图 6.8 所示。

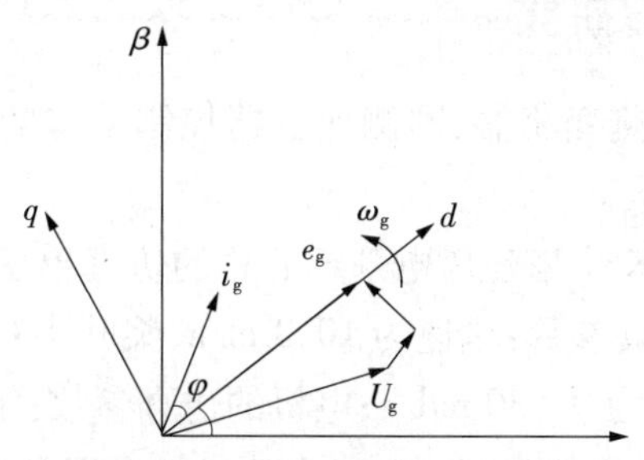

图 6.8　网侧 PWM 变流器电压定向坐标变换关系

将式(6.30)代入式(6.28)并将方程改写,从而得到基于电网电压定向的网侧 PWM 变流器在同步旋转坐标系下的电压方程:

$$\begin{cases} u_{gd} = -i_{gd}R_g - L_{gd}\dfrac{di_{gd}}{dt} + \omega_g L_{gq} i_{gq} + E_g \\ u_{gq} = -i_{gq}R_g - L_{gq}\dfrac{di_{gq}}{dt} - \omega_g L_{gd} i_{gd} \end{cases} \tag{6.31}$$

此时网侧 PWM 变流器输出到电网的有功功率和无功功率可写为:

$$\begin{cases} P_g = -\dfrac{3}{2}(e_{gd}i_{gd} + e_{gq}i_{gq}) = -\dfrac{3}{2}E_g i_{gd} \\ Q_g = -\dfrac{3}{2}(e_{gd}i_{gq} + e_{gd}i_{gq}) = -\dfrac{3}{2}E_g i_{gq} \end{cases} \tag{6.32}$$

由式(6.32)可知,采取电网电压定向,可以实现有功功率与无功功率的解耦,控制 d 轴电流即控制有功功率,同样,控制 q 轴电流即控制无功功率,具体如图 6.9 所示。

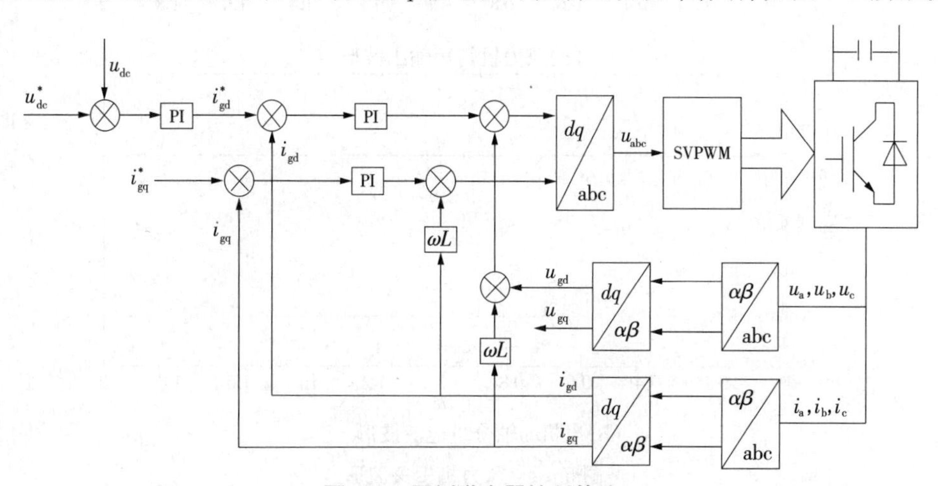

图 6.9　网侧逆变器控制策略

6.2.5 风电系统的仿真研究

通过以上对 PMSG、机侧变流器、网侧逆变器控制策略的分析，可以得到直驱风电机组发电系统整体控制方案。

在 MATLAB/SIMULINK 中搭建风电系统的总的仿真模型。仿真参数为：风电系统功率为 1.5 MW；风机的仿真参数：风速为 10.3 m/s，桨叶半径 41 m，空气密度为 1.225 kg/m^3，机械转速变化范围为 0～30 rad/s；电机的仿真参数：定子绕组 0.005 Ω，定子绕组电感为 2 mH，极数为 98，机侧整流器定子电流 d 轴参考分量为 0；网侧逆变器仿真参数：交流侧滤波电感 L 为 2 mH，网侧等效电阻为 0.1 Ω，逆变器单位功率运行无功给定为 0；电网电压有效值为 220 V，仿真时间为 2 s。仿真结果如图 6.10—图 6.12 所示。

仿真中风力机的相关波形如图 6.10 所示。图中(a)为风力机转矩波形，图中(b)为发电机侧电流，从图中可以看出 q 轴电流为 0，从而保证了单位电流产生最大转矩运行。

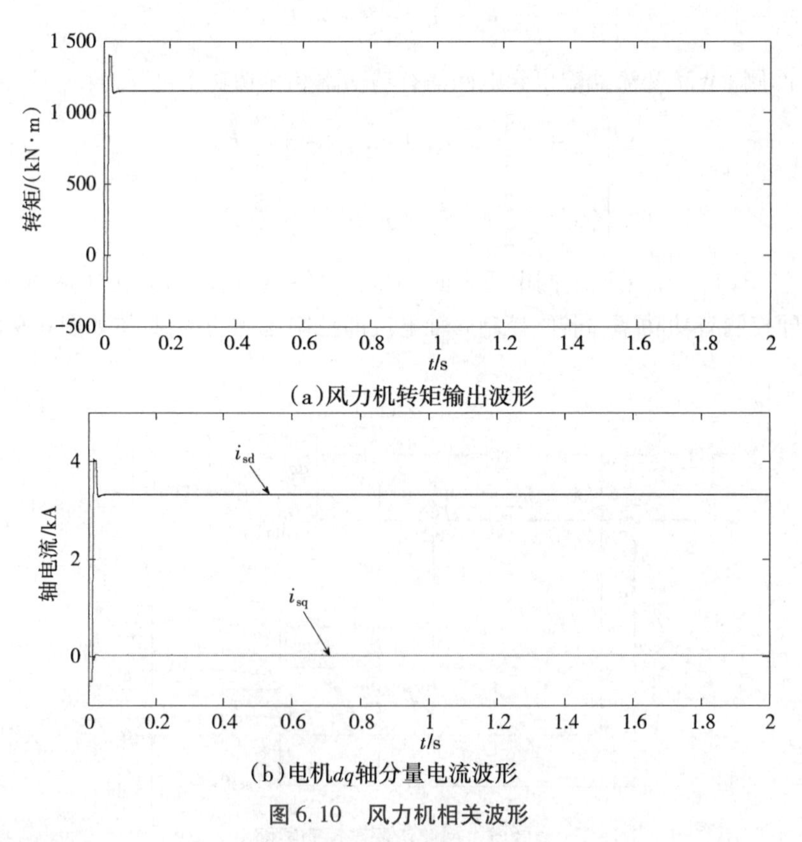

(a)风力机转矩输出波形

(b)电机 dq 轴分量电流波形

图 6.10 风力机相关波形

直流母线电压波形如图 6.11 所示，从图中可以看出直流母线电压在电网电压定向控制策略下稳定在 1 100 V，证明了该控制策略的有效性。

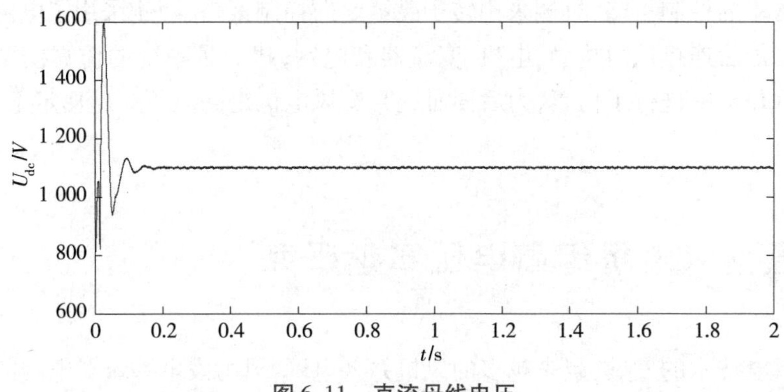

图6.11　直流母线电压

网侧逆变器电网电压定向策略下的相关仿真如图6.12所示。图(a)为网侧变流器 dq 轴电流,图(b)为网侧有功功率、无功功率曲线,从图中可以看出,有功功率在1.5 MW左右,无功功率为0。图6.10—图6.12证明了该控制策略有效性。

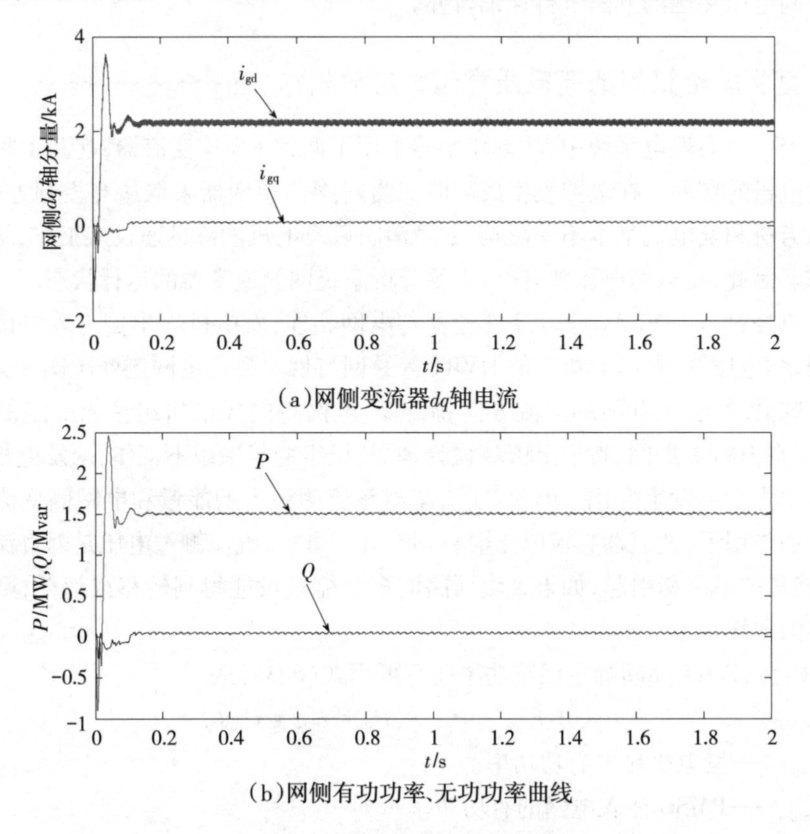

(a)网侧变流器dq轴电流

(b)网侧有功功率、无功功率曲线

图6.12　网侧变流器侧仿真波形

本部分给出了直驱风电机组的原理,并对直驱风电机组和变流器进行了数学建模,同时给出了直驱风电机组的三相坐标、两相同步旋转坐标下的数学模型。然后给出了风电机组常用的控制策略,机侧采用转子磁链定向控制策略,网侧采用了电网电压定向矢量控制。最后连接风力机、发电机、变流器和电网,建立了系统的仿真模型,在MATLAB/SIMULINK中进行了仿真,为后面研究直驱风电机组高电压穿越奠定了基础。

6.3 直驱风电机组高电压穿越研究

随着风电技术的发展,越来越多的风机并入电网,风力发电系统对电网的影响也越来越大。当电网电压骤升时,若不采取控制措施,会造成风机的大面积脱网,进而影响大电网电压。因此,要减少风力发电系统因电网故障而对电网造成的影响,这需要风力发电机必须具备高电压穿越的能力,本章主要对永磁直驱风力发电系统在电网电压对称故障下高电压穿越的方法进行详细研究。

6.3.1 直驱风电机组的高电压穿越暂态分析

在PMSG风力发电系统中,功率变换器采用了两组PWM变流器,起到了隔离电网和风力发电机的作用。在电网发生故障时只需对网侧逆变器采取适当控制方式,就可以保证风力机和发电机基本不受影响,故障消除后发电机能够迅速投入工作,从而提高工作效率。因此,在电网电压骤升时,主要分析系统网侧逆变器的运行状态。

发电机经过AC-DC-AC全功率变流器与电网相连,发电机输出侧与风电机组电网侧已被频率/电压解耦,因此机组的HVRT等并网特性主要与电网侧变流器有关。当电网侧电压骤升时,注入电网的潮流方向将改变,电网将向风电机组注入一定的逆向能量。另外,在HVRT期间,按照PMSG设计理念,机组变桨系统不工作,从发电机注入变流器的功率大小不发生变化。因此,在变流器整流侧注入的能量和电网侧变流器逆向能量的叠加作用下,变流器直流电压会急剧上升。可见,直流侧过电压是因直流回路输入、输出能量的不平衡引起,如果直流回路的多余能量没能得到转移或消耗,则会导致直流电容的损坏。

PMSG在HVRT期间的主回路功率关系可用式(6.33)表示。

$$P_{gen} + P_{neg} - P_{grid} - P_R = P_{dc} = U_{dc} I_{dc} \tag{6.33}$$

式中 P_{gen}——发电机输出有功功率;

P_{grid}——PMSG注入电网的有功功率;

P_{neg}——电网注入PMSG的逆向有功功率;

P_{dc}——直流母线有功功率;

P_R——直流侧卸荷电阻所消耗的有功功率;

U_{dc} ——直流侧电压；

I_{dc} ——直流侧电流。

由式(6.33)可知，P_{dc} 能承载的功率是一定的，因为直流侧电容能储存的功率是一定的。当电网侧出现高电压时，由于 P_{grid} 的减少和逆向功率 P_{neg} 的存在，式(6.33)所示的平衡关系会被破坏。因此，为了保证直流电压处于允许范围，并使 PMSG 具备 HVRT 能力，可使用以下3种方法。

①减少 P_{neg}。因变桨系统速度问题，很难快速减少 P_{gen}，无法实现式(6.33)所示的功率关系。另外，参照 PMSG 设计，不推荐使用快速变桨技术。

②减少 P_{neg} 或增加 P_{grid}。因为电网侧过电压通常是由电网的暂态行为引起的，且因为电网侧过电压引起的逆向潮流的存在，P_{neg} 无法避免，P_{grid} 也很难增加，故该方法不可行。

③将剩余的 P_{dc} 快速消耗掉。该方法实际上就是通过加装额外设备消耗/转移直流环节中的多余能量，从而使 P_{dc} 始终处在正常直流电压所对应的功率范围内。

6.3.2　电网电压对称骤升时直流母线保护策略

由本章前面的分析可知：当电网电压骤升时，为了保证系统输入输出功率守恒，网侧逆变器的输出电流会增大从而出现过电流现象，必须采取控制措施对电流进行限流，但是采取限流措施后逆变器输出的功率会减小，多余的能量会对直流侧电容进行充电，造成直流母线电压急剧上升。直流母线过电压会引起一系列的安全问题，如损坏电力电子器件、损坏发电设备等，严重时可能会造成风力机的大面积脱网，因此，高电压穿越技术首先面对的问题是解决直流母线过电压问题。通过前面的分析可知，直流侧过电压的根本原因是系统的输入输出能量不匹配，因此解决问题的根本方法是转移或者消耗多余的能量。

目前文献对解决直流母线过电压问题的研究主要可以归结为3种方案。

①设计合适的耗能 Crowbar。保护电路连接到直流母线上，当检测到电网电压骤升后投入保护电路，消耗因功率不平衡产生的多余的能量，如图6.13所示。

②把耗能保护电路换成储能保护电路，当检测到电网电压骤升后将多余的能量转移到储能容器中，检测到电网电压恢复正常后再把能量反馈到电网，常用的储能主要有电池储能、超级电容等，如图6.13所示。

③在网侧逆变器并联辅助的逆变器，当检测到电网电压骤升后启用辅助逆变器转移多余的能量。

综合考虑3种方案的优缺点，本章仅对前两种方案进行了详细分析。

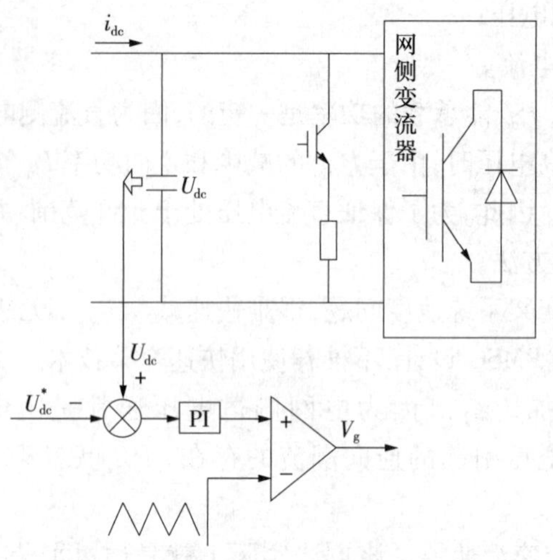

图 6.13　耗能 Crowbar 电路控制原理

6.3.3　基于耗能 Crowbar 电路实现 PMSG 高电压穿越

分析图 6.13 可知,耗能 Crowbar 电阻通过开关管直接与系统直流侧连接。当系统正常运行时耗能 Crowbar 保护系统不参与系统控制,当检测到电网电压骤升后投入耗能 Crowbar 保护电路,消耗多余的能量。

根据输入输出功率的最大差值来选取卸荷电阻的大小,在本章中未考虑电路中的非线性的元件,设 ΔP 为输入输出功率偏差,则有:

$$R = \frac{U_{dc\_max}^2}{\Delta P} \tag{6.34}$$

耗能 Crowbar 过电压保护方案控制原理如图 6.13 所示。

图 6.13 所示为耗能 Crowbar 保护电路控制器,输入控制器的值为电网侧电压、直流母线电压、直流母线电压允许的最大值。当检测到电网电压骤升后,保护电路投入工作,系统直流母线电压允许的最大值与实际值进行比较,然后把差值输入 PI 调节器,PI 调节器的输出与三角载波进行比较得到控制电压形成占空比,控制电阻的投入与切除。

把耗能 Crowbar 保护电路加入系统,对整体系统进行仿真验证,网侧逆变器交流侧电流的限幅为 1.2 p.u.,耗能支路参数:$R = 3\ \Omega$,$U_{dc}^* = 1\,100$ V,电网电压骤升为额定值的 20%,仿真时间为 2 s,设置 0.5 s 时电压开始骤升,1.5 s 时恢复正常值,仿真结果如图 6.14 所示。

由图 6.14(a)可以看出,电网电压在 0.5 s 发生三相对称骤升至 1.2 p.u.,持续至 1.5 s。图 6.14(b)中电流急剧下降至约 0.5 p.u.。图 6.14(c)在投入 Crowbar 保护电路后,多余的能量通过 Crowbar 电路中卸荷电阻消耗掉,在电压骤升的瞬间,直流母线电压升高至约 1.08 p.u.,此后,由于 Crowbar 电路的存在,直流母线电压维持在 1.02

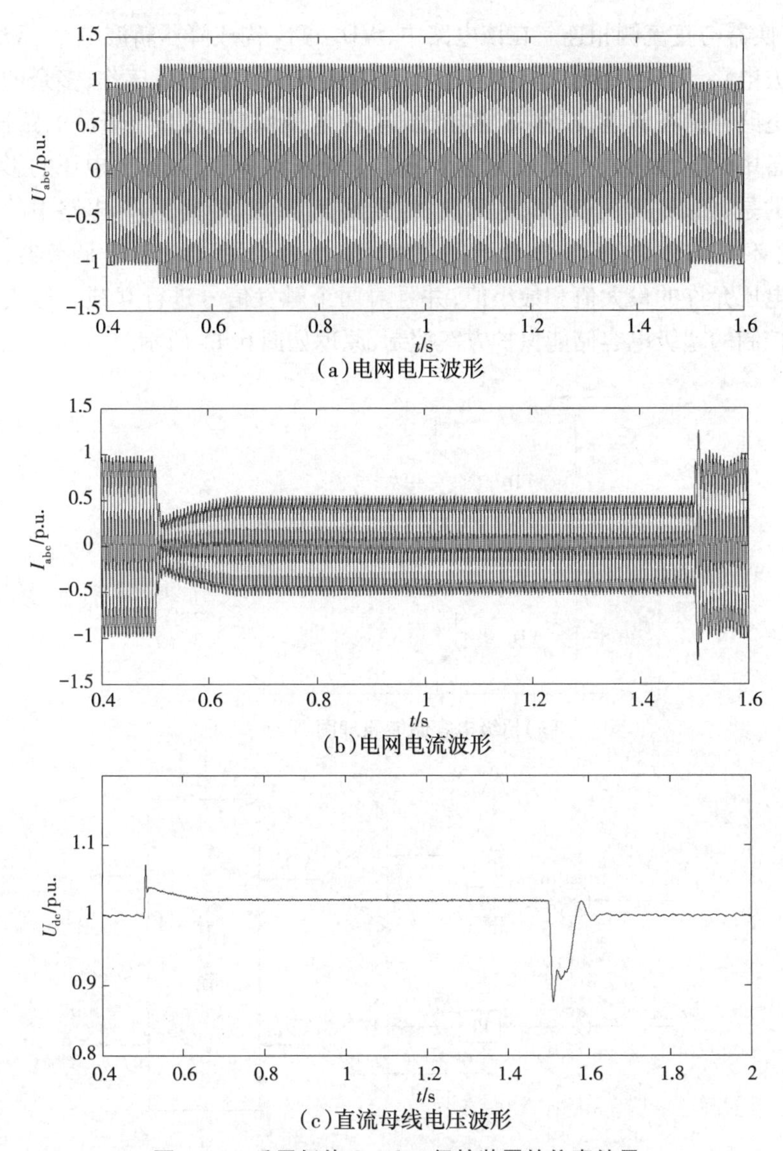

(a)电网电压波形

(b)电网电流波形

(c)直流母线电压波形

图6.14 采用耗能Crowbar保护装置的仿真结果

p.u.左右。当电网电压恢复时,由于电流不能突变,有功功率将恢复至额定值,此时不平衡的功率将由直流母线电压提供,这间接导致了直流母线的欠电压。为了解决PMSG在高电压穿越中欠电压问题及考虑到超级电容具有快速充放电的优点,故采用超级电容储能电路实现直驱风电机组的高电压穿越。

6.3.4 基于超级电容储能电路实现PMSG高电压穿越

母线电压基于逆变器侧控制的超级电容储能的过电压保护方案如图6.15所示,

DC/DC 变换器与直流侧相连。在该电路中，VD_1、VT_2 构成降压斩波电路，VD_2、VT_1 构成升压斩波电路。当检测到电网电压骤升后，降压斩波电路投入工作，多余的能量通过降压斩波电路存储在储能设备中；当检测到电网电压恢复后，升压斩波电路投入工作，把储能设备中的能量馈入直流母线电容，提高直流母线电压，减小欠电压的影响。但是值得注意的是，如果 VD_1、VD_2 同时导通，将导致直流母线短路，损坏电路中的功率开关器件，因此必须采取措施防止这种情况发生。本章中采用了两组 PI 调节器，分别控制直流母线电压允许的最大值和最小值，并且对两个触发信号进行互锁。母线电压基于逆变器侧控制的超级电容储能保护方案控制，原理如图 6.15 所示。

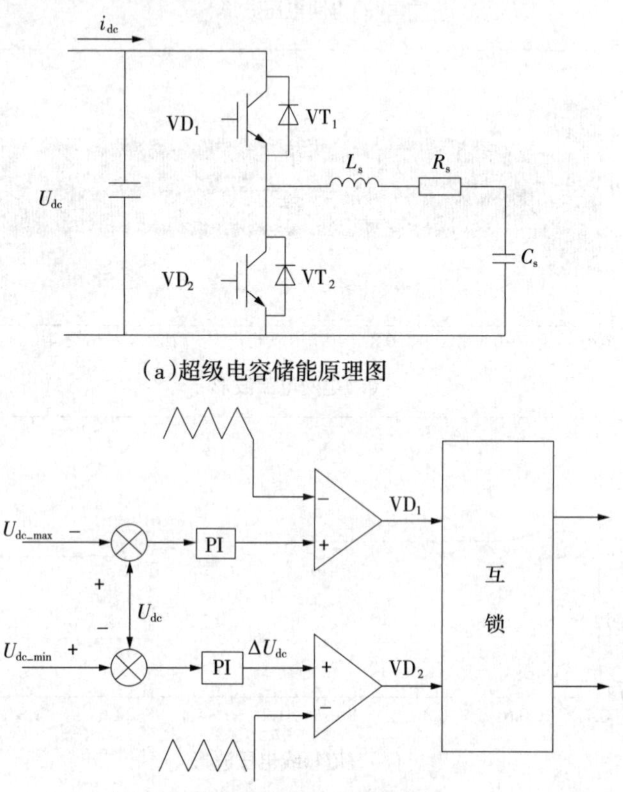

(b)超级电容储能电路控制原理图

图 6.15　电路控制原理图

将超级电容储能电路加入控制系统进行仿真，仿真参数参照第 5 章的内容。储能支路参数滤波电感 L_s =3 mH，电阻 R_s = 0.3 Ω，设定直流母线 U_{dc_max} = 1 150 V，U_{dc_min} = 1 050 V。

从图 6.16(c)中可以看出，当 0.5 s 时直流母线电压骤升至 1.06 p.u.，此后直流母线电压稳定在 1.02 p.u.，至 1.5 s 降低至 0.98 p.u.。由于超级电容储能保护装置的作用，不仅在电网电压跌落时有效地抑制了直流母线过电压，而且当电网电压恢复正常时，也有效地抑制了直流母线的欠电压的影响。

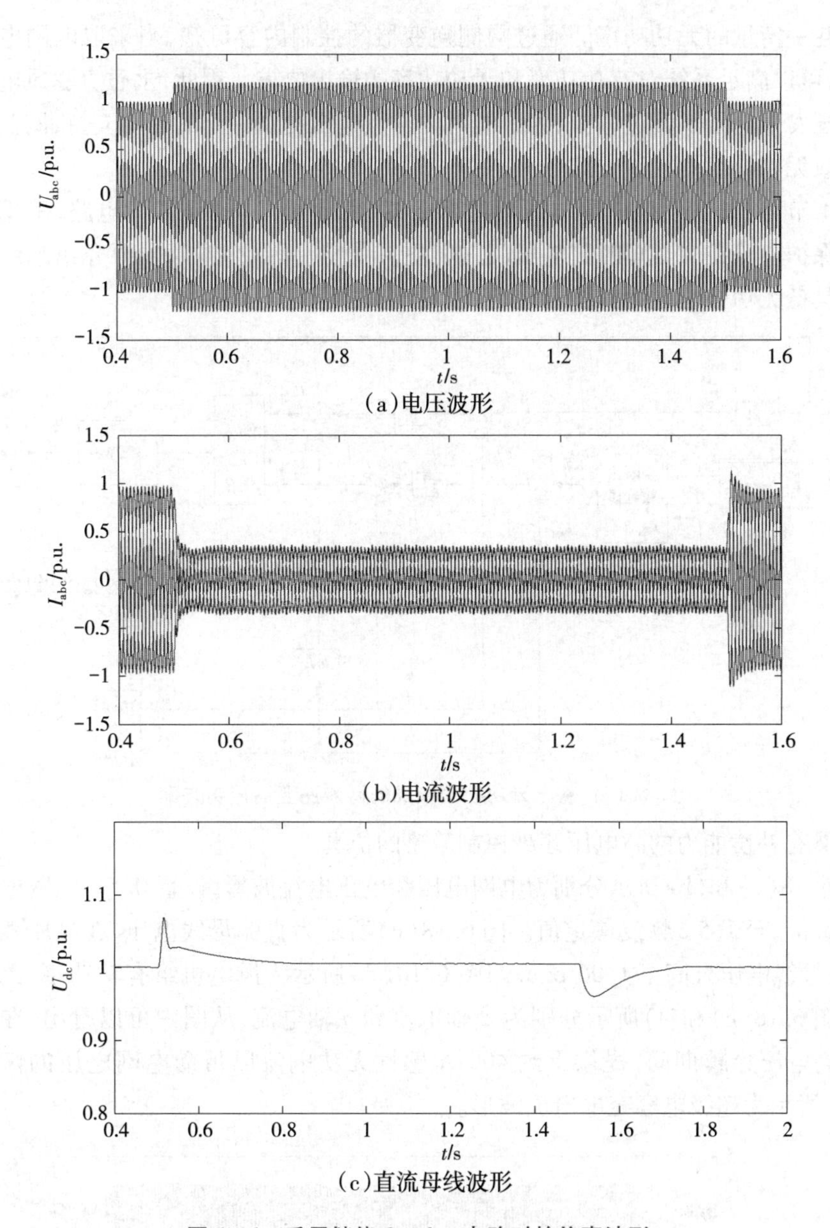

(a)电压波形

(b)电流波形

(c)直流母线波形

图6.16　采用储能Crowbar电路时的仿真波形

6.3.5　超级电容储能电路具备无功补偿能力的高电压穿越

1)具有无功补偿能力的高电压穿越控制策略研究

在前文介绍国外风电机组高电压穿越标准时曾提到,有些公司,比如德国E. ON公司制订的并网准则中不仅规定了风电机组在电网电压升至1.2 U_n 时不脱网,而且要求机组消耗一定量的无功功率。通过网侧逆变器的控制内容可知，当采取电网电压定向控制时，可以满足系统对有功功率和无功功率的输出要求。因此，永磁直驱风电系统在电网电压发生电压骤升过程中，为了能对并网点电压提供一定的无功支持，网侧逆变器可以采取无功补偿的控制方式。

由上节可知，当发生电网电压对称骤升时，相比于 Crowbar 卸荷电路，采用超级电容储能保护电路在应对短时欠电压问题时更具优势。因此，本章主要介绍超级电容储能电路具备无功补偿能力的仿真模型，如图 6.17 所示。

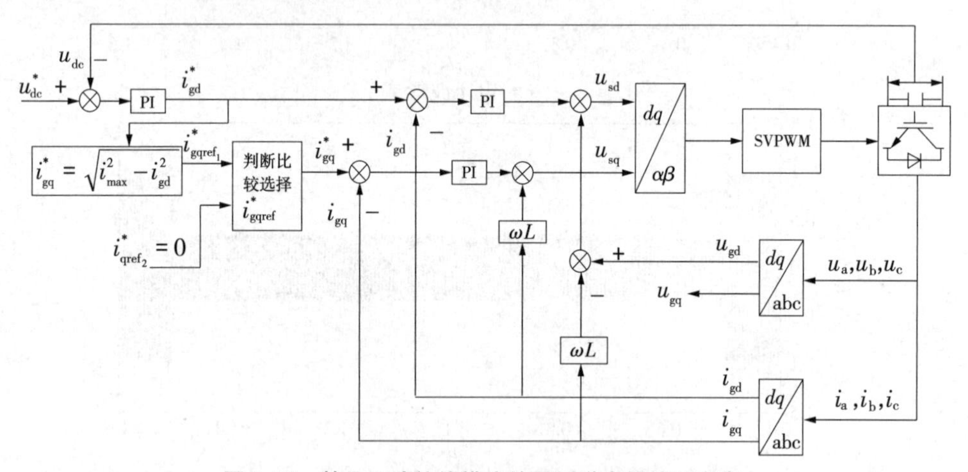

图 6.17　基于无功补偿模式的网侧逆变器控制方案

2）具有补偿能力的高电压穿越控制策略的仿真

图 6.18(a)和(b)所示分别为电网电压和电压电流波形，设置 0.5 s 电网电压骤升至 1.2 p.u.，至 1.5 s 恢复额定值。图 6.18(c)所示为直流母线电压，在电压骤升的瞬间，直流母线电压升高至 1.06 p.u.。图 6.18(d)所示为风电机组有功功率、无功功率波形。图 6.18(e)和(f)所示分别为 d 轴电流和 q 轴电流，从图中可以看出，在直驱风电机组高电压穿越期间，提供了约 400 A 感性无功电流以帮助电网电压的恢复。图 6.18(g)所示为超级电容充电电流波形。

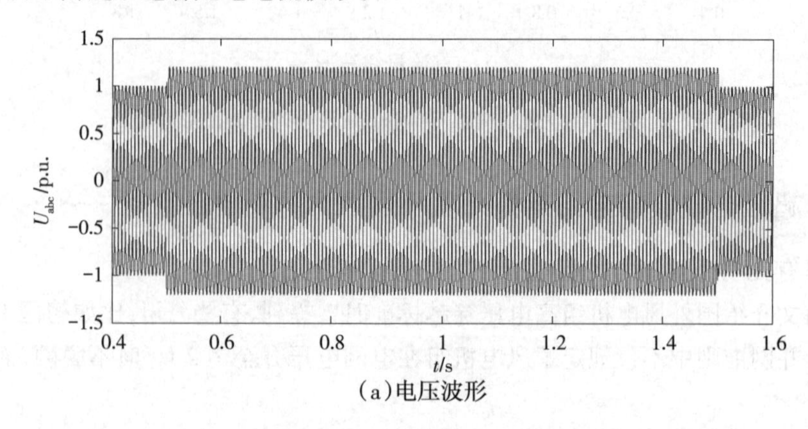

(a)电压波形

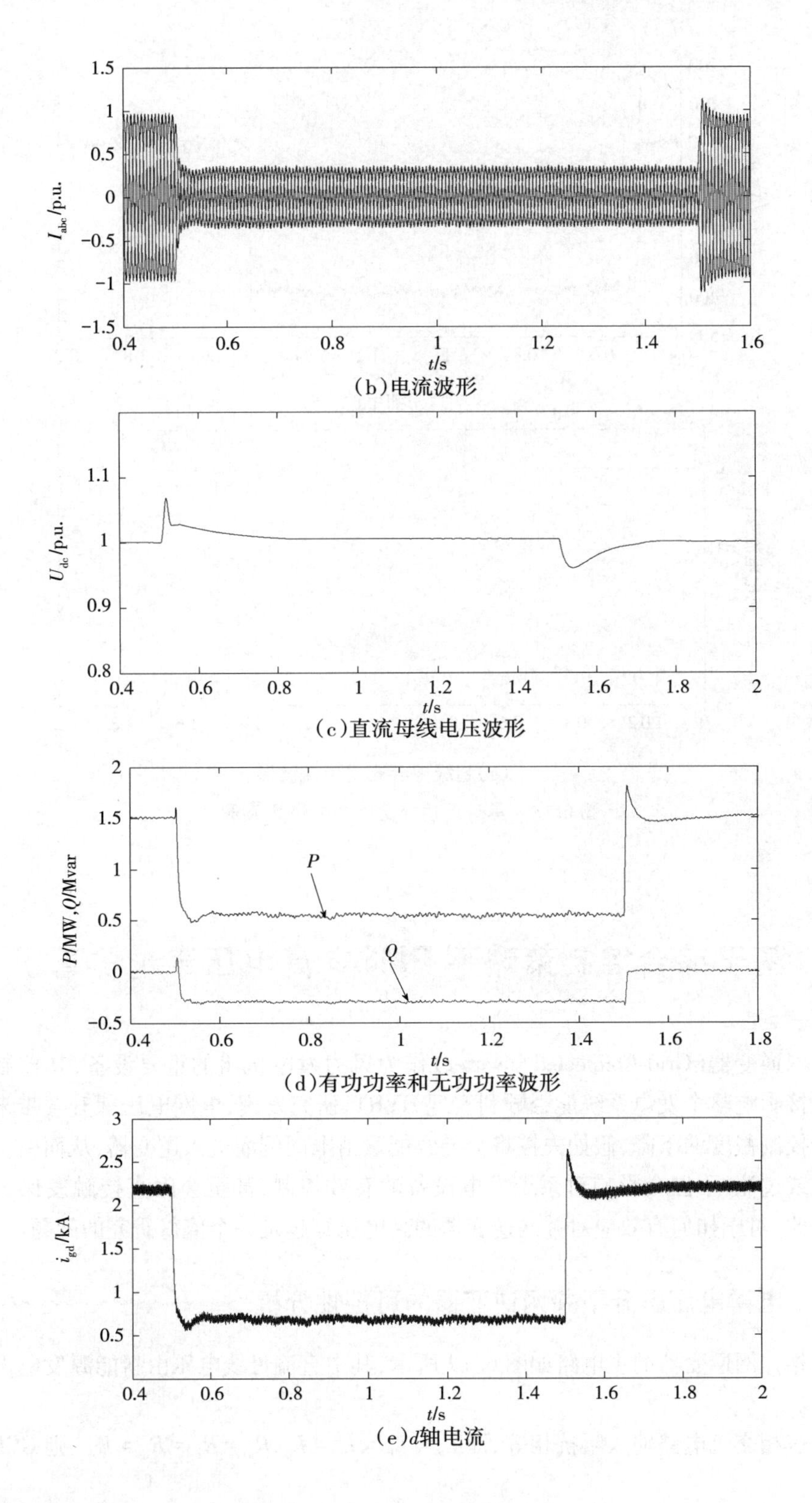

(b)电流波形

(c)直流母线电压波形

(d)有功功率和无功功率波形

(e)d轴电流

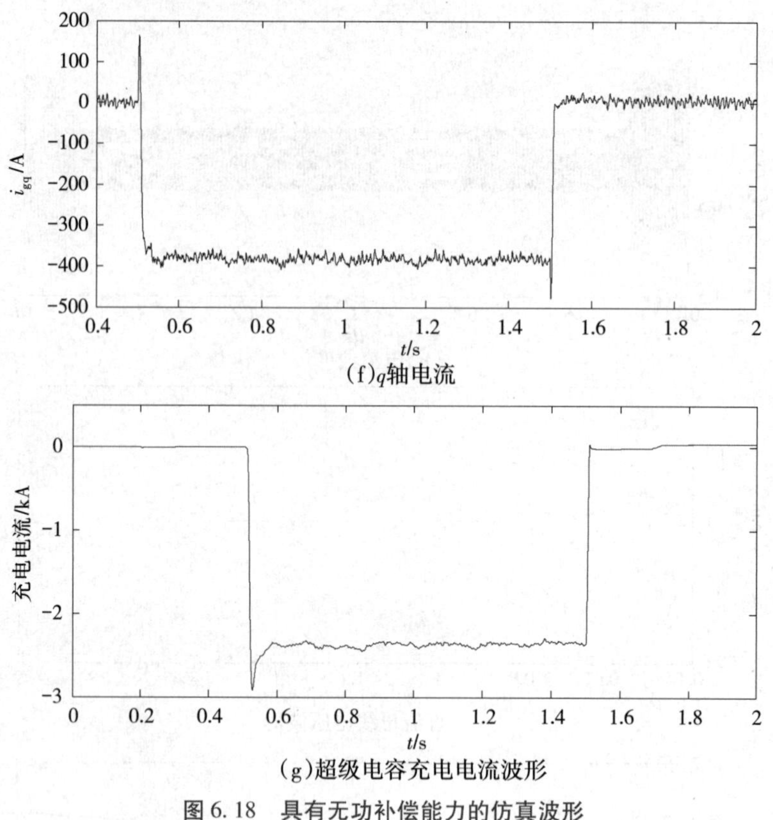

(f)q轴电流

(g)超级电容充电电流波形

图 6.18　具有无功补偿能力的仿真波形

6.4　基于综合控制策略下 PMSG 高电压穿越仿真

并网逆变器(Grid-Connected Inverter)作为风力发电机组的重要设备,其控制性能也将直接影响整个发电系统能否顺利实现 HVRT,研究发现,电网电压骤升会带来并网逆变器控制裕度的下降,假如失控将会导致能量由电网倒灌进入逆变器,从而引发直流侧过压或过流,不但会影响对系统发电设备的有效控制,甚至会因直接触发保护而脱网。因此,对于如何有效应对并网逆变器的高电压穿越是一个值得研究的问题。

6.4.1　电网电压骤升下并网逆变器的可控性分析

三相并网逆变器的主电路如图 6.19 所示,其中直流母线电压由新能源发电设备提供能量。

若三相交流电路输入阻抗相等,即 $L_a = L_b = L_c = L_g$,$R_a = R_b = R_c = R_g$,则 GCI 在同

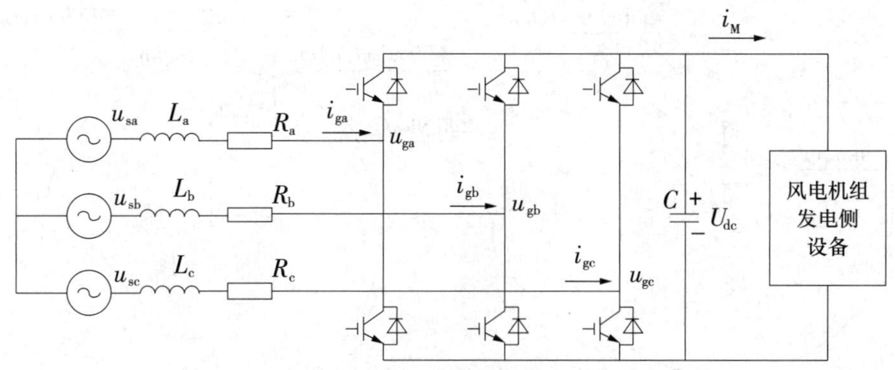

图6.19　三相并网逆变器主电路

步旋转 dq 坐标系中矢量形式的电压方程为：

$$u_{sdq} = R_g i_{gdq} + L_g \frac{\mathrm{d}i_{gdq}}{\mathrm{d}t} + j\omega_s L_g i_{gdq} + u_{gdq} \tag{6.35}$$

式中　$u_{sdq}, u_{gdq}, i_{gdq}$ ——分别为电网电压、GCI 交流侧电压及电流的空间矢量；

R_g, L_g ——GCI 三相交流输入电阻和电感；

ω_s ——同步电角速度。

忽略输入电阻上的压降，在稳态情况下式(6.35)可简化为：

$$u_{sdq} = j\omega_s L_g i_{gdq} + u_{gdq} \tag{6.36}$$

考虑到 GCI 的容量限制条件，有如下关系：

$$\begin{cases} |i_{gdq}| = \sqrt{i_{gd}^2 + i_{gq}^2} \leqslant I_{gmax} \\ |u_{gdq}| = \sqrt{u_{gd}^2 + u_{gq}^2} \leqslant \dfrac{U_{dc}}{m} \end{cases} \tag{6.37}$$

式中　I_{gmax} ——GCI 的电流上限值，一般设定为额定值 I_{grate} 的 1.5 倍；

m——调制系数，对于正弦脉宽调制（Sinusoidal Pulse Width Modulation，SPWM），$m=2$，对于空间矢量脉宽调制（Space Vector Pulse Width Modulation，SVPWM），$m=\sqrt{3}$。

在电网电压骤升的情况下，考虑式(6.37)所给出的限制条件，式(6.35)中的 3 个空间矢量 $u_{sdq}, u_{gdq}, i_{gdq}$ 之间的关系可以归纳为下述 3 种情况。

情况Ⅰ，$|u_{sdq}| < U_{dc}/m - \omega_s L_g I_{gmax}$；在此情况下式(6.35)中的3个空间矢量之间的关系，如图6.20(a)所示。可以看到，此时 GCI 的可控区为整个小圆区域（$\sqrt{i_{gd}^2 + i_{gq}^2} \leqslant I_{gmax}$），即对于小圆内的任一工作点而言，其所需的输出电压 u_{gdq} 均在 GCI 所能提供的范围之内。

情况Ⅱ，$U_{dc}/m - \omega_s L_g I_{gmax} \leqslant |u_{sdq}| \leqslant U_{dc}/m + \omega_s L_g I_{gmax}$；在此情况下式(6.35)中3个空间矢量之间的关系，如图6.20(b)、(c)所示。此时，GCI 的可控区为两个圆的重合

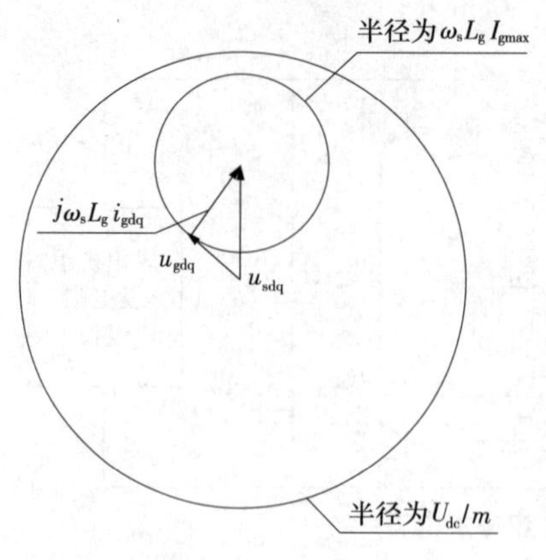

(a)GCI空间矢量示意图(情况Ⅰ)

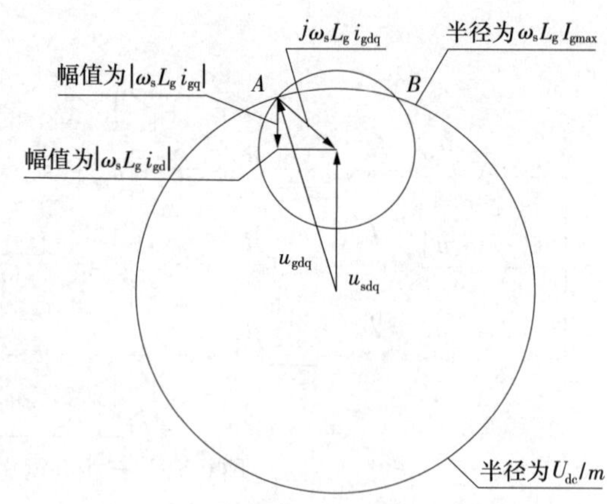

(b)GCI空间矢量示意图(情况Ⅱ1)

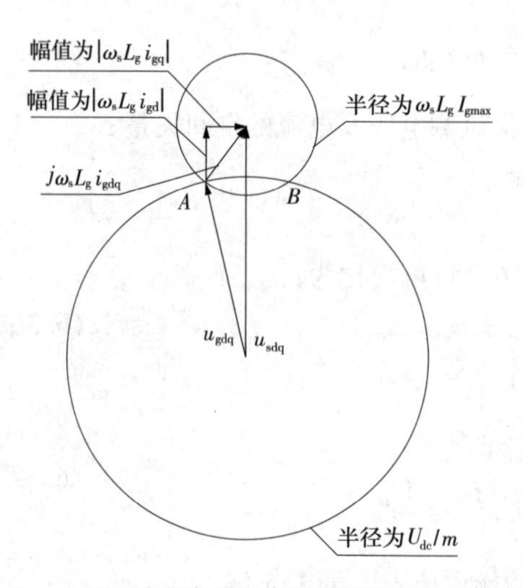

(c)GCI空间矢量示意图(情况Ⅱ2)

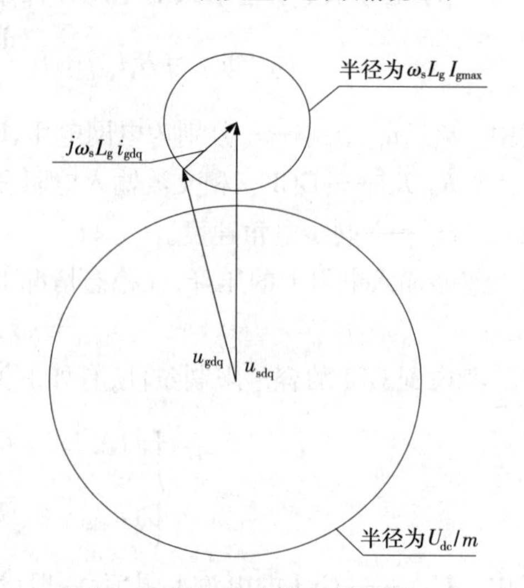

(d)GCI空间矢量示意图(情况Ⅲ)

图6.20 电压方程的空间矢量示意图

部分。采用电网电压矢量定向($u_{sd}=|u_{sdq}|, u_{sq}=0$),可知处于两圆的交点$A$与$B$时,GCI的有功电流$i_{gd_AB}$和无功电流$i_{gq_AB}$满足以下关系:

$$\begin{cases}\sqrt{i_{gd\_AB}^2+i_{gq\_AB}^2}=I_{gmax}\\ \sqrt{(u_{sd}+\omega_s L_g i_{gq\_AB})^2+(\omega_s L_g i_{gd\_AB})^2}=\dfrac{U_{dc}}{m}\end{cases} \tag{6.38}$$

对式(6.38)进行求解,可得:

$$\begin{cases}i_{gq\_AB}=\dfrac{\left(\dfrac{U_{dc}}{m}\right)^2-u_{sd}^2-(\omega_s L_g I_{gmax})^2}{2\omega_s L_g u_{sd}}\\ |i_{gd\_AB}|=\sqrt{I_{gmax}^2-i_{gq\_AB}^2}\end{cases} \tag{6.39}$$

进一步观察可知，随着电网电压的逐渐增大，GCI 所能输出的最大有功电流 $|i_{gd}|_{max}$ 将逐渐减小，结合式(6.39)则可将 $|i_{gd}|_{max}$ 表示为直流母线电压 U_{dc} 和电网电压 u_{sd} 的函数，如下：

$$|i_{gd}|_{max}(U_{dc},u_{sd})=\begin{cases}I_{gmax},i_{gq\_AB}\geqslant 0,\text{对应图6.20(a)}\\ |i_{gd\_AB}|,i_{gq\_AB}<0,\text{对应图6.20(b)}\end{cases}\tag{6.40}$$

情况Ⅲ，$|u_{sdq}|>U_{dc}/m+\omega_s L_g I_{gmax}$；在此情况下式(6.35)中的3个空间矢量之间的关系，如图6.20(d)所示。可以看到，此时的两个圆之间不存在交集，即 GCI 不可控，具体而言则是对于小圆内的任一工作点，由于受限于直流母线电压，其所需的输出电压均已超过了 GCI 所能提供的范围。

分别将参数代入可得表6.4。

表6.4　3种电压骤升对应区间

情况	Ⅰ	Ⅱ	Ⅲ
$\|u_{sdq}\|$/p.u.	<1.168 9	1.168 9~1.275 4	>1.275 4

6.4.2　并网逆变器的综合控制策略

通过前述分析可知，在电网电压骤升期间，GCI 所能输出的有功电流可能会受限甚至完全失控。在此情况下，为避免失控所引发的直流侧过压或过流，直流母线电压的控制参考值 U_{dc_ref} 应适当高于其正常工况下的额定常量参考值 U_{dc0}，以确保 GCI 的可控性。

要维持直流母线电压的稳定，GCI 输出至电网的瞬时有功功率 P_g 应等于发电侧所产生的瞬时有功功率 P_r，采用电网电压矢量定向，有：

$$P_g=\frac{-3u_{sd}i_{gd\_ref}}{2}=P_r=-i_M U_{dc}\tag{6.41}$$

$$\Rightarrow i_{gd\_req}=\frac{2i_M U_{dc}}{3u_{sd}}\tag{6.42}$$

式中　i_{gd_req}——维持直流母线电压稳定所需的 GCI 有功电流；

i_M——发电侧负载电流，其在实际新能源发电系统中一般会因变流器的模块化封装而无法直接测量，可采用基于变流器开关模型的直流母线电流估算方法得到。

显然，对于6.4.1节中已分析的情况Ⅱ，若 $|i_{gd\_req}|>|i_{gd}|_{max}(U_{dc0},u_{sd})$，则此时 U_{dc_ref} 应高于 U_{dc0}，否则 GCI 将失控。而对于6.4.1节中的情况Ⅲ，由图6.20可知，U_{dc_ref} 应至少高于 $m(u_{sd}-\omega_s L_g I_{gmax})$ 才能确保 GCI 的可控性。对于以上两种情况，图6.21给出了直流母线电压参考值的自适应调节算法。

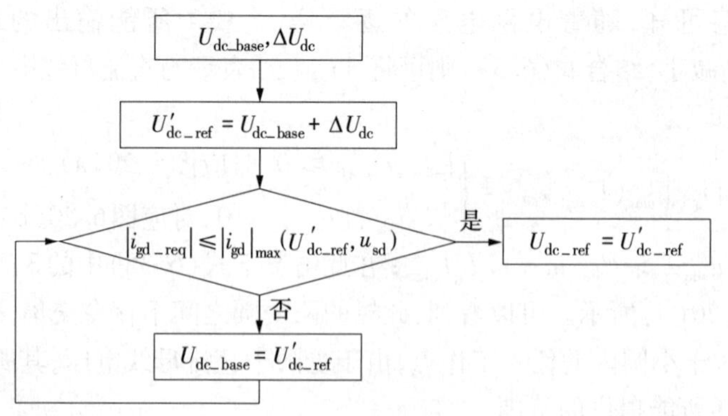

图 6.21　直流母线电压参考值自适应调节算法

需要指出的是,对于情况Ⅱ和情况Ⅲ,图 6.20 中直流母线电压调节的初始值 U_{dc_base} 和调节步长 ΔU_{dc} 是不同的。

对于情况 Ⅱ($|i_{gd\_req}| > |i_{gd}|_{max}(U_{dc0}, u_{sd})$),参考图 6.20(b)、(c),$U_{dc\_base}$ 和 ΔU_{dc} 应设为:

$$\begin{cases} U_{dc\_base} = U_{dc0} \\ \Delta U_{dc} = k\left(m\sqrt{u_{sd}^2 + (\omega_s L_g I_{gmax})^2} - U_{dc\_base}\right), 0 < k < 1 \end{cases} \tag{6.43}$$

对于情况Ⅲ,结合图 6.20(d),U_{dc_base} 和 ΔU_{dc} 应设为:

$$\begin{cases} U_{dc\_base} = m(u_{sd} - \omega_s L_g I_{gmax}) \\ \Delta U_{dc} = k\left(m\sqrt{u_{sd}^2 + (\omega_s L_g I_{gmax})^2} - U_{dc\_base}\right), 0 < k < 1 \end{cases} \tag{6.44}$$

式(6.43)和式(6.44)中的系数 k 决定了调节步长 ΔU_{dc} 的大小即调节分辨率。k 越小,图 6.21 中调节算法的精度越高,但同时也会带来计算量的增加,实际应用中应根据硬件处理器的运算能力来确定 k 的取值,本章后续的仿真及实验中 k 取 0.15。

对于情况Ⅰ及情况Ⅱ($|i_{gd\_req}| \leqslant |i_{gd}|_{max}(U_{dc0}, u_{sd})$),由图 6.21 不难发现,此时无须提升直流母线电压的控制参考值,仅通过增加 GCI 的感性无功电流输出即可保证其可控性。综合以上分析,可基于 GCI 传统矢量控制方法设计出如图 6.23 所示的综合控制策略。其中,直流母线电压控制参考值计算模块由图 6.22 具体示出。可以看到,与正常工况下 GCI 所采用的单位功率因数控制方法相比,图 6.23 所示的综合控制策略从电压外环和电流内环两个层面分别进行了改进。

一方面,基于电网电压和发电侧负载电流信息来对直流母线电压的参考值进行自适应在线调整,可以确保 GCI 的可控性;另一方面,通过控制 GCI 输出感性无功电流,不仅可以减少 GCI 所需的输出电压增加其控制策略裕度,还有助于减少电网电压的骤升幅度。

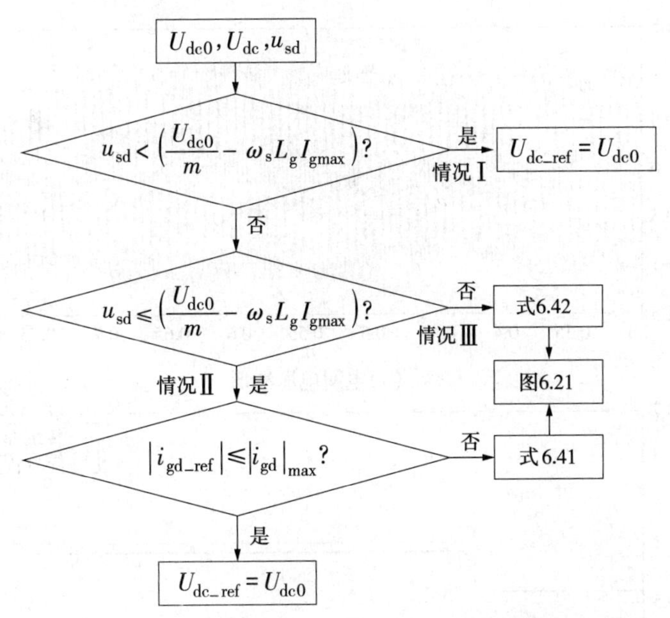

图 6. 22　直流母线电压控制参考值控制模块

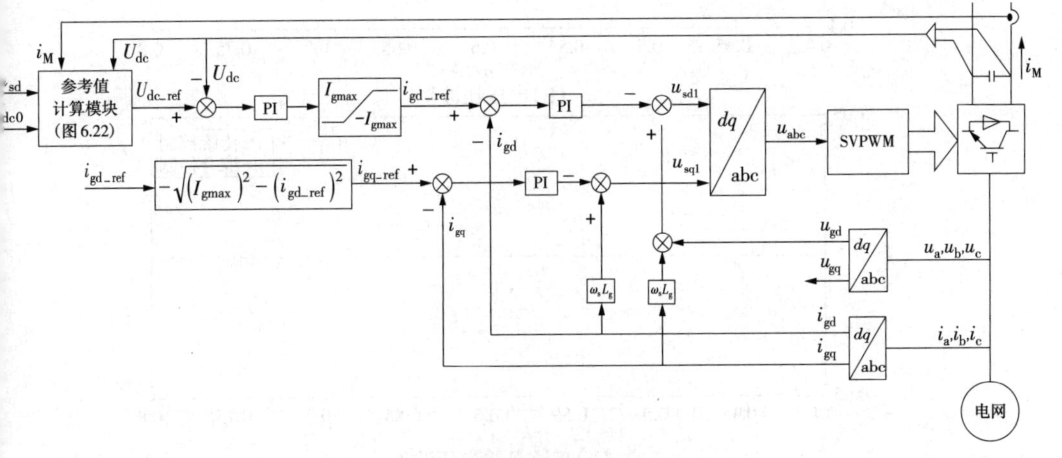

图 6. 23　并网逆变器的综合控制策略

6.4.3　仿真分析

在 MATLAB/SIMULINK 中以 1. 5 MW 直驱风电机组的网侧变流器参数为例进行仿真研究。设定初始时并网逆变器进行传统的单位功率因数矢量控制，在 $t = 0.5$ s，电网电压发生三相对称骤升。

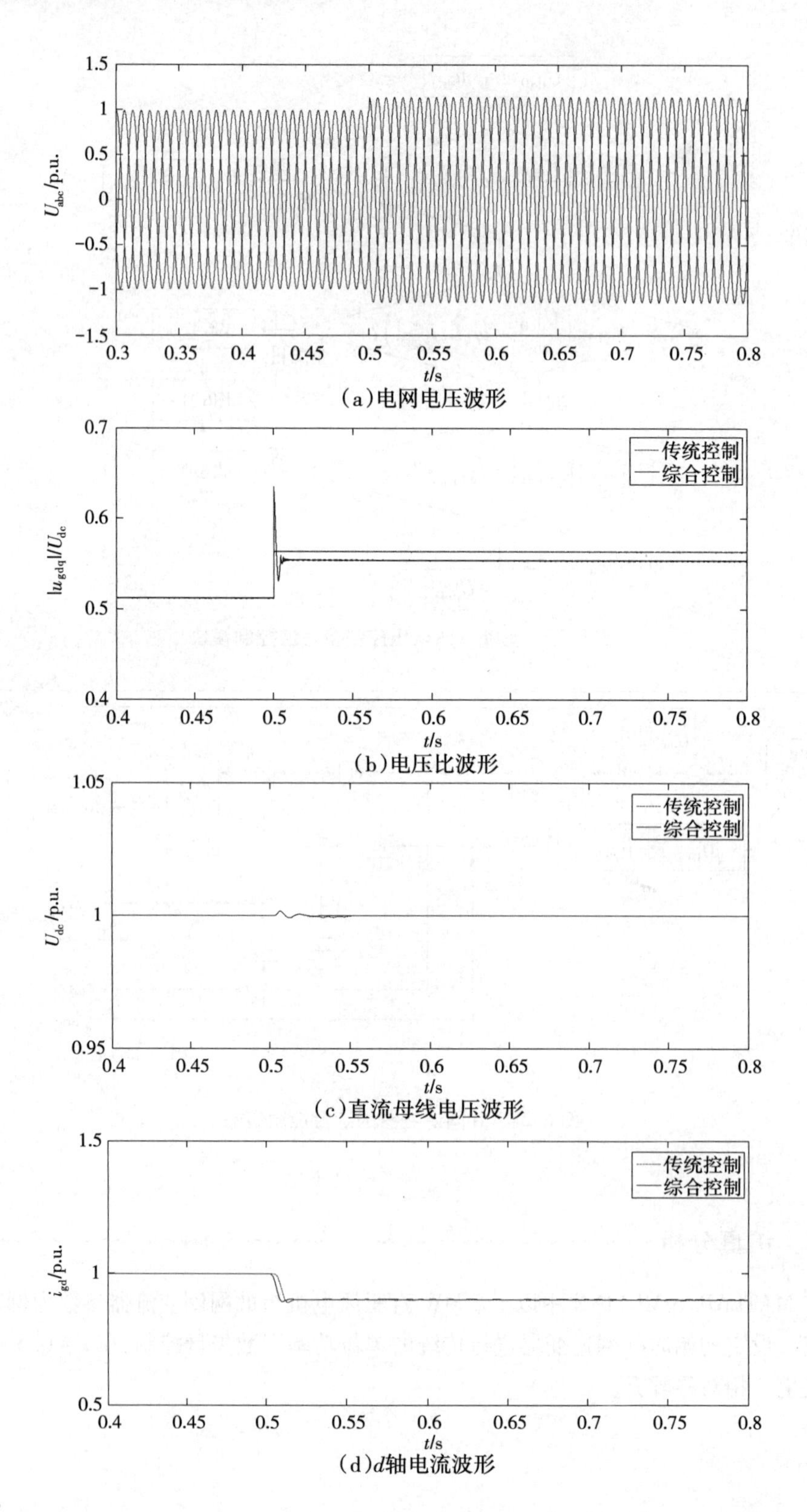

(a)电网电压波形

(b)电压比波形

(c)直流母线电压波形

(d)d轴电流波形

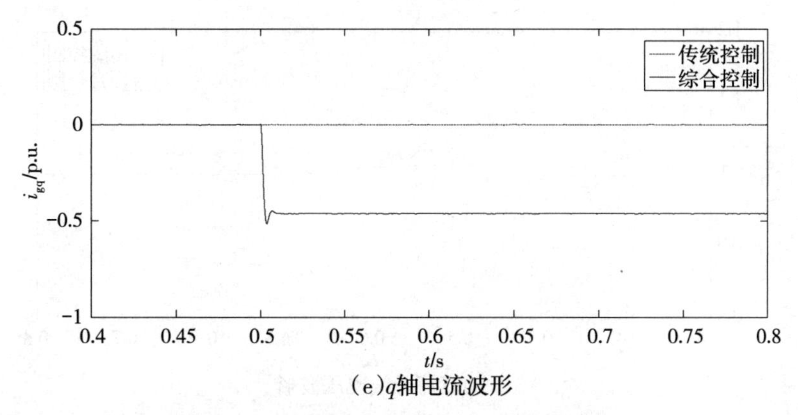

(e)q轴电流波形

图6.24　电压骤升至1.15 p.u.时仿真结果

图6.24所示为电网电压骤升至1.15 p.u.时的仿真结果。可以看到，由于此时电网属于表6.4中的情况Ⅰ，GCI无论采用传统还是综合控制策略均能确保其可控性，但是相比于传统控制，采用综合控制时可以减少GCI所需输出的电压增加其控制裕度，同时其输出的感性无功电流将有助于减小电网电压的骤升幅度。

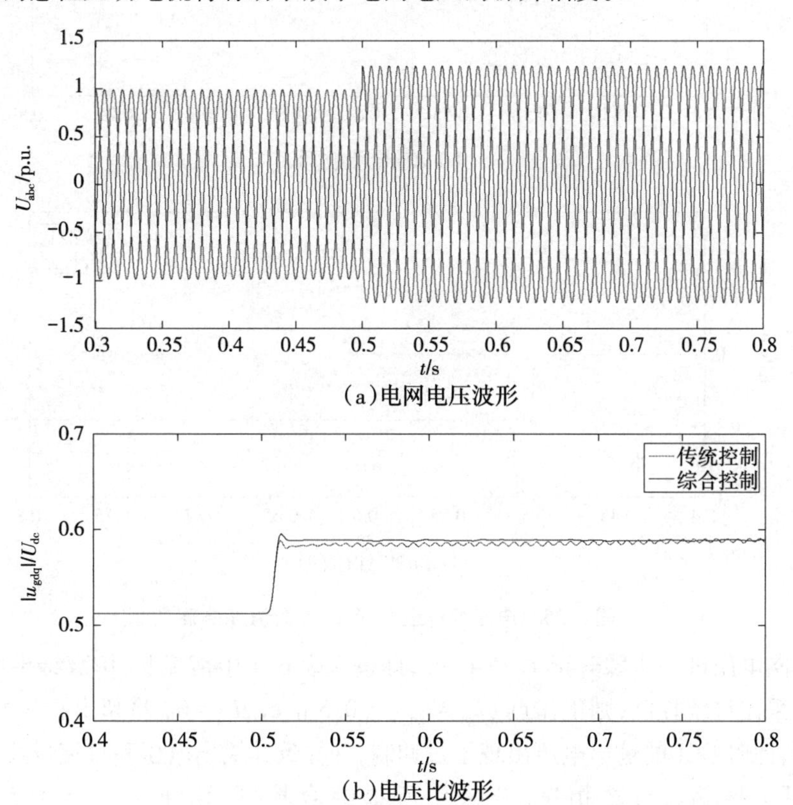

(a)电网电压波形

(b)电压比波形

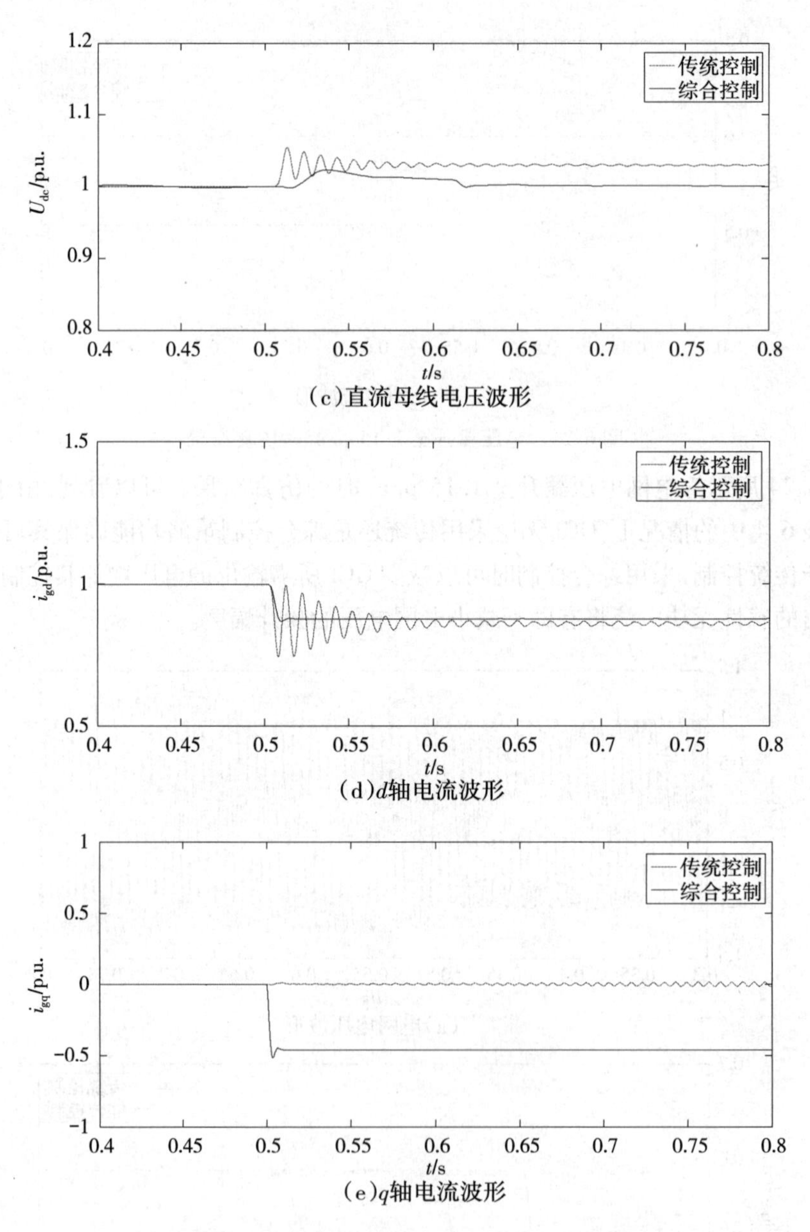

(c)直流母线电压波形

(d)d轴电流波形

(e)q轴电流波形

图 6.25　电压骤升至 1.25 p.u. 时仿真结果

当电网电压进一步骤升至 1.25 p.u.，即进入表 6.4 中情况Ⅱ，仿真结果如图 6.25 所示。若采用传统控制，则工作点（$i_{gd}=i_{gd\_ref}=0.5$ p.u.，$i_{gq}=0$）将超出 GCI 的可控区，可以看到，此时 GCI 的输出电压出现了过调制，并导致其输出电压和直流母线电压的暂态均出现了振荡。与之相反，若采用所提综合控制，由于 $i_{gd\_ref}=0.5$ p.u. $<|i_{gd}|_{max}(U_{dc0},u_{sd}=1.25$ p.u.)，此时无须提高直流母线电压的参考值，通过增加 GCI

的感性无功电流输出即可确保其可控。可以看出,综合控制下的 GCI 的输出电压不再出现过调制,从而在改善其电流动态性能的同时也维持了直流母线电压的稳定。

图6.26所示为电网电压骤升至1.3 p.u.时的仿真结果。由图可知,此时电网电压属于表6.4中情况Ⅲ,若采用综合控制,与图6.24所示的仿真结果相比,直流母线电压需要进一步提高至1.006 1 p.u.才能保证 GCI 可控,这与理论分析一致。若采用传统控制,GCI 的失控将会导致变流器的暂态过流。

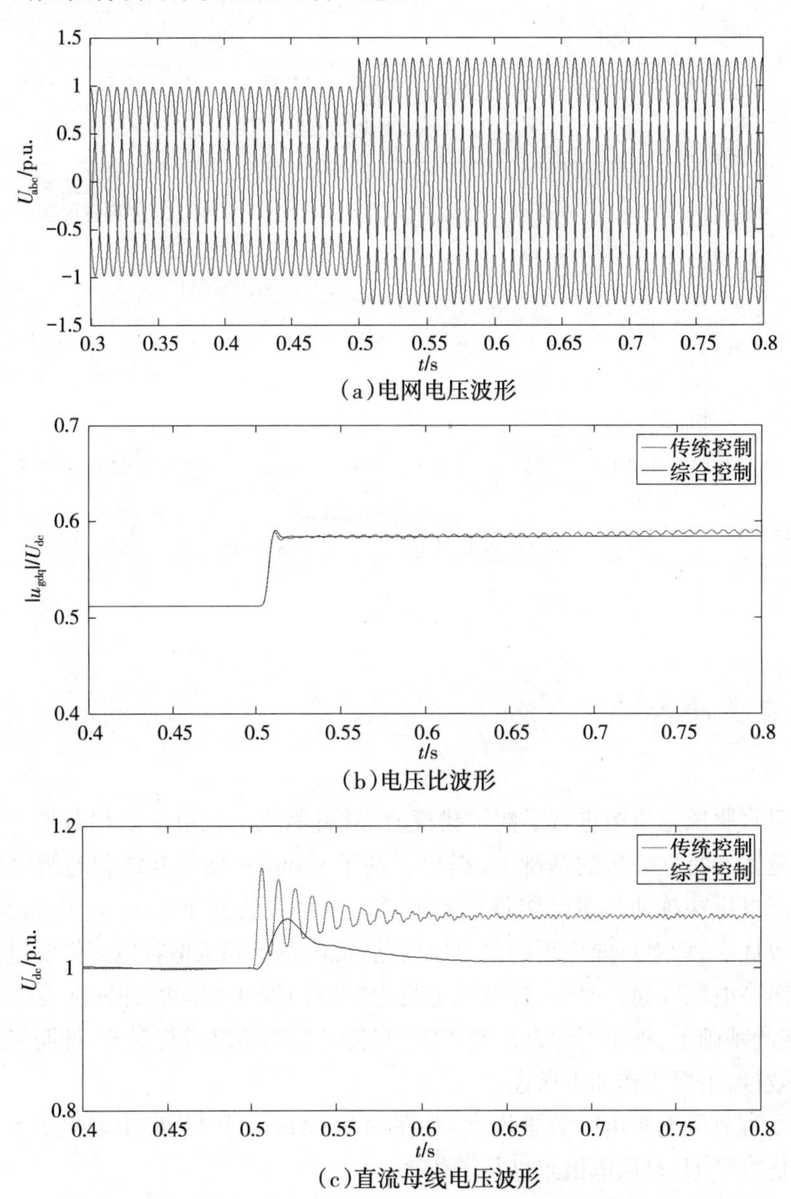

(a)电网电压波形

(b)电压比波形

(c)直流母线电压波形

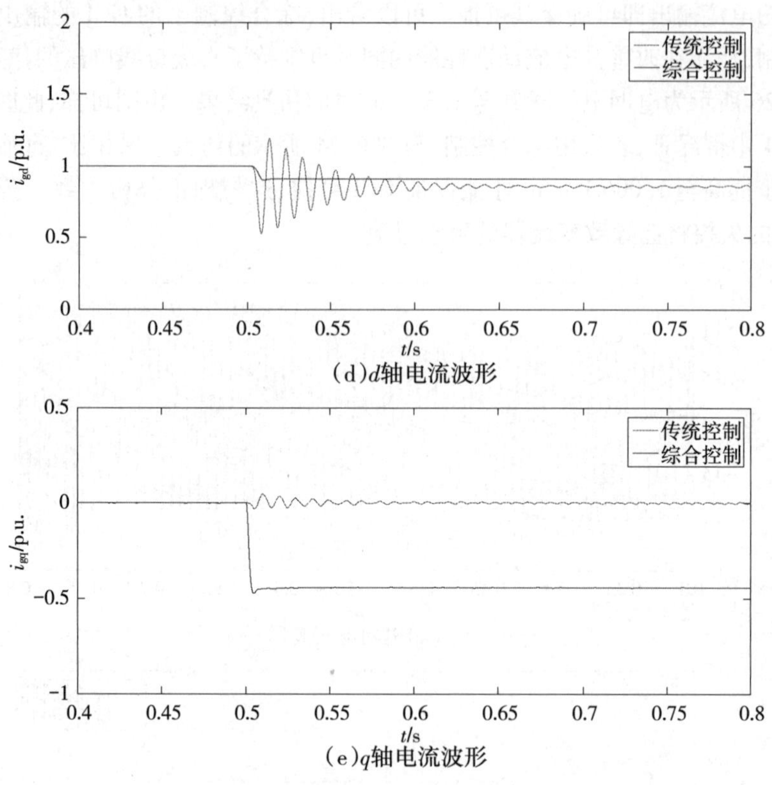

(d)d轴电流波形

(e)q轴电流波形

图6.26　电压骤升至1.3 p.u.时的仿真结果

6.5 本章小结

本章对直驱风电机组进行了数学建模,在对直驱风电机组在三相对称电压骤升下高电压穿越暂态特性分析的基础上,提出了基于Crowbar耗能电路和超级电容储能电路实现对高电压穿越期间多余能量进行消耗。本章主要基于Crowbar电路经济可靠、安装方便等优点,针对可能出现的欠电压问题,提出基于超级电容电路储能电路实现直驱风电机组高电压穿越。另外,针对风电机组在故障穿越期间的并网逆变器可控性进行分析,在此基础上,提出了综合控制策略,与传统控制策略进行对比,证明了所提控制策略的有效性,主要工作如下所述。

①建立直驱风电机组的数学模型,并在MATLAB/SIMULINK中建立1.5 MW直驱风电机组仿真模型,对风电机组进行了仿真。

②针对直驱风电机组在三相对称故障下高电压穿越进行了仿真,分别在Crowbar

耗能电路和超级电容储能电路进行仿真分析。

③针对高电压穿越期间并网逆变器的可控性进行了分析，提出了综合控制的高电压穿越控制策略，与传统控制策略进行了对比分析。

④对风电机组在电网电压骤升下进行了暂态分析，得出了实现高电压穿越的关键在于如何消耗故障期间多余能量。基于经济性的角度，提出了基于 Crowbar 耗能电路及超级电容储能电路实现直驱风电机组高电压穿越，仿真结果证明了相比于 Crowbar 耗能电路，采用超级电容储能能够有效解决短时欠电压问题。

第 7 章　大型风力发电机早期多故障智能诊断

7.1　故障智能诊断研究

7.1.1　研究内容

目前,国内外风电机组故障诊断技术的研究主要集中在下述几个方面。

1)故障特征信息提取技术研究

故障信息的获取主要是通过传感器,获得可靠、完备的原始信号是故障诊断结果正确的前提和关键。目前,状态监测与故障诊断中常用的振动传感器有加速度传感器、速度传感器和非接触式电涡流位移传感器等。另外,用于测量温度、压力、流量、粉尘度、液位、化学气体、声音、电流等物理量的传感器也不断被应用到工程诊断实践中。传感器具备自校准、自补偿、数据处理、双向通信、信息存储以及同时测量多个参数等功能,精度、可靠性、稳定性和自适应性都有所提高,微型传感器的设计制造,将为设备状态监测和故障诊断技术的发展带来一场革命。

目前,大多数状态监测和故障诊断系统中传感器和数据采集卡之间、现场数据采集计算机和故障分析诊断计算机之间的信息传输是通过一定数量的同轴电缆、光导纤维或双绞线等介质完成,即有线传输。近年,无线数据传输技术有很大发展,为采集信息的传输和共享提供了新的技术支持,同时也进一步保障了设备故障诊断的可靠性。

2)故障机理研究

故障机理研究是状态监测和故障诊断的基础,依赖于振动噪声理论、电磁学理论、线性和非线性动力学理论、材料失效理论、摩擦学理论等,采用不同的故障参数,建立相应的数学模型,可对各种故障进行计算机仿真和实验研究。

3）信号分析与处理技术研究

在探明故障机理和故障征兆的基础上，可对反映故障信息的特征信号进行有效的分析和处理，提取准确的特征信息，成为判断设备运行状态和分类故障的关键。因此，信号分析处理技术就成为故障诊断领域中最活跃的一个分支。目前，常用的信号分析处理技术主要包括信号的滤波和降噪、时域分析、时间序列分析、基于Fourier变换的频域分析、时频分析、瞬态分析等。在故障诊断领域的应用中，这些信号处理技术得到了迅速发展，并在工程实践中取得了巨大成就。

国内外的实践应用证明，故障诊断系统可以实现设备特征参数实时监测，掌握设备的运行状态，捕获设备异常征兆，判断异常情况的发展趋势，从而减少故障的发生，提高设备的安全性和可靠性，延长设备的使用寿命。但是，由于实际工程应用的复杂性，状态监测和故障诊断技术仍处于研究发展阶段。

7.1.2 技术发展方向

设备故障诊断作为一门综合技术学科，一直受到人们的关注。经过了几十年的发展取得了长足进步，给国家和社会带来了巨大效益。从对故障机理及其故障征兆，以及以信号分析技术为基础的故障诊断方法的研究，到现在的以知识处理技术为基础的智能诊断系统的研究，特别是近些年来迅速兴起的人工神经网络方法等，都在实际工程应用中取得了可喜成果。随着自动测试技术和计算机科学技术的发展，对工程应用设备工作状态的动态识别成为可能。

1）信息融合技术的发展

基于多传感器的信息融合技术应用于设备状态监测中，不仅可以拓宽设备状态信息的来源渠道，而且还可以改善信息处理的质量，对设备的运行状态做出准确判断，提高故障诊断的准确性。信息融合技术的最大优点是提高信号抗干扰能力，因为不同传感器对噪声的响应不同，即使在某些传感器中存在较强的噪声，但是当与其他对噪声干扰反应不灵敏的传感器信息进行融合之后，就可以减弱或消除传感器中所包含的某些噪声分量。

2）虚拟仪器技术的发展

虚拟仪器技术是目前测控领域技术研究的热点，它是以计算机技术和网络技术为基础，以工程软件技术为核心的信息分析、存储、传输与控制技术。通过虚拟仪器技术，系统工作界面更加形象，并具有良好的可视性和交互性，可准确表现系统的工作状态。

3）人工智能诊断系统的发展

人工智能就是利用计算机模拟人的思维方式来解决问题的方法。专家诊断系统作为人工智能系统的一种，通过综合管理不同领域的专家知识，建立模拟人类专家思维推理的系统模型来解决工程应用中某些复杂的问题。但是，目前专家诊断系统存在的问题是缺乏有效的诊断知识获取方式、诊断知识表达以及不确定性知识推理。人工神经网络的发展带来了新的曙光,它是由大量处理单元依据某种规则互相连接而成的网络,具有很强的自适应能力、并行处理能力、容错能力和鲁棒性。另外,状态监测与故障诊断系统中使用模糊的自然语言来描述系统的状态,为了准确判断具有模糊性征兆的状态,需采用模糊集合来描述其是否属于某个状态,特别是对于一些征兆与状态之间无法用准确数学模型来表达的复杂系统,用模糊的方法进行故障诊断更加准确有效。

4)远程监测技术和网络跟踪技术的发展

基于因特网的设备状态监测和故障诊断系统的实现成为可能。将故障诊断技术与网络技术相结合,采集设备运行状态信息,实现对设备故障的早期诊断。远程状态监测和故障诊断技术可实现全国范围内的诊断知识与数据共享,以计算机网络为桥梁的远程协作诊断,必将在时间和空间上缩短工程设备与诊断专家的距离。

5)开放式系统平台的发展

通过网络连接实现远程故障诊断系统间的通信就形成了开放式故障诊断系统,从本质上区别于传统的故障诊断系统。传统故障诊断系统的数据库是独立的、不对外开放的,数据的存储和修改都需要数据库的设计开发人员来进行,而开放式故障诊断系统的数据库或知识库是基于 Web 的开放式体系结构,开发人员只需完成一些简单的系统框架,而知识的存储是在系统的使用与维护过程中不断进行的,从而使整个诊断系统具有更大的灵活性和可扩展性。

7.2 永磁同步发电机的故障

7.2.1 故障种类

永磁同步发电机内部同时存在多个相关的工作系统,如电路系统、磁路系统、机械系统、绝缘系统、散热系统等。故障的起因和故障征兆表现出多样性,而对轻微故障的电机,其故障征兆又具有相当的隐蔽性,其量值小,难以发现,这为电机故障诊断增加了困难。

在永磁同步发电机中,一个故障常常表现出很多征兆,电机定子绕组断路或短路这一故障会引起定子电流发生变化,发电机振动会增加。而且有很多不同的故障会引起同一个故障征兆,如引起电机振动增大的原因有很多,除定子绕组匝间短路外,定子端部绕组松动、机座安装不当、铁芯松动、转子偏心等。由此可见,对于永磁同步发电机这种运行状态复杂、影响因素众多的电气设备,如对其结构、原理、运行工作方式、负载性质不清楚,要对电机进行故障诊断是十分困难的。

永磁同步发电机是交流同步电机的一种,主要区别于其他一般的同步电机之处是其转子为永磁体,由于转子无绕组,因此省去了转子励磁线圈和电刷等设备,而现在永磁体转子的制造工艺日趋成熟,因此由转子侧引起电机故障的可能性大大减小。根据对永磁同步发电机文献资料中所出现的故障情况统计和分析,永磁同步发电机的故障主要分为定子绕组故障、转子故障、温度升高故障等。

(1)定子绕组故障

定子绕组故障指由于定子部分的原因使得电机无法正常工作,主要包括匝间短路或者由匝间短路发展导致的相间短路、接地短路等。短路故障是电力系统和设备的一种非正常运行情况,包括相与相或者相与地之间的短接。在正常情况下,相与地和相与相之间是绝缘的,如果由于某种原因使其绝缘破坏而构成了通路,就称为发生了短路故障。发生短路的原因有很多种,电气设备绝缘损坏引起的短路最为常见。各种形式的过电流、过电压;绝缘材料的自然老化、机械受损;设备的设计、安装和运行维护操作不当等都会引起绝缘的损坏。大型风力发电机由于其端部固有频率的振动、装配工艺、线棒松动、油污等原因会造成定子绕组线棒的损坏,绕组匝间短路,股线断股,这些都将危害发电机的安全可靠运行。

(2)转子故障

和其他类型发电机一样,直驱永磁同步发电机也会出现转子质量不平衡和转子不对中故障。转子不平衡是指转子部件质量偏心。它可以引起转子反复的弯曲和内应力,造成转子疲劳损坏和断裂;引起旋转机械产生振动和噪声,加速轴承、轴封等零件的磨损;转子的振动可以通过轴承、基座传递到基础上,恶化周围的工作环境。由于设计、制造、安装、运行环境恶劣等原因,转子可能会出现不对中故障。不对中故障会引起轴挠曲变形;使轴承上的负荷重新分配,引起机器异常振动;严重时导致轴承和联轴器的损坏、地角螺丝断裂或扭弯、油膜失稳、转子与定子产生碰磨等后果。直驱永磁同步发电机由于自身的结构特点,转子上无励磁绕组,旋转磁场靠多极永磁体提供。永磁风力发电机在运行过程中,转子上永磁体在受到高温、电枢电流、振动等因素影响时,可能会出现局部的退磁、不可逆失磁等现象。在发电机使用寿命的20年周期内,永磁同步发电机转子是否会面临失磁故障,目前在行业中还存在争议,有待未来技术发展进行验证,已经有学者在开展转子失磁故障诊断方法的研究。

(3)温度升高故障

发电机的温度对电机的正常运行非常重要,现代永磁发电机主要采用风冷或者水冷来对电机进行降温,当由于某种故障引起发电机的发热量超过发电机的最大散热时,发电机的温度就会急剧上升,发电机的温度过高不仅会使发电机的寿命缩短,定子绕组绝缘程度下降,甚至可能造成火灾等危险。永磁同步发电机的温度过热往往是发电机故障的综合表现。导致发电机过热的因素有很多,冷却系统出问题和定子保持长时间的大电流运转可能会造成发电机急剧升温。

7.2.2 故障诊断分析方法

当发电机从正常运行状态变化到故障运行状态时,必然引起一些物理量的变化,主要有电气量的变化和非电气量的变化。其中,电气量包括电流、电压、功率、转矩等;非电气量包括光、声、热量、振动等。发电机的故障诊断方法正是以这些反映电机运行状态的物理量的变化为依据的。目前主要的诊断方法有局部放电监测法、电流高次谐波和不平衡检测法、磁通检测法、定子电流检测法、转速脉动检测法、机体振动检测法以及温升检测法等。这些诊断方法都是通过现有的测量设备获取对应的电气量或非电气量信号,再采用先进高效信号处理技术对信号进行分析处理,最终精确地提取能够反映故障性质和故障程度的特征信息。

由于发电机的工作原理和结构特点,发电机内部存在着几个互相关联而又不可完全分割的工作系统,因此发电机诊断技术需涉及较多的技术领域。

发电机的作用是将机械能转化为电能,因此,除永磁发电机外,其他发电机都存在定子和转子两套电路。通过磁场相互耦合,在定子、转子间的气隙内实现能量交换,完成机械能到电能的转换。因此,发电机中大都存在相互独立的电路和一个耦合电路的磁场。

发电机绕组是完成能量转换的关键部件。绕组内导体之间、绕组对地之间均有不同的电压。发电机内不同的电压通过不同的绝缘材料组成的绝缘结构进行隔离。电机内不同绝缘结构构成了电机的绝缘系统。

在发电机能量交换的过程中会产生电损耗、机械损耗和介质损耗。所有损耗最终以热能的形式散发,需要由冷却介质带走,这就是发电机的发热和冷却。发电机的冷却形式包括水冷式和风冷式。

因发电机内部至少包括①电路系统;②磁路系统;③绝缘系统;④机械系统;⑤通风散热系统。这些工作系统独立又相互关联。发电机运行中出现的故障,将会涉及这些独立的工作系统。由于发电机几个工作系统相互关联,故障起因和故障征兆往往表现出多元性,因而发电机的诊断比一般机械设备诊断涉及的技术领域更广,包括电机学、热力学和传热学、高电压技术、材料工程、机械诊断学、电子测量学、信息工程技术、计算机技术等多个知识领域。本书只简单介绍其中几种故障诊断方法。

(1)基于电气参数信号检测的静态故障识别方法

通过对测量的发电机的电阻、阻抗、感抗、相角、电流倍频 F 值等信号的三相平衡分析,进行发电机定子转子的故障诊断,其判断依据是建立在基于静态电机电路分析技术上。在一个健康的三相电机中,所有线圈测试的参数应该是平衡的,电机检测的IEEE 标准见表 7.1。故障时相应的参数变化规律如下。

表7.1 IEEE电机三相平衡评判标准

测试项目	电机状态		
	良好	缺陷	故障
电感 L %	2	5	10
阻抗 Z %	2	3	5
I/F %	0	1	>2
相角 F %	0	1	>1

1)转子断条

当转子回路出现故障时,R,F 均无大的偏差,而 Z,L 偏差较大,或者 R,F 平衡,Z,L,F 偏差很大;则可以确定为转子故障。如果进一步结合振动频谱,在定子电流频谱图上,电源频率两侧将出现一个边频带,转速的波动使电流以电源频率为中心,在频率的上、下限之间变化。由基频与边频电流幅值的比值可以推断断裂的转子条数目。

2)气隙偏心

气隙偏心分为静态偏心和动态偏心两种。静态偏心是由定子铁芯的椭圆度或装配不正确造成的;动态偏心是由转轴弯曲、轴颈椭圆、临界转速时的机械共振及轴承磨损等造成。气隙偏心会导致 R,F 均无大的偏差,而 Z,L 偏差很大、定子与转子碰擦等故障。

3)定子匝间短路故障

匝间短路后,电机的绕组因为一部分被短路,磁场就和之前不同,而且剩余的线圈电流要比之前大,电机运行中振动增大、电流增大、出力相对减小。造成匝间短路的原因可能为:发电机过热使匝间绝缘损坏;发电机长期使用,绝缘老化等。当早期匝间短路出现时,R,Z,L 平衡,匝间短路的典型特征为 R 平衡或不平衡,Z,L,F 不平衡。

(2)基于电流、电压、功率等信号谱分析的故障诊断方法

信号处理的故障诊断方法是借助一定的数学方法来描述设备输出信号的幅值、相位、频率及相关性与故障源之间的关系,通过分析与处理这些相关量来识别故障。可以通过对电压、电流等采样信号进行频谱分解得到各次谐波的幅值和相位,并对得到的频谱进行分析,找出与故障对应的特征量来诊断发电机的故障。这种方法较容易实现,而且实时性较好,但是有时容易出现故障的误判和漏判。发电机的故障诊断中,相关文献常用的谱分析法有傅里叶变换方法、功率谱分析方法、小波变换方法等。

1)基于快速傅里叶变换(FFT)的故障诊断法

①匝间短路故障。首先采集定子和转子的电流信号,然后对其进行傅里叶变换,提取其频谱信息,可以分析判断其是否发生匝间短路故障。有研究者指出,当双馈异步电机正常工作时产生的定子电流是对称的,并且定子、转子电流频率分别为 f_1 和 Sf_1;当电

机定子发生匝间短路故障时，定子电流失去对称性，从而产生了反向旋转的磁场，并在转子电流中产生频率为 $(2-S)f_1$ 的故障谐波分量。该频率成分又反作用于定子电流。这样，故障谐波分量便传播开来，定子电流中的谐波表达式为 $f_{ksa}=\pm kf_1$，转子电流中的谐波表达式为 $f_{kra}=(2k\pm S)kf_1$。所以可以通过傅里叶变换检测定、转子电流中的谐波成分来判断是否出现了匝间短路故障。

②转子偏心故障。转子偏心故障主要是由于长期运行中电机轴承变形，造成转子与定子之间的气隙不均匀。发电机出现气隙偏心故障后，电机定子电流中将出现附加分量，所以基于输出电流、电压、功率等信号的检测方法是识别转子偏心故障的有效手段。双馈异步电机出现气隙偏心故障后，电机定子电流中将出现附加分量，所以判断电机是否出现偏心故障的方法是对定子电流信号做频谱分析，检测其中是否含有上述频率分量。有研究人员以鼠笼异步电机转子偏心故障为例，采用定子电流检测法，开发出了一套基于 DSO-2100 虚拟数字示波器的故障诊断系统，得出了当电机转子存在偏心故障时，定子电流频谱中的特征频率值在不同偏心程度和不同负载下的变化规律。

2）基于功率谱密度（PSD）的故障诊断法

有研究者提出通过转子电路中的监控组件测量转子相电流、转子电流矢量和转子线圈电压，对这些参数进行功率谱密度分析即可发现定子匝间短路故障，如当双馈异步发电机在 4 匝匝间短路故障时，首先对其转子电流功率谱密度（PSD）进行仿真，发现谐波 127.5 Hz 频率处的 PSD 幅值明显，将该频率分量作为匝间短路故障的特征频率。为了验证上述仿真结论，进一步实验测得的转子相电流、转子电流空间矢量以及转子线圈电压 3 个信号，进行 PSD 分析，结果同样发现 127.5 Hz 处的 PSD 值最能反映故障情况。转子空间矢量信号和转子线圈电压信号比转子相电流信号的 PSD 效果更为显著。仿真结果表明，通过此模型可以在 2 s 内清晰明确地诊断出任何情况下的匝间短路故障。

3）基于小波变换的故障诊断法

前述两种方法做进一步分析可以发现，基于 FFT 和 PSD 分析法均适用于稳态（即转差率 S 不变）的情况。而双馈感应发电机的输入风速不可能保持恒定，所以当 S 变化时，获得的故障特征量可能会以正比于风速变化的带宽扩散，从而可能使得采用这些方法进行的诊断出现误判；除此以外，基于 FFT 和 PSD 分析法并不能提供特征信号的时域信息，这些因素决定了需要寻求新的方法。小波分析是在傅里叶变换的局部化思想的基础上发展起来的一种方法，优点是具有用多重分辨率来刻画信号局部特性的能力，适用于探测正常信号中夹带的瞬间反常现象并展示其成分，这对故障诊断有着非常重要的意义。小波分析非常适合分析和处理非平稳信号，而且也可以用来分析平稳信号。小波变换具有多分辨率的特点，在时、频两域都具有表征信号局部特征的能力。有研究者提出了对船舶使用的发电机三相定子电流的 Park 矢量模信号进行小波包分解，并求出相应子频带小波包分解的均方根值（RMS），以此作为表征电机轴承的故障特征，并将此作为发电机轴承故障诊断的依据。

(3)基于振动信号的故障诊断方法

振动过大是发电机的一种常见故障,根据发电机振动的频谱来判断早期的故障点和产生原因是一种快速可行的方法。基于振动信号的故障诊断方法原理前面几章论述较多,这里不再赘述。同齿轮箱轴承的故障类似,在发电机系统中,轴承一旦故障,会产生频率很高的振动。在传感器获取的振动信号中,只要滤去各种低频信号,仅拾取高频分量,即可得到轴承的特征故障信号。

例如,滚动轴承在运转时总会产生振动,它的振动通常是由以下两种振动组合而成的。第一种是由于轴承滚动元件的加工偏差引起的,如圆度、粗糙度和平面度等,这种偏差是随机的,因而所引起的振动也是随机的,但振级很小;第二种是因外力的激励而引起的轴承某个元件在其固有频率上的振动。对各种轴承元件,其固有频率有一确定的范围,可按下面计算求得。

滚动体的固有频率为:

$$f_{\mathrm{b}} = \frac{0.424}{r}\sqrt{\frac{E}{2\rho}}$$

式中　r——钢球半径,m;

ρ——材料密度,kg/m^3;

E——材料弹性模量,N/m^2。

轴承的各类损伤直接表现在组成轴承的各个零件上,如外滚道、内滚道、保持架及滚动体等出现损伤点。通常情况下,各零件出现故障,设备在运行中会产生与主轴旋转频率不一致的故障特性频率。根据轴承损伤的部位不同,故障特性频率可分为以下3种情况:

①内滚道上有一点缺损(剥落、凹坑等),与一个滚动体的接触频率是:

$$f_{\mathrm{i}} = \frac{f_{\mathrm{r}}}{2}\left(1 + \frac{d}{D}\cos\alpha\right)$$

②外滚道上有一点缺损,其一个滚动体的接触频率是:

$$f_{\mathrm{a}} = \frac{f_{\mathrm{r}}}{2}\left(1 - \frac{d}{D}\cos\alpha\right)$$

③滚动体上一个缺损与外滚道或内滚道的接触频率是:

$$f_{\mathrm{b}} = \frac{f_{\mathrm{r}}}{2}\left[1 - \left(\frac{d}{D}\right)^2\cos\alpha\right]$$

式中　d——滚动体直径;

D——滚道直径;

a——接触参数;

f_{r}——内环或主轴旋转频率。

[诊断实例]

在对某台风力发电机组进行例行检修时,发现机舱内部发电机振动超标,并且有机械摩擦的噪声发出。当把发电机外部部件(冷却罩风扇、滑环操作盖、底板、接地碳刷等)拆卸后,机械摩擦噪声仍然存在,而且噪声的重复频率与转子转动频率成倍数关系,故可排除定、转子之间刮碰或转子与其他固定装置的摩擦故障,基本锁定了发电机的振动是由轴承室内的滚动轴承失效所引起。

研究人员把振动传感器安放在发电机轴承,采集轴承的轴向和径向振动情况,采集安装在发电机后端的光电编码器的发电机的转速信号,采用功率谱分析技术,对振动信号进行频谱分析,得到滚动轴承滚动体、内滚道和外滚道的故障特征频谱。用上述经验公式分别计算出轴承3种基本故障的特征频率,再把理论计算出的轴承故障特性频率与经过频谱测试的频谱图进行对比,轴承振动频谱分析结果显示振动的频率与轴承内环故障特性频率成倍频关系,经理论分析得出发电机滚动轴承内滚道上有缺损点。

现场实际拆卸下的轴承损伤实地验证,验证了上述振动法频谱分析的正确性。

(4)基于状态观测器解析模型的故障诊断法

基于解析模型的故障诊断技术是故障诊断的一类方法,此类方法在发电机故障诊断中也有应用。基于状态观测器的诊断方法通过重构电机的内部状态进行故障诊断,诊断过程如下:

①将双馈异步电机电流写成微分方程。

②在正常情况下和匝间短路故障下进行仿真并计算出观测器和系统间的观测误差,若该观测误差快速收敛为0,则未发生故障;若某个故障量的观测误差发生突变或超过某一阈值,则此处发生了故障。仿真结果均说明该观测器适用于暂态条件并且可以准确地检测双馈异步电机的故障。

目前基于状态观测器的解析模型故障诊断法主要停留在仿真阶段,应用于实际故障诊断还需时日。

(5)基于智能模型分析的故障诊断方法

智能诊断方法具备传统诊断方法无可比拟的优越性,可处理传统故障诊断方法不能解决的问题,因而近期人工智能方法在发电机故障诊断方面得到了广泛应用。目前,智能模型在针对汽轮、水轮发电机的故障诊断方面较成熟,在风力发电机故障诊断上则应用较少。针对风力发电机组永磁同步发电机的相间短路故障,有研究者提出了基于人工神经网络的发电机短路故障诊断方法。短路主要包括定子单相短路、两相短路、三相短路。发生相间短路故障时,电磁场、温度场及振动值与正常运行时相比发生了较大变化。而单相短路、两相短路及三相短路故障时的短路电流、磁通密度、对磁钢的制动力以及发电机的振动程度都不相同，随着短路故障在时间上的延续，故障征兆将会更明显。

需要指出的是，在众多发电机故障诊断方法中，除个别方法在风力发电机组上已实际应用外，很多是通过软件仿真或实验室模拟的方法模拟故障，分析故障表征。然后再使用某种方法对测得的信号进行处理，提取故障特征，从而确定故障性质或程度。值得注意的是，实际运行中的发电机受现场齿轮箱、叶轮及运行环境的影响，测得的信号中存在干扰，与仿真信号存在差距。如何对实际信号进行处理，排除干扰因素，保证精确地提取故障特征量，是在工程应用中需要进一步解决的问题。

7.3 发电机偏心故障诊断

风电的快速发展在给人们带来便捷的同时，也增加了风机维护的成本。风机塔架一般高达 50 ~ 80 m，又长期运行于恶劣环境中，故障问题不可避免。据了解，正常机组工作寿命一般为 20 年，而维护成本预计将达到风场整个收入的 10% 以上，若风场建在海上，则维护成本更高，预计可达风场整个收入的 20% ~ 25%。高额的维护成本既降低了风电场的效益，也阻碍了风电的进一步发展。所以，对风机进行早期的监测和故障诊断十分必要。本章结合模型、信号两种故障诊断方法，运用 MATLAB 工具箱，对大型永磁风力发电机的故障进行诊断。

7.3.1 故障检测与诊断方法

故障检测意味着由系统工作特性正常或不正常所决定的一个两值输出结果。故障诊断实际上是判断故障产生原因、性质和位置的过程。早期故障诊断是能使故障破坏减轻到最小的先期过程。

要进行早期故障诊断，需要监测系统每个时刻的状态。实现这种诊断的最合理方法是将系统的输出与设定的参考值进行比较。可以通过 3 种方式来实现，即①信号；②知识；③模型。

在基于信号检测的方法中，是将输出信号与平均值或限定值进行比较，这种方法简单易行。

基于知识的方法通常依靠定性的过程结构、函数和定性的模型来预测故障。

基于模型的方法使用过程分析模型（解析模型）得出的“正常输出结果”与实际过程的输出做比较，并以所得的残差作为最后故障检测的依据。简单的基于模型的故障检测流程图如图 7.1 所示。

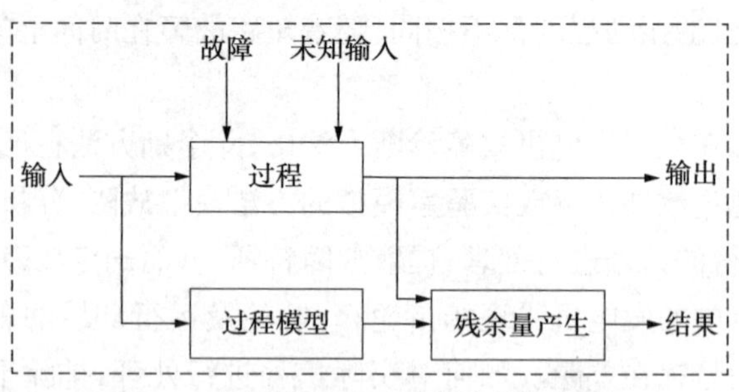

图 7.1　基于模型的通用故障检测流程图

解析模型可以是数学模型，或者是类似图 7.2 中使用神经网络模型，或者是图 7.3 所示的模糊逻辑模型，或者是遗传算法等通用模型。然后利用从实际系统获取的正常或者是故障数据进行通用模型的训练。一经训练，它们就可以可靠地产生残差来用于检测故障。例如，图 7.2 表示的是感应电机的故障诊断和检测的流程图，其中采用的数据是三相线电压 $V^{NS}(t)$，电流 $I^{NS}(t)$ 和速度 $\omega^{NS}(t)$ 这些本质的非定常量。利用现在的电压和速度值以及过去的电流预测值，就可以通过已经过训练的可以模拟正常电机的多级前向神经网络预测器得到现在的预测电流值 $\hat{I}^{NS}(t)$。然后将实际值与预测值进行比较，得到残差 $r^{NS}(t)$。采用小波分解算法对残差 $r^{NS}(t)$ 与电流 $I^{NS}(t)$ 进行进一步处理，分解得到电流与残差的基波分量 $[I_f^{NS}(t), r_f^{NS}(t)]$ 和谐波分量 $[I_h^{NS}(t), r_h^{NS}(t)]$。这些分量随后被用来得到两个解耦指标：(1) $S(\cdot)$，用于检测机械故障的残差谐波标幺值的方均根值；(2) $r-(\cdot)$，用于检测电气故障的残差的负序分量。这种方法也为故障种类提供了一个大致的分类方法。

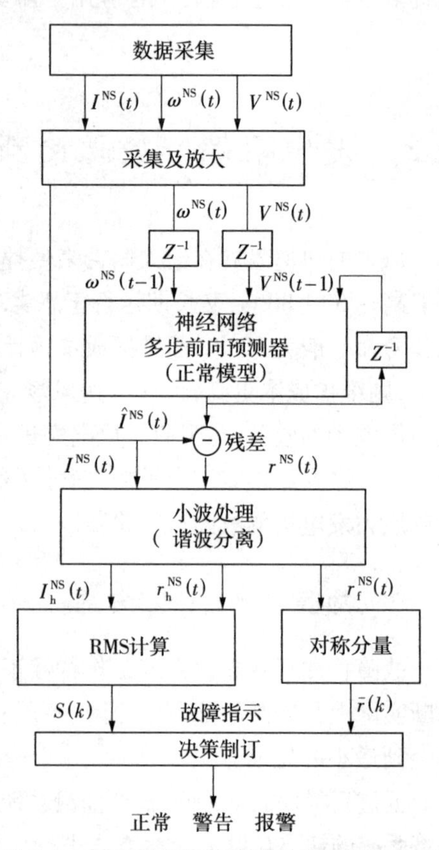

图 7.2　基于神经网络模型的电机故障检测

基于模型的故障诊断技术使视情维护起到了比定期或预防性维护更重要的作用。当视情维护被认为是首选技术时，就不需要定期维护或例行更换设备。即使系统需要定期维护，使用基于模型的诊断技术，也可以在早期发现问题，随时灵活机动地停止操作，以防止灾难性故障和损害，以及造成人员伤亡、经济损失和相关法律后果等。用来预测电机故障的基于数学模型的简单线性电路理论、有限元(FE)等效磁路法及人工智能(AI)模型法均可用于故障诊断。尽管这些模型不会严格地按照基于模型的故障诊断系统所设计的那样使用,但通过对这些模型的研究可以汲取其有用的部分进行整合。从中得到的结论已经被广泛地应用于基于信号精细调整、基于知识以及其他类型的基于模型的故障诊断技术之中。

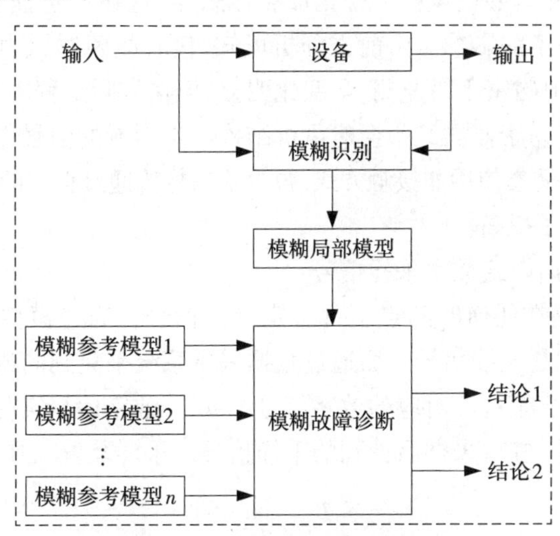

图7.3　基于模糊逻辑的故障诊断

一般来说,大多数应用于电力系统的实时故障检测技术都是基于时域的。过电流、过电压、接地故障、阻抗继电器等,几乎都是基于时域的检测方法。

然而,在电机故障检测领域,基于频域的检测技术,特别是基于快速傅里叶变换的技术非常流行。除了定子故障外,大多数其他的电机故障都能应用频谱分析仪可靠地诊断出来:假设电机在稳态运行,频谱分析仪只须在一段合理的时间内采集数据即可给出诊断结果。

当电机处于负荷和速度频繁波动的工况时,传统的FFT算法已不能满足故障检测需求,取而代之的是短时傅氏变换(SIFT)、频谱图和其他使用小波和维格纳-尤利(Wigner-Ville)变换的时频分析方法。

通常,电机的电流、磁通量、机械振动、转矩和转速等信号,都是在频域进行分析的。高分辨率谱技术,例如多信号分类法(MUSIC)、ROOTMUSIC以及诸如双频谱(Bispectrum)和三频谱(Trispectrum)等高阶谱方法,也在一些故障诊断的研究中得到应用。然而,大多数流行的基于频域的技术都是被称为电机电流信号特征分析(MCSA)的基于电机电流快速傅里叶变换的故障诊断方法。

综上,结合模型和信号两种故障诊断方法,运用有限元模型诊断方法建立故障电机模型,运用信号故障诊断方法,提取电流信号进行分析,应整合两种故障诊断方法的优势,摒除劣势,最终达到故障诊断的目的。

7.3.2 故障信号提取

目前最常用的,也是学者讨论最多的故障诊断方法是利用振动信号进行采样并诊断,但是振动信号采样需要在风机上打孔加装传感器,这在一定程度上,对风机的结构及安全稳定产生了一定的影响。由前文分析可知,偏心故障对风力发电机的径向气隙磁密产生影响,但气隙磁密不易监测,虽变化明显,但在实际工程中难以运用。所以,可以采用定子电流这一易于监测又不会对风机结构产生影响的信号作为故障诊断的采样信号。由于电流信号采集使用非接触方式,减少了信号传递过程中的干扰,使整个故障诊断系统的可靠性得到了提高。

(1)连续信号与离散式数字采样信号

连续信号 $x(t)$ 是在任何时间点上都有定义的信号。通过模拟示波器观测到的电机电流和电压信号就是连续信号。而通过数据采集系统采集到的或数字示波器观测到的线电流、线电压信号是 $x(t)$ 对应的数字信号 $x(n)$。数字信号实际上就是对连续信号每隔相等时间间隔 T_{sp} 进行采样后得到的采样信号。采样装置工作频率为 f_{sp},则:

$$T_{sp} = \frac{1}{f_{sp}} \tag{7.1}$$

$$x(n) = x(t) \mid t = nT_{sp} \tag{7.2}$$

通常信号必须进行预滤波以避免采样过程中的混叠现象。如果不合理地选择采样频率或不进行预滤波,则无法正确确定采样后离散信号的频率成分,一个频率成分会被错误地看作另一个频率分量。

为了在采样后正确地重构连续信号或判读信号,连续时间信号 $x(t)$ 的采样频率必须大于或等于信号最高频率的 2 倍,此结论是信号处理的基本理论——香农采样定理。

(2)仿真实现

通过大型永磁风力发电机的建模,针对偏心故障进行了相应设置,利用 Ansoft Maxwell 二维瞬态求解器求解不同偏心程度下的发电机故障电流,具体如图 7.4 所示。

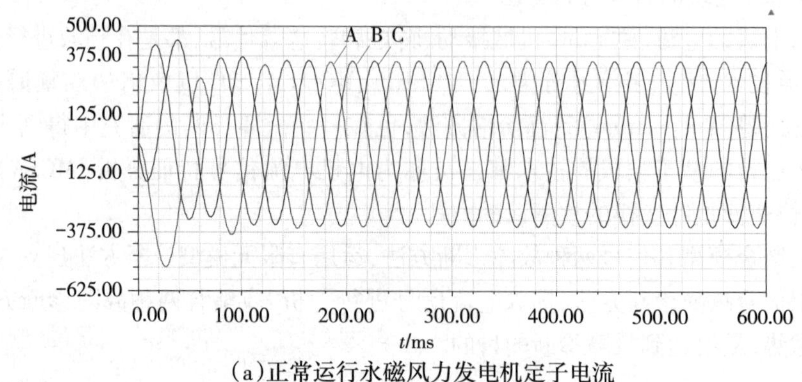

(a)正常运行永磁风力发电机定子电流

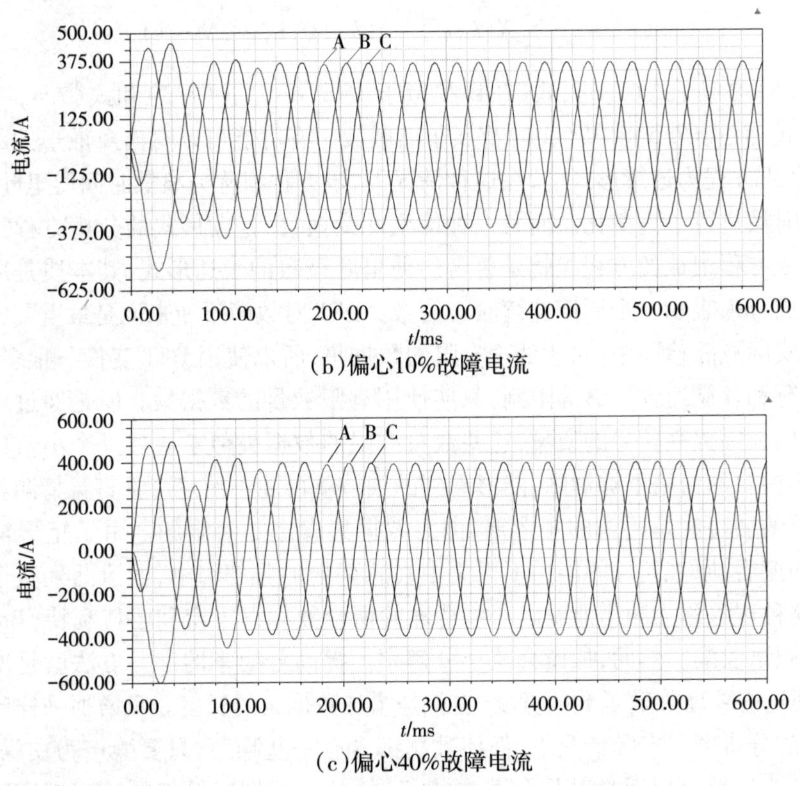

(b)偏心10%故障电流

(c)偏心40%故障电流

图7.4　正常、不同偏心程度下的三相定子电流

对比图7.4(a)—(c)可知,发电机转子偏心后,定子电流幅值有了较为明显的变化。偏心程度越大,定子电流幅值偏离正常值就越多。提取不同偏心程度下的A相电流波形进行定量分析。选取15 000个采样点进行计算。

7.3.3　故障信号分析

(1)连续、离散傅里叶变换及非参数能量谱估计

连续傅里叶变换可由以下公式给出:

$$X(j\omega)=\int_{-\infty}^{+\infty}x(t)e^{-j\omega t}\mathrm{d}t \tag{7.3}$$

$$x(t)=\frac{1}{2\pi}\int_{-\infty}^{+\infty}X(j\omega)e^{-j\omega t}\mathrm{d}\omega \tag{7.4}$$

式(7.3)为正向方程,它实现了从时域信号到频域信号的转换,提取了频率信息;式(7.4)是反向方程,它从谱信息中恢复了原始的时域信号。

离散傅里叶变换(DFT)的公式为:

$$X(k)=\sum_{n=0}^{N-1}x(n)e^{-\frac{j2\pi nk}{N}}\quad (k=0,1,\cdots,N-1) \tag{7.5}$$

$$x(n)=\frac{1}{N}\sum_{k=0}^{N-1}X(k)e^{\frac{j2\pi nk}{N}}\quad(k=0,1,\cdots,N-1)\tag{7.6}$$

式(7.5)类似于式(7.3),式(7.4)类似于式(7.6)。式(7.3)和式(7.4)都属于连续域表达式,而式(7.5)和式(7.6)都属于离散域。有可能可以写出离散形式的分析方程,但是合成方程为连续形式的,在这种情况下,该方程组称为离散时间傅里叶变换,意味着只在时域进行了离散化。而另一种傅里叶变换:由连续形式的分析方程式和离散形式的合成方程组成的方程组就是著名的傅里叶级数的表达形式,其本质是用一组离散的频率成分来表示一个周期连续时间信号。DFT 对故障诊断来说是最重要的变换。

因为实际故障诊断中,只能处理有限的数据集,所以使用 DFT 变换。很多时候,由于诸如计算和存储速度不够等限制,只能使用有限数量的数据集。但是通过正确选择窗函数可以大幅提高信号的质量,这些数量有限的数据类似于通过一个小窗口观察事物,如果小窗口的窗格不够清晰,能够看到的细节就可能不清楚。凭直觉猜测就可以知道,最简单的加窗就是所谓的矩形窗,因为数据集肯定是有限的。由于矩形窗有连续谱,因此加窗后,原来信号的能量不再集中在感兴趣的频率点上,而泄漏到整个频率范围之内,这种现象称为频谱泄漏。一些特殊的窗函数如汉宁窗和巴特利特(Bartlett)窗可以减小频谱泄漏。然而,加窗会减小分辨率。提高分辨率的唯一方法就是增加数据点数 N,而这需要增加窗函数的宽度,也就是增加数据集的长度。只增加采样频率不会提高频谱的分辨率。实际情况下,任何数据都含有一些噪声,只要噪声为白噪声(0 均值,单位方差),就可以通过对几个由式(7.7)计算小数据段给出的功率谱密度(PSD)求平均的方法来最小化噪声。

$$X\left(\frac{k}{N}\right)=\frac{1}{N}\left|\sum_{n=0}^{N}x(n)e^{-\frac{j2\pi nk}{N}}\right|^2\quad(k=0,1,\cdots,N-1)\tag{7.7}$$

这本质上就是计算这些数据段的 FFT 幅值的二次方,然后再求它们的平均值,这种方法通常称为非参数谱估计(nonparametric spectrum estimation)。这些数据段可以是重叠的也可以是不重叠的。对于给定的数据集,减小噪声的代价是降低频率分辨率,反之亦然。根据平均技术或窗函数类型的不同,非参数功率谱估计方法有:周期图(Periodogram),巴特利特(Bartlett)、韦尔奇(Welch)或布莱克曼-图基(Blackman-Tukey)法。

(2)参数功率谱估计

前面讨论的谱估计技术的非参数形式是比较简单的,便于理解并且易于计算。然而,它们都受到要提高频谱分辨率就需要大量数据这个因素的限制,因此对持续工作在暂态条件下的电动机(如起重机、卷扬机、风机)而言,对其故障信号的估计是困难的。既然只能使用有限长度的数据,但频谱泄漏不可避免。这往往会掩盖数据中的弱信号的存在,特别是强信号附近的弱信号。参数的或基于模型的功率谱估计方法排除了对于窗函数的需要,并且也没有频谱泄漏和频率分辨率的问题。因此,这些方法适用于对由于时变或瞬态现象而只能得到的短数据的处理。参数技术实质上是假设,要进行频

谱分析的数据序列是一个线性系统的输出,这个线性系统可以用在离散域的传递函数进行描述:

$$H(z) = \frac{B(Z)}{A(Z)} = \frac{\sum_{k=0}^{q} b_k z^{-k}}{1 + \sum_{k=1}^{p} a_k z^{-k}} \tag{7.8}$$

式中　$X(z)$ ——线性系统输出数据序列 $x(n)$ 的 Z 变换;

　　$C(z)$ ——线性系统输入数据序列 $c(n)$ 的 Z 变换。

如果 $c(n)$ 是一个零均值、单位方差的白噪声序列,则容易推导出:

$$|X(j\omega)|^2 = |H(j\omega)|^2 \tag{7.9}$$

很显然,只要能确定式(7.8)中的系数集 $\{a_k\}$、$\{b_k\}$,就能估计出数据列 $x(n)$ 的频谱。

式(7.8)给出的模型通常被称为自回归滑动平均模型(ARMA)。如令 $q=0$、$b_0=1$,则称为自回归模型(AR);如果令 $A(z)=1$,则称为滑动平均型(MA)。其中,AR 模型因其简单的形式和适于表示窄峰值频谱而得到了广泛的应用。AR 模型中最重要的一个方面是阶数 p 的选择。如果 p 太低,频谱则非常平滑;如果 p 太高,频谱则含有虚假的低水平峰值。现有文献中有大量地获取这些模型的技术可以利用,例如尤拉·沃克(Yue Walker)、伯格(Bug)和无约束最小二乘法等。

综上,选用参数功率谱估计方法对故障电流信号进行分析。

7.3.4　故障决策与仿真验证

仅针对大型永磁风力发电机的一种故障,即静态偏心故障进行了研究,因此,故障诊断过程中并不涉及故障分类问题,所以不使用含有分类功能的决策算法。直接使用正常、故障信号对比,得到发电机是否发生偏心故障的判断。

验证发电机额定负载下的定子电流,需添加外电路如图 7.5 所示。

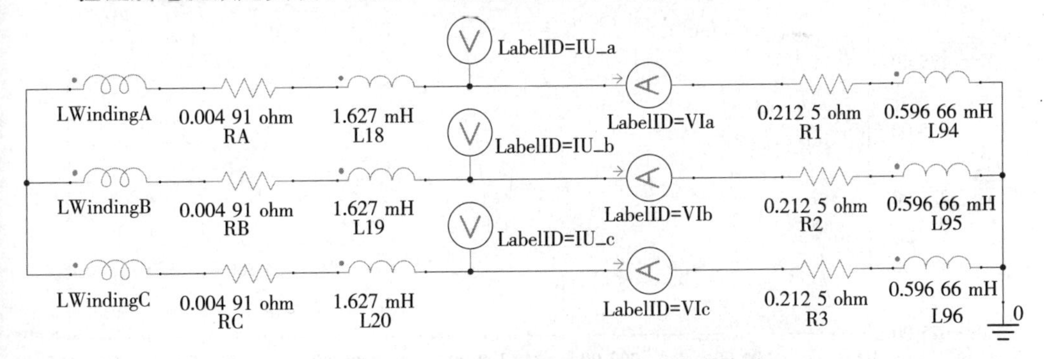

图 7.5　正常运行永磁风力发电机额定负载电路

其中，负载电阻和电感按式(7.10)—式(7.13)计算：

$$P = \sqrt{3} UI \cos \theta \tag{7.10}$$

$$Z = \frac{U^2 \cos \theta}{P} \tag{7.11}$$

$$R = Z \cos \theta \tag{7.12}$$

$$L = \frac{Z \sin \theta}{2\pi f} \tag{7.13}$$

提取正常、偏心情况下的定子电流如图7.6所示。

根据有限元法计算出偏心故障下风力发电机的定子电流，引入功率谱来分析电流的频率分布。根据Nyquist定律，样本频率设置为1 000 Hz。同时，定子电流信号在600 ms以上，这样可使分析结果更为精确。

结合MATLAB工具箱，对比正常运行和偏心10%、40%情况下的频率分布，情况如图7.7所示。

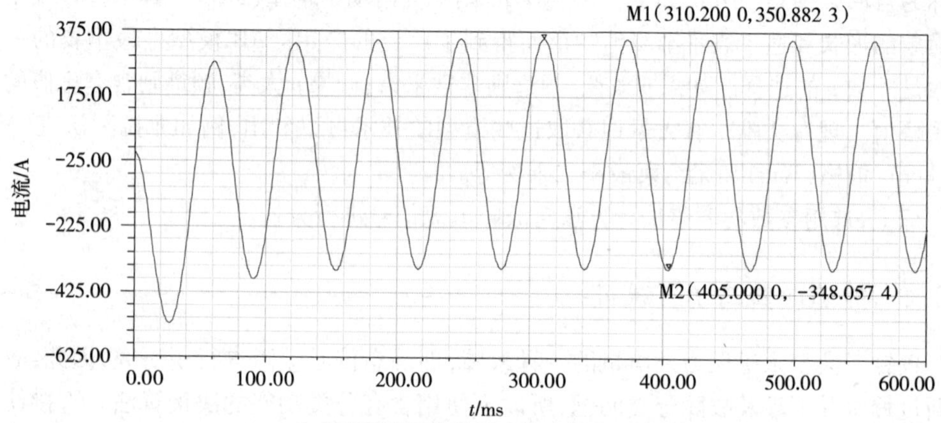

(a)正常运行永磁风力发电机定子电流

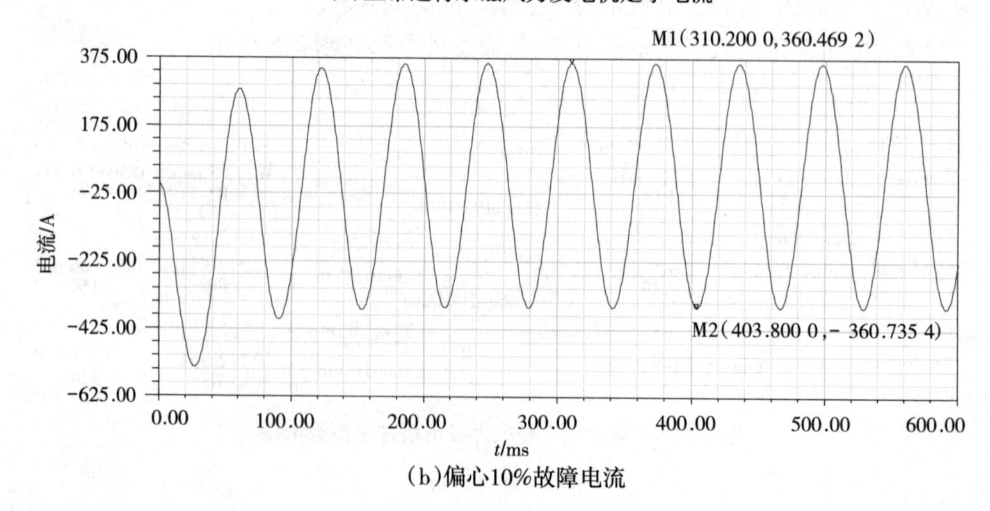

(b)偏心10%故障电流

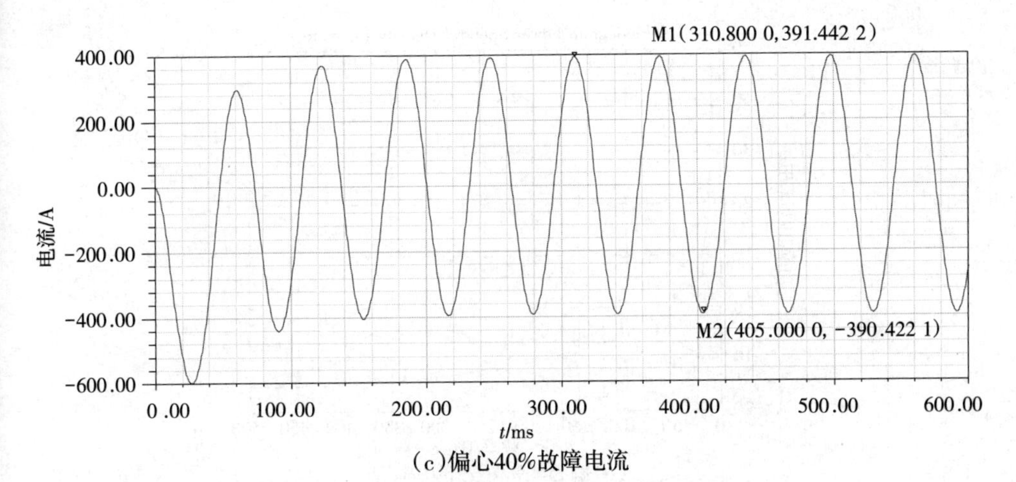

(c)偏心40%故障电流

图 7.6　正常、不同偏心程度下的 A 相定子电流

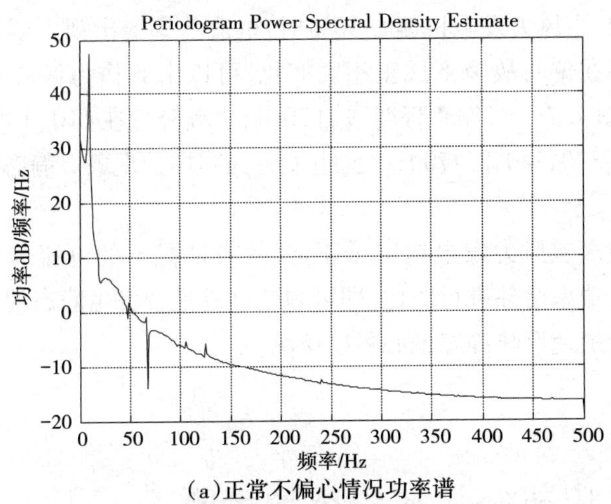

(a)正常不偏心情况功率谱

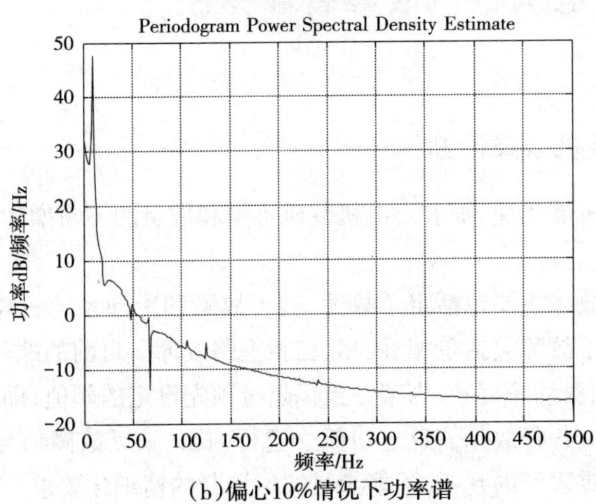

(b)偏心10%情况下功率谱

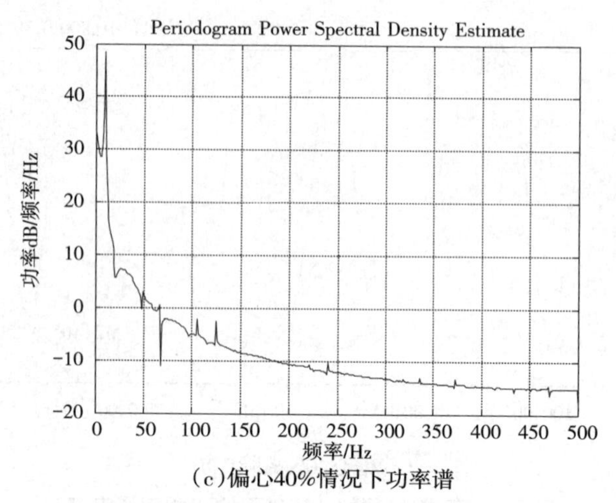

(c)偏心40%情况下功率谱

图7.7　不同偏心程度下定子电流功率谱

由图7.7可知，当风力发电机偏心10%时，电流功率谱出现了明显的齿谐波，边频分量与对应的频率在偏心故障下成正相关变化，可以由此作为偏心程度的判断依据。比较图7.7(b)和图7.7(c)，偏心程度增加30%，边频分量在110、130 Hz处，幅值明显增大。在240,340,370,440和470 Hz处，也能看到同样的现象。静态偏心程度越高，边频幅值增加越大。

通过提取大型永磁风力发电机定子正常、故障情况下的电流信号，利用MATLAB工具箱获得其参数功率谱并进行对比，即可判断电机是否发生静态偏心故障，且谐波的多少及幅值可以清楚地反映静态偏心程度情况。

7.4　风力发电机整机故障智能诊断

7.4.1　发电机整机故障诊断

风力发电技术发展迅速，随着发电机装机容量和数量的不断增加，故障诊断技术也在不断深入发展。

风力发电机的故障主要包括定子故障、转子故障和冷却系统故障等。大型永磁风力发电机常见的定子故障包括单相、两相、三相短路故障。目前的故障报警系统一般单独采集电流、温度和振动等信号，当某一指标超过预先设定的阈值，即认为故障发生，发出报警信号或停机。各种故障信息之间孤立进行判断，缺乏故障信号之间的必然性联系分析和对故障严重程度的判断，不能满足故障诊断的精细化要求。

大型永磁风力发电机长期采用计划维修与事后维修相结合的方式来维护。发电机地处高空,环境恶劣,长期受震动、噪声和电磁干扰,环境温度变化大;风电场一般地处电网末端,发电机易受电压不稳的影响;发电机造价高昂,发生故障后,维修成本高、时间长,严重影响发电量;永磁发电机的磁钢性能随温度变化,会影响发电机的电压、电流及发电量。据统计,目前发电机故障占总故障的比例为30%左右。目前风力发电机的故障诊断技术发展较为滞后,大量工作集中于发电机的控制策略上,而从事发电机本体故障的诊断工作较少。大型MW级永磁直驱发电机采用外转子,永磁体在外部旋转,绕组位于电机内部,散热情况较恶劣,电机的绝缘材料多样,采用深槽双层绕组,径向尺寸较大(直径可达4.6 m,图7.8),电磁场、温度场分布规律复杂,更需对其故障深入研究。

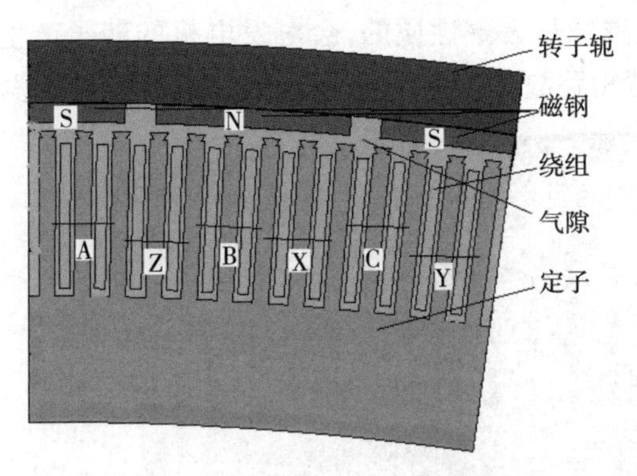

图7.8　永磁发电机的结构简图

目前针对汽轮、水轮发电机的故障诊断较成熟。文献[134]针对汽轮发电机的线棒堵塞故障进行了仿真分析,采用堵塞系数的方法进行等效研究;文献[135-138]只针对发电机的振动信号进行处理和分析,研究各种运算方法,消噪和提取有用的振动信号,并没有涉及其他种类信号和智能诊断的内容;文献[139]针对油膜振荡、不平衡和不对中几种机械故障,强调了RBF网络适用于局部逼近、小样本的故障检测场合的特点;文献[140]使用最小二乘支持向量机的方法,提取汽轮发电机的振动和电流信号,分析发电机的气隙静偏心和转子不平衡等故障。目前对于大型永磁风力发电机电磁场和温度场故障进行联合诊断的论文较少。

考虑大型永磁风力发电机结构的复杂性,应从发电机的短路故障机理研究入手,对发电机的温度场及电磁场进行耦合研究,分析故障发生时二者之间的联系;并利用多种智能诊断技术和方法,对发电机的多种故障数据融合处理,进行分类判断,分析故障原因和严重程度,得出诊断结论。

7.4.2 风力发电机电磁场、温度场耦合计算

国内外对风力发电机故障诊断问题的研究方法大致分为:解析计算法、试验研究法和数字仿真法等,尤以数字仿真法较为便利:先使用软件建模,对正常运行和故障发生时的电磁场进行仿真计算,之后利用计算数据和结论耦合计算故障发生时的温度场,可得出故障时电磁场和温度场的数据。

发生短路故障时,电磁场、温度场及振动值会和正常运行时相比发生较大变化,并且它们之间的联系紧密。例如发电机在正常运行时,电流一般不超过额定值,在最为恶劣的散热条件及较重负载时,运行温度一般在 90 ℃以内,振动较小;一旦发生相间短路故障,电流明显增加。如故障发生时间较短,发电机温度不会很快升高(电机的热惯性较大);由于短路电枢磁场是去磁性质的,会对发电机的转子产生强烈制动作用,发电机的振动会增加;随着短路故障发生时间的延长,绕组及铁芯的温度会持续升高(见图

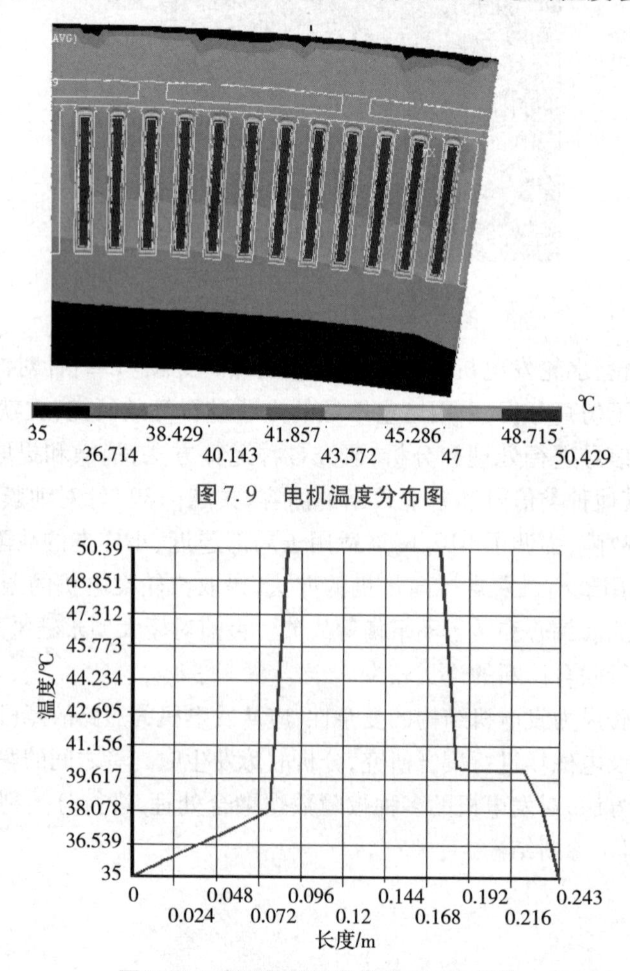

图 7.9 电机温度分布图

图 7.10 定子轭至转子外壳的温度曲线

7.9,图7.10)。单相、两相及三相短路故障的短路电流不同,磁场磁密也不同,对磁钢的作用力也不同,发电机的振动程度也不同。由以上分析可知,随着故障时间的增加,故障可以通过多种故障征兆明显地表现出来,因而可以采集发电机的电流、磁密、温度及振动信号来判别发电机的运行状态。

7.4.3 发电机短路故障的ANN诊断

智能诊断方法具备传统诊断方法无可比拟的优越性,可处理传统故障诊断方法不能解决的问题,而人工智能方法最近在发电机故障诊断方面得到了广泛认可及应用。ANN具有联想记忆和自学习功能,当新故障出现时,能通过自学习过程,自动调整权值和阈值,提高检测率,降低误报、漏报率;并具备大规模并行处理和分布式信息存储的能力。

采集电机的4个特征参数:三相电流、磁密、温度和振动信号作为诊断的输入量。因发电机的磁场数据不易获取;温度数据随环境和故障时间的长短变化,随机性大,相对不够准确;而电流和振动数据随故障发生的幅度变化较明显,相对较可靠,所以取发电机的多种信号综合进行判断,并且结合现场实测数据修正模型,以保证判别的准确性。电机易发生单相,两相,三相短路故障,加上正常运行状态,可认为有4种运行模式。输出层4个结点,分别对应发电机正常、单相、两相和三相短路4种状态。二进制数格式描述电机运行正常,单相短路,两相短路,三相短路状态(见表7.2)。

表7.2 故障模式分类

故障模式	对应描述
正常运行	1 0 0 0
单相短路	0 1 0 0
两相短路	0 0 1 0
三相短路	0 0 0 1

实际上人为使大型、昂贵的永磁发电机发生短路故障较难操作,可以对发电机现场运行的故障数据进行采集和记录整理,从历史资料中挑选典型的短路故障数据进行分析,经归一化处理,得到4组故障样本数据(见表7.3)。

表7.3 故障样本数据

状态	I_A	I_B	I_C	磁密	温度	振动
正常运行	0.012	0.012	0.013	0.011	0.015	0.017
单相短路	0.582	0.223	0.241	0.217	0.201	0.242

续表

状态	I_A	I_B	I_C	磁密	温度	振动
两相短路	0.683	0.663	0.334	0.165	0.604	0.688
三相短路	0.992	0.983	0.991	0.981	0.997	0.983

7.4.4 BP 网络对发电机短路故障诊断

(1)网络创建

BP 网络模型结构确定：三层网络可以较好地解决模式识别的一般问题，对三层网络，隐含层神经元个数 n_2 和输入层神经元个数 n_1 之间的近似关系是：$n_2=2n_1+1$。因此，网络输入层神经元个数为 6，隐含层神经元个数近似为 13，输出层神经元个数为 4。网络输入向量范围是[0,1]，隐含层神经元传递函数采用 S 型正切函数 tansig，输出层神经元传递函数采用 S 型对数函数 logsig(由于输出模式为 0-1，可满足网络的输出要求)，变量 threshold 用以定义输入向量的最大和最小值，网络参数的训练函数采用 trainlm。

(2)网络测试与训练

网络训练实际是不断修正权值和阈值的过程，通过不断调整，使网络的输出误差达到最小，以满足实际应用。训练函数 trainlm 利用 Levenberg-Marquardt 算法对网络进行训练。

```
P=[0.012  0.012  0.013  0.011  0.015  0.017;
   0.582  0.233  0.241  0.217  0.201  0.242;
   0.683  0.663  0.334  0.165  0.604  0.688;
   0.992  0.983  0.991  0.981  0.997  0.983]';
T=[1 0 0 0;0 1 0 0;0 0 1 0;0 0 0 1]';
```

经 5 步计算，网络性能达到要求(图 7.11)。对训练好的网络进行测试：利用现场采集的故障数据，归一化后抽取 4 组作为网络的测试输入数据。

```
P_test=[0.101  0.121  0.009  0.085  0.062  0.091;
        0.491  0.265  0.315  0.194  0.181  0.212;
        0.592  0.633  0.305  0.156  0.594  0.624;
        0.988  1.018  1.152  0.963  0.894  0.991]';
Y=sim(net, P_test)
Y=0.9754  0.0484  0.0000  0.0000
  0.1916  0.8100  0.0439  0.0001
  0.0145  0.0090  0.9871  0.0101
  0.0000  0.0000  0.0016  0.9921
```

对网络进行测试，结果满足要求。

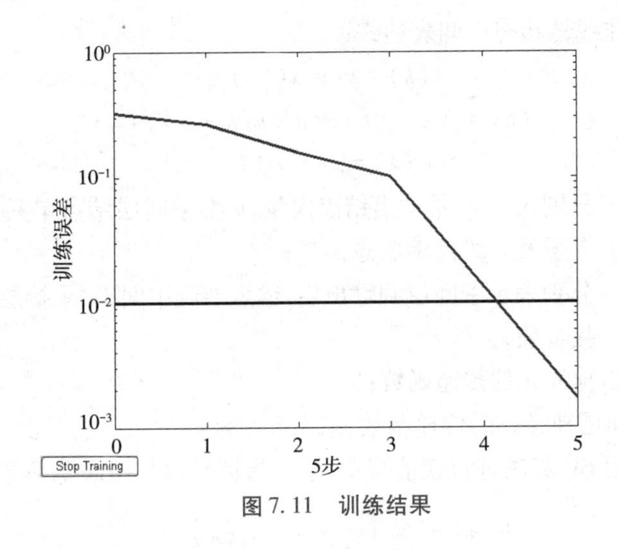

图 7.11　训练结果

7.4.5　Elman 网络对发电机短路故障诊断

BP 网络具备较强的非线性映射能力，由于属于前向神经网络，相比反馈型网络，其收敛的速度较慢，且可能收敛至局部极小点；BP 网络实现了静态非线性的映射关系，实际上故障随时间变化的特点存在一定的动态特性，利用 BP 网络进行故障诊断，实际是将动态建模转化为静态建模问题。若使用动态反馈神经网络（如 Elman 网络），不仅能解决静态系统建模，又实现了动态系统的映射。因而尝试使用 Elman 网络对以上实例进行诊断。

Elman 型神经网络模型在前馈网络的隐含层中增加了承接层，作为延时算子，达到记忆的目的，使系统具有适应时变特性的能力。一般分为：输入层，中间层，承接层和输出层（图 7.12），输入层、隐含层和输出层的连接类似前馈网络，输入层的单元仅完成信号传输，隐含层单元的传递函数采用线性或非线性函数，输出层单元起线性加权作用。承接层也称上下文层（状态层），用以返回给输入并记忆隐含层单元前一时刻的输出值。

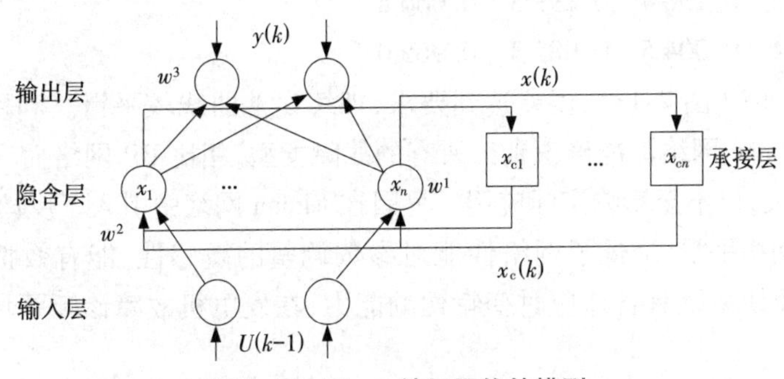

图 7.12　Elman 神经网络的模型

Elman 网络的非线性状态空间表达式：

$$y(k)=g(w^3x(k)) \tag{7.14}$$

$$x(k)=f(w^1x_c(k)+w^2(u(k-1))) \tag{7.15}$$

$$x_c(k)=x(k-1) \tag{7.16}$$

式中 y,x,u,x_c——分别表示 m 维输出结点向量、n 维中间层结点单元向量、r 维输入向量及 n 维反馈状态向量；

w^3,w^2,w^1——分别表示中间层到输出层、输入层到中间层、承接层到中间层的连接权值；

$g()$——输出神经元的传递函数；

$f()$——中间层神经元的传递函数，采用 S 型函数。

Elman 网络采用 BP 算法进行权值修正，学习指标函数采用误差平方和函数：

$$E(w)=\sum_{k=1}^{n}[y_k(w)-\tilde{y}_k(w)]^2 \tag{7.17}$$

式中 $\tilde{y}_k(w)$——目标输出向量。

单隐层的 Elman 网络功能已足够强大，故采用单隐层网络。隐含层神经元的个数最影响网络性能，但又较难确定。因输入量的维数为 6，设定输入层神经元的个数是 6，输出向量的维数为 4，输出层神经元的个数为 4。综合考虑网络的性能和速度，将隐含层神经元的个数设为 15。程序如下：

```
net=newelm(minmax(P),[15,4],{'tansig','logsig'});
net.trainParam.epochs=500;
net.trainParam.goal=0.01;
net=init(net);
net=train(net, P,T);
Y=sim(net, P_test)
Y=0.8406   0.0851   0.0501   0.0059
  0.2114   0.6860   0.1212   0.0629
  0.0832   0.1564   0.8983   0.0668
  0.0044   0.0045   0.0823   0.9650
```

经 151 次训练（图 7.13），误差达到要求，训练误差曲线较平滑。利用测试数据进行仿真可见，Elman 网络能准确识别出所有的故障类型，相比 BP 网络而言，Elman 网络的误差识别稍大，但不至影响实际应用。另因在 Elman 网络中引入了反馈，网络训练误差曲线较 BP 网络平滑，降低了网络性能对参数调整的敏感性，能有效抑制局部极小值的出现，从而使系统具备适应时变特性的能力，在发电机故障诊断领域中可作为一种手段。

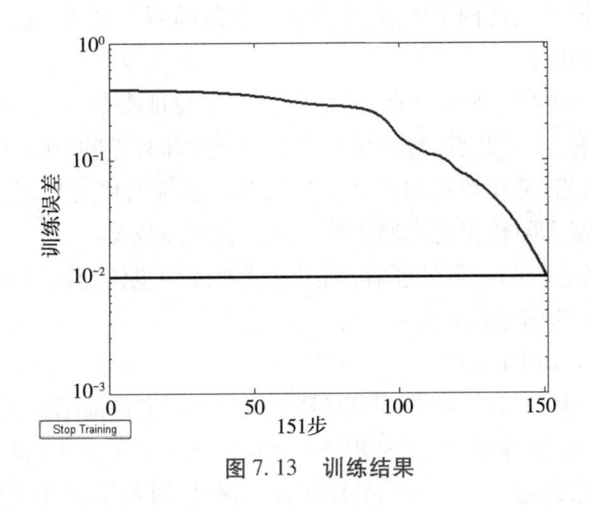

图 7.13　训练结果

7.4.6　PNN 网络对发电机短路故障诊断

概率神经网络(Probabilistic Neural Networks,PNN)可应用于模式分类,它基于贝叶斯最小风险准则,直接考虑了样本空间的概率特性,以样本空间的典型样本作为隐含层的节点,网络权值是模式样本的分布,网络无须训练,具有结构简单、训练速度快、追加样本便利的特点,从而有较强的容错能力和结构自适应调整性的特点。

永磁风力发电机在某时可能发生单一或者多种短路故障,为进行准确判断,有必要使用 PNN 方法对于发电机的故障进行诊断。

(1)发电机故障的问题描述

首先提取有关的特征参数进行诊断,而后利用 PNN 诊断,建立的故障诊断模型如图 7.14 所示。

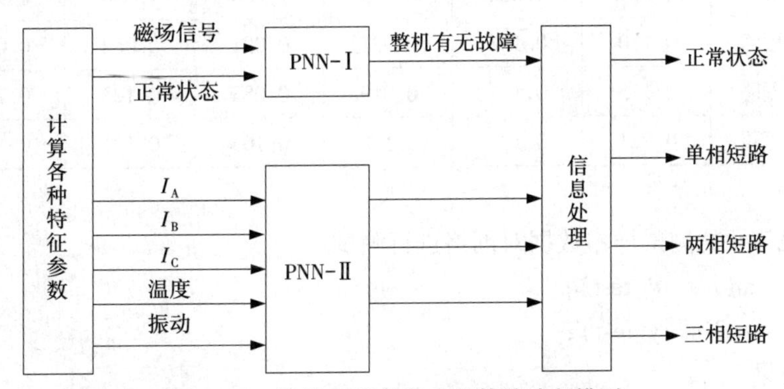

图 7.14　基于 PNN 的发电机故障诊断模型

(2)PNN 创建和应用

两个 PNN 被设计用于故障诊断:PNN-Ⅰ的输入层的两个结点,对应磁场信号和电机的正常状态；样本模式层的两个结点，对应正常和故障两个模式；输出层的两个结点，对应正常和故障两种状态。

PNN-Ⅱ的输入层共设计5个结点，分别对应5个特征参数，即三相电流 I_A，I_B，I_C，温度和振动；模式层有10个结点，对应每个结点的正常和故障的10组模式；输出层的4个结点，对应单相、两相、三相短路和正常4种状态。系统的信息处理过程即通过输出的4种状态，综合判定实际输出究竟属于单一或复合短路故障。

对原始输入数据进行归一化处理后，利用这些故障信息作为网络的训练样本，创建概率神经网络。PNN的创建代码为：

```
net=newpnn(P,T,SPREAD)
```

其中P和T分为输入向量和目标向量，SPREAD为径向基函数内部函数，默认值0.1。为更好地分析SPREAD对网络性能的影响，SPREAD设为5个值，分别为0.1,0.2,0.3,0.4,0.5。

函数newpnn()已创建了一个准确的概率神经网络，可利用该神经网络进行诊断和分析。

先检验网络对训练数据的分类：

```
temp=sim(net, P)
yc=vec2ind(temp)
```

不同的SPREAD值对应的概率神经网络的输出结果相同，即：

```
yc=1  2  3  4
```

网络成功地将故障模式分为4类。接下来给出一组测试样本数据（表7.4），用以检验网络的外推能力，这组数据来源于风电场真实的发电机的现场短路故障数据记录。

表7.4　测试样本数据

发电机状态	I_A	I_B	I_C	磁场	温度	振动
正常	1.001	1.002	0.999	1.000	1.006	0.998
单相短路	0.110	0.102	0.031	0.091	0.082	0.096
两相短路	0.115	0.131	0.019	0.083	0.123	0.202
三相短路	0.221	0.193	0.148	0.105	0.121	0.110

利用表7.4的测试样本数据对网络进行测试：

```
y_test=sim(net, P_test);
yc_test=vec2ind(y_test);
```

输出结果：

```
yc_test=1  2  3  4
```

可见，经过风电场实际采集的实验数据的检验，网络的分类结果正确，成功地诊断出了以上的4种故障。

7.5 本章小结

本章首先介绍了选择定子电流作为风力发电机的故障诊断参量的原因，随后对正常负载时永磁风力发电机的定子电流进行仿真，分析对比了在不同偏心程度下定子电流幅值的变化，并利用 MATLAB 工具箱，进行功率谱分析，找出了偏心程度与电流边频幅值的对应关系，为风力发电机早期的故障诊断提供了可靠依据。

对大型永磁风力发电机进行典型短路故障的机理研究，电磁场和温度场耦合计算，得出了基本仿真数据；使用现场实际测量得到的以及部分仿真数据，结合电流、电磁场、温度场和振动等多种信号，使用多种 ANN 网络方法智能诊断故障。

①ANN 方法用于永磁风力发电机的典型短路故障的诊断，方法行之有效。

②BP 和 Elman 网络在风力发电机的故障诊断中，都得出了明确的诊断结果：BP 网络的收敛速度较快；Elman 神经网络的逼近能力较 BP 神经网络优越，网络结构也较简单，较 BP 神经网络训练的误差曲线平滑，Elman 神经网络不会因阶次未知而出现网络结构膨胀，优于静态神经网络。

③PNN 网络对故障诊断有较强的容错能力，可进行结构自适应调整，能够根据信号来综合判断短路故障究竟属于单一或者复合型故障。

第8章　MW永磁风电机组全工况仿真试验测试平台

8.1　大型风电机组全工况仿真实验测试平台概述

为提高大型风力发电机组的新产品研发和制造能力，研制大型风力发电机组全工况仿真实验测试平台，直接调试、验证和研究大型风力发电机和变流器等产品十分必要。设计、建设大型风力发电机组全工况仿真试验测试平台，用于对目前最先进的大型风力发电机组进行各种型式试验的功率测定，根据相关的标准和规范要求对风力发电机组的风力机、发电机、变流器、控制系统等部件进行全面的试验，试验结果可用来对风力发电机组初期样机进行的设计技术和控制算法加以验证，避免设计缺陷，或者作为开发平台进行机型开发或新部件研发替代；也可作为系统调试，或者后期批量生产时的抽检试验，因而设计建设全工况仿真实验测试平台的意义重大。

为完成大型风电机组及相关设备的研发及制造，有必要进行大型风电机组组装出厂前的一系列实验测试工作。设计并建设MW级大型直驱风机的永磁发电机、变流器及其控制系统的试验台，它可以模拟风机运行对直驱永磁风力发电机组电气系统进行全功率试验。例如：6 MW永磁直驱风力发电机组试验系统主要完成690 V、3.3 kV电压等级的6 MW及6 MW以下永磁直驱风力发电机组性能检验。试验台测控系统电压等级覆盖690 V和3 300 V、机组功率覆盖1.5～18 MW，690 V机组最大功率可达6 MW。

8.2　大型永磁风电机组全工况仿真实验测试平台原理

按照试验台基本功能的要求，直驱永磁风力发电机组试验台的构成如图8.1所示。

它的组成结构左右两侧呈对称形式,右边的电气系统是风电机组的电气系统,也就是试验的对象,左边的组成部分是将电能转换为机械能的电气系统,即风轮模拟装置。

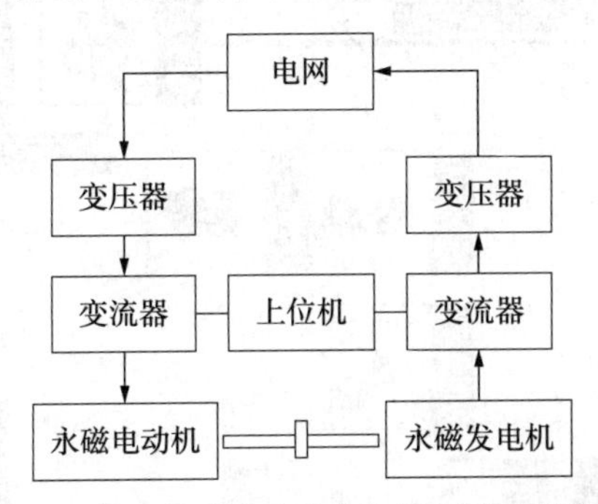

图 8.1 直驱永磁风力发电机组试验台结构简图

试验台的上位机采集风速给定、叶片节距角、风轮半径和转速等设计参数和输入变量,根据公式计算叶尖速比 λ,再由风能利用系数 C_P 和叶尖速比关系曲线或公式得到 C_P,由机械转矩和电磁转矩公式计算出风轮模拟装置的输出转矩给定值 T,按转矩矢量控制公式对试验台的永磁拖动电机进行矢量控制,使其实际输出的转矩为 T_e,并直接驱动风力发电电气系统中的永磁发电机。同样,在试验的风力发电电气系统中通过发电机侧的变频器对永磁发电机进行控制,使其相应发电的电磁转矩与风速匹配,实现在任意风速时刻,风力发电机组均能捕捉最大风能。该结构试验台接近实际情况,既可用来研究和验证风力发电机组的性能和指标,获得与设计相符的最佳风力发电机组的功率曲线,也可方便而准确地测量有关电气参量和波形进行谐波畸变系数(THD)、变流器的效率、温升、保护功能和电网适应能力等试验。

8.3 大型永磁风电机组全工况仿真实验测试平台结构

永磁直驱风力发电机组试验系统采用电能回馈结构,20 kV 公共电网经变压器驱动电机,拖动电机驱动被试电机组发电,被试机组发出电能经被试机组变流器回馈到拖动端,为拖动端变流器和电机的运行提供能量,在试验台内部流动实现电能回馈,运行过程中外部电网只需要补充损耗能量,可极大节约运行成本。

大型风力发电机组全工况试验平台主要包括主传动轴测试部件和功率试验、试验平台配电、平台基础及固定、传感器参数测量、控制台和状态显示等部分,如图 8.2 所示。根据系统原理图可知,电机试验台主要由 WP 4000 变频功率分析仪、SP 系列变频功率传感器、电机试验专用变频电源及操作台等构成。

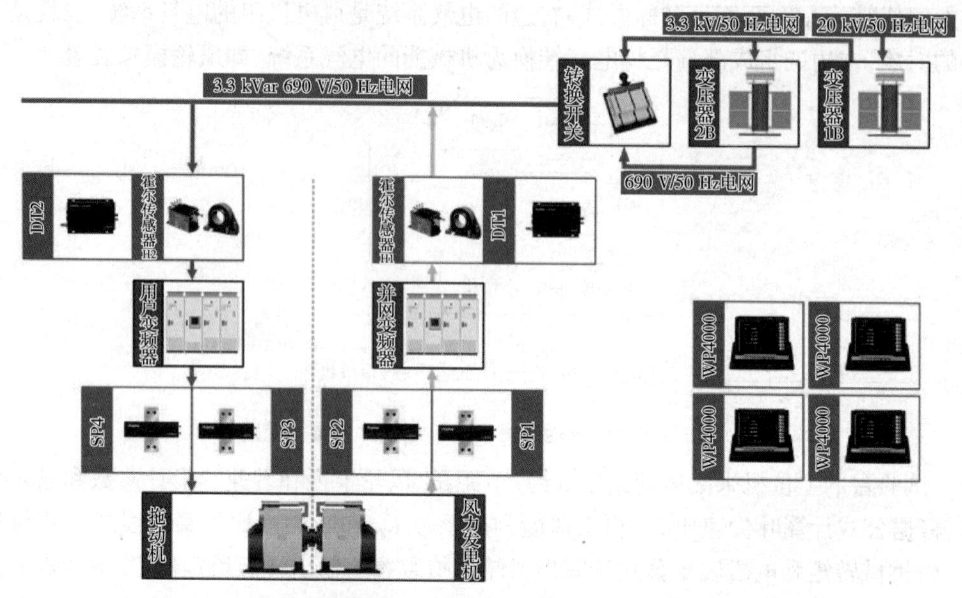

图 8.2　试验平台的基本结构

(1)主传动轴测试部件和功率试验

此部分包括用于模拟风轮特性的调速动力装置、减速箱、风力发电机和风电励磁变流器。利用调速动力装置产生原动力来拖动齿轮箱和发电机,可以模拟风力机拖动风力发电机发电,使发电机的定子侧变流器控制输出电流的频率、幅值和相位来保证发电机的定子侧所发电压恒频、恒压进行并网发电。

(2)试验平台配电

试验平台的配电部分要为全工况试验平台中的所有用电设备等提供所需电压等级和功率容量的电源,包括模拟电网和为拖动系统进行供电的调压器或变压器、配电电缆等。另外还需满足一些相应所需的开关控制元件的用电需要。

(3)平台基础及固定

平台基础及固定是指安装固定整个全工况试验平台的铁制底板和相应的地基工程措施,平台在铁制底板上带有倒 T 字形槽可以固定试验平台上的电机及传动系统等。

(4)传感器及其参数测量仪表仪器

传感器及其参数测量仪表仪器部分包括配电设备、功率平台和运行设备中用于检测各个测试点的电流和电压以及电机转速和转矩等的传感器及相关仪器设备(如示波器、电能质量分析仪、万用表、兆欧表、振动检测仪、测温仪等),通过这些传感器和测量仪器设备把被测量信息传送到控制台进行状态显示。

(5)控制台和状态显示装置

控制台和状态显示装置部分用来控制整个试验平台的工作过程,并对各部分的工作状态进行监测,同时采集相关数据对试验设备进行性能分析。

测试平台主要的设备列表见表 8.1。

表 8.1　永磁直驱风力发电机组试验系统主要测试设备配置表

测点	设备名称	型号	数量	备注
DT1	数字变送器	DT233B	6	与霍尔传感器配套使用
DT2	数字变送器	DT233B	6	与霍尔传感器配套使用
SP1 ~ 2	变频功率传感器	SP332352	6	—
SP3 ~ 4	变频功率传感器	SP332352	6	—
—	变频功率分析仪	WP4000	4	—

搭建完成的大型永磁风电机组全工况仿真实验测试平台如图 8.3 所示。

(a)测试平台

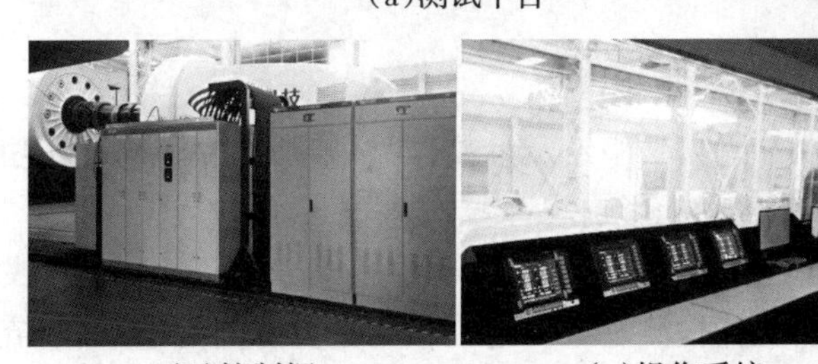

(b)控制框　　(c)操作系统

(d)柜体安装　　(e)整体运行

图 8.3　运行中的仿真实验测试平台

直驱永磁风力发电机组试验台装置如图 8.4 所示。

图 8.4　1∶1 全工况仿真实验平台

8.4　大型永磁风电机组全工况仿真实验测试平台功能

实验测试平台可以对现行 MW 级的风电机组进行全功率出厂试验，在风电机组的全功率和全工况运行下对机组的全部技术参数进行试验认证，根据 GL 标准（德国劳氏船级社）的要求，完成对研制或者生产风电机组的各项测试，特别是对其中的变流器和发电机进行测试。

（1）风力发电机并网试验

通过测试观察变流器控制发电机的并网过程，测定机组的并网冲击电流和定子并网电流的质量指标等。

（2）有功功率和无功功率解耦试验

调节变流器的有功和无功功率给定参数，能够分别对并网的有功功率和无功功率进行独立解耦调节，互相之间无影响。

（3）电能质量分析

通过电能质量分析仪器检测发电机定子和变流器并网的电压、电流各次谐波含量是否符合国家标准《电能质量　公用电网谐波》（GB/T14549—1993）的规定和相关并网标准。同时监测并网的有功功率、无功功率、功率因数、电压频率、电压不平衡程度等，进行电能质量的评估。

（4）调速试验

通过拖动调速变频器拖动原动机进行实际风况的模拟，根据风力发电机组设计的风速功率曲线确定调试试验点，在每个点检验风力发电机、变流器在不同风速条件下的运行性能。

（5）全功率温升考核试验

通过该试验考核风力发电机的性能，如效率、绕组和轴承温升，以及测速编码器的稳定性能等。同时考核发电机、变流器的控制性能，如定子电流、并网冲击电流、调速性能,以及其他控制性能和功率因数的调节性能。在额定输出功率时,调整功率因数需要发出无功功率时,确定发电机和变流器的容量是否能够达到要求等。

(6)采用实际中的电缆长度进行变流器和发电机的性能测试试验

试验目的是测试所选电缆是否在满功率发电时符合要求。或者采用实际电缆进行长线测试(100 m 左右,长度和实际中从塔底到机舱的长度相同),测试变流器输出到发电机绕组的电压性能,如 du/dt 等是否符合要求,以及是否会对绕组的绝缘产生影响。

(7)控制任务检验

检验与风力机主控的正常通信并完成主控的控制任务。

通过建立的风电机组仿真建模理论体系,完成了直驱型风电机组 1∶1 全工况仿真实验平台开发,验证风电机组关键部件性能,实现风力发电实验平台的创新。以大型风电机组试验平台为核心,融合了机组运行的典型风况、典型故障和智能仿真分析为一体,采用理论建模和试验建模相结合的方法,形成风电机组仿真建模理论体系。建成了 1.5 ~6 MW 风电机组 1∶1 全工况仿真试验平台,完成传动系统转矩的精确测量以及齿轮箱、发电机、变流器等部件和整机的性能测试和验证评估。应用硬件在环仿真技术,联合机组气弹动力学仿真软件以及变桨、变流、电机等执行机构,实现高度模拟机组实际运行环境、载荷等信息,实现闭环测试。从而实现在车间进行主控软件以及硬件系统的联调测试,最终实现样机免调试。开发了直驱式机组 1∶1 实验台,包括变桨控制实验台、发电机组拖动实验台、并网控制实验台与集群控制实验台,为 MW 级风力发电机组的研制与开发提供了仿真实验平台。

8.5 本章小结

本章介绍了设计和建设大型风电机组全工况实验测试平台的重要性和必要性,主要详细介绍了大型永磁风电机组全工况仿真实验测试平台的基本组成结构和所具备的实验测试功能。

参考文献

[1] 徐锋,王辉,杨韬仪. 兆瓦级永磁直驱风力发电机组变流技术[J]. 电力自动化设备,2007,27(7):57-61.

[2] 陈巨涛,郭燚,郑华耀. 船舶电力推进双三相永磁同步电机的数学模型和仿真[J]. 电网技术,2006(S2):653-658.

[3] 雷亚洲,GORDON L. 国外风力发电导则及动态模型简介[J]. 电网技术,2005,29(12):27-32.

[4] 郭金东,赵栋利,林资旭,等. 兆瓦级变速恒频风力发电机组控制系统[J]. 中国电机工程学报,2007,27(6):1-6.

[5] 姚骏,廖勇,瞿兴鸿,等. 直驱永磁同步风力发电机的最佳风能跟踪控制[J]. 电网技术,2008,32(10):11-15.

[6] 尹明,李庚银,张建成,等. 直驱式永磁同步风力发电机组建模及其控制策略[J]. 电网技术,2007,31(15):61-65.

[7] XIE D X, YAN X K, ZHANG Y H. A direct field-circuit-motion coupled modeling of switched reluctance motor[J]. IEEE Transactions on Magnetics, 2004, 40(2):573-576.

[8] 严登俊,刘瑞芳,胡敏强,等. 处理电磁场有限元运动问题的新方法[J]. 中国电机工程学报,2003,23(8):163-167.

[9] 夏永洪,黄劭刚,刘建国,等. 同步发电机空载电压计算方法比较[J]. 微特电机,2006(7):4-6.

[10] 吴新振,王祥珩,罗成. 多相异步电机谐波电流与谐波磁势的对应关系[J]. 清华大学学报(自然科学版),2005,45(7):868-868.

[11] 乔鸣忠,魏建华,叶红春. 考虑定子斜槽及转子运动的外转子无刷直流电机数值计算[J]. 大电机技术,2006(2):38-41.

[12] 龚建芳. 定子斜槽及非均匀气隙对永磁同步发电机的性能影响[J]. 大电机技术,2008(4):17-20.

[13] 刘长红,杨平西. 定子斜槽同步发电机空载电压波形的数值计算[J]. 上海交通大学学报,2007,41(11):1891-1895.
[14] 黄劭刚,王善铭,夏永洪. 同步发电机空载电压波形的齿磁通计算[J]. 中国电机工程学报,2005,25(13):135-138.
[15] 魏书荣. 同步电机定子绕组内部故障分析与诊断的研究[D]. 南京:河海大学,2005.
[16] 朱飞,朱守云. 电力系统的短路分析及相关计算机软件[J]. 电工技术杂志,2004(7):53-55,48.
[17] 许实章. 电机学[M]. 3 版. 北京:机械工业出版社,1995.
[18] HANNALLA A Y, MACDONALD D C. Numerical analysis of transient field problems in electrical machines[J]. Proceedings of the Institution of Electrical Engineers, 1976,123(9):893.
[19] VASSENT E, MEUNIER G, FOGGIA A, et al. Simulation of induction machine operation using a step by step finite element method coupled with circuits and mechanical equations[J]. IEEE Transactions on Magnetics, 1991,27(6):5232-5234.
[20] 张大为,汤蕴璆,迟速,等. 大型水轮发电机定子最热段三维温度场的有限元计算[J]. 哈尔滨电工学院学报,1992(3):186-194.
[21] 付敏,孔祥春. 水轮发电机定子三维温度场的有限元计算[J]. 电机与控制学报,2000(4):193-197.
[22] 范永达,苏文印. 大型汽轮发电机转子温升计算[J]. 大电机技术,1990(5):14-16.
[23] 曹国宣. 水内冷汽轮发电机转子温度场计算[J]. 电工技术学报,1993(1):18-21,17.
[24] 方日杰,赖烈恩,蒋俊杰,等. 用热网络法计算大型水轮发电机定子温度场[J]. 大电机技术,1989(1):25-29.
[25] RIOUAL M. A thermohydraulic modelling for the stator bars of large turbogenerators: Development, validation by laboratory and on site tests[J]. IEEE Transactions on Energy Conversion, 1997,12(1):1-9.
[26] 曹国宣. 氢内冷汽轮发电机转子局部风路堵塞时温度场计算[J]. 中国电机工程学报,1995 (2):130-136.
[27] 向隆万,唐永建. 汽轮发电机氢内冷转子三维温度场研究[J]. 中国电机工程学报,1991,(2):47-53.
[28] 丁舜年. 大型电机的发热与冷却[M]. 北京:科学出版社,1992.
[29] 魏永田,孟大伟,温嘉斌. 电机内热交换[M]. 北京:机械工业出版社,1998.
[30] 姚若萍,饶芳权. 蒸发冷却水轮发电机定子温度场研究[J]. 中国电机工程学报,

2003,23(6):87-90.

[31] 李伟力,周封,侯云鹏,等.大型水轮发电机转子温度场的有限元计算及相关因素的分析[J].中国电机工程学报,2002,22(10):85-90.

[32] KREFTA M P, WASYNEZUK O. A finite element based state model of solid rotor synchronous machines[J]. IEEE Transactions on Energy Conversion,1987,EC-2(1):21-30.

[33] RIOUAL M. Presentation of a system for the improvement of the on-line thermal monitoring on 900 MW turbogenerators for predictive maintenance purposes[J]. IEEE Transactions on Energy Conversion,1997,12(2):157-165.

[34] 栾茹,李英姿,傅得平.1600 kW 多相整流异步发电机定子温度分布的研究[J].大电机技术,2007(5):14-17.

[35] 黄广霞,袁世鹰,汪旭东.永磁直线同步电动机温度场研究[J].微电机,2007,40(7):28-30.

[36] 付敏,邹继斌,魏静薇,等.基于三维有限元法 U 型单相自起动永磁同步电机涡流场与温度场的分析计算[J].上海交通大学学报,2006,40(4):572-576.

[37] 付敏,李伟力,张东.水轮发电机气隙内磁场和转子温度场计算[J].哈尔滨工业大学学报,2003,35(9):1131-1134.

[38] 李伟力,丁树业,靳慧勇.基于耦合场的大型同步发电机定子温度场的数值计算[J].中国电机工程学报,2005,25(13):129-134.

[39] KROKR, MIKSIEWICZ R,MIZIA W. Modelling of temperature fields in turbo generator rotors at asymmetrical load[A]//ICEM 2000[C]. ESPOO FINLAND: Helsinki university of Technology,2000:1005-1009.

[40] 李伟力,李守法,谢颖,等.感应电动机定转子全域温度场数值计算及相关因素敏感性分析[J].中国电机工程学报,2007,27(24):85-91.

[41] LEE S B, HABETLER T G,HARLEY R G, et al. An evaluation of model-based Stator resistance estimation for induction motor Stator winding temperature monitoring [J]. IEEE Power Engineering Review,2002,22(1):66.

[42] 龚晓峰,刘长红,饶方权,等.特种异步电机转子温度场的计算[J].大电机技术,2004(5):13-16.

[43] BOGLIETTI A, CAVAGNINO A,STATON D A. TEFC induction motors thermal models: A parameter sensitivity analysis[J]. IEEE Transactions on Industry Applications,2005,41(3):756-763.

[44] MAXIMINI M, KOGLIN H J. Determination of the absolute rotor temperature of squirrel cage induction machines using measurable variables[J]. IEEE Transactions on En-

ergy Conversion, 2004, 19(1): 34-39.

[45] 王延安,侯云鹏,李伟力. 大型水轮发电机定子绕组内股线绝缘热老化下的定子温度场计算[J]. 大电机技术, 2002(1): 8-12.

[46] 丁树业,李伟力,靳慧勇. 大型同步发电机排间绝缘对定子三维温度场的影响[J]. 哈尔滨工业大学学报, 2006, 38(8): 1281-1284.

[47] 李和明,李俊卿. 电机中温度计算方法及其应用综述[J]. 华北电力大学学报(自然科学版), 2005, 32(1): 1-5.

[48] 丁文,周会军,鱼振民. 基于 ANSYS 的开关磁阻电机温度场分析[J]. 微电机, 2005, 38(5): 13-15, 33.

[49] 陈志华. 大中型电机新绝缘的开发应用[J]. 上海大中型电机, 2005(4): 22-25.

[50] 张学广,徐殿国,李伟伟. 双馈风力发电机三相短路电流分析[J]. 电机与控制学报, 2008, 12(5): 493-497.

[51] ISLAM M J, ARKKIO A. Effects of pulse-width-modulated supply voltage on eddy currents in the form-wound stator winding of a cage induction motor[J]. IET Electric Power Applications, 2009, 3(1): 50.

[52] 吕志强,许国东. 兆瓦级双馈风电机组电网故障时的暂态分析[J]. 电力系统保护与控制, 2010, 38(23): 112-116, 125.

[53] 钱雅云,马宏忠. 双馈异步电机故障诊断方法综述[J]. 大电机技术, 2011(5): 5-8.

[54] 祝令帅. 1.5MW 永磁半直驱风力发电机电磁场与温度场的计算与分析[D]. 哈尔滨:哈尔滨理工大学, 2010.

[55] 侯新国,吴正国,夏立,等. 基于相关分析的感应电机定子故障诊断方法研究[J]. 中国电机工程学报, 2005, 25(4): 83-86.

[56] 魏书荣,符杨,马宏忠. 双馈风力发电机定子绕组匝间短路诊断与实验研究[J]. 电力系统保护与控制, 2010, 38(11): 25-28.

[57] 梅柏杉,刘海华,张金萍. 兆瓦级双馈风力发电机电磁场有限元分析[J]. 微电机, 2010, 43(10): 26-29.

[58] 严普强,乔陶鹏,邓焱,等. 动态测试信号处理中时-频域变换算法的讨论[J]. 振动. 测试与诊断, 2003(2): 120-124.

[59] 梁霖. 基于电流法的鼠笼异步电机故障[D]. 西安:西安交通大学, 2001.

[60] 刘凉. 基于神经网络感应电机故障监测诊断的研究[D]. 天津:天津理工大学, 2005.

[61] 程明,张运乾,张建忠. 风力发电机发展现状及研究进展[J]. 电力科学与技术学报, 2009, 24(3): 2-9.

[62] 栾茹,平建华,顾国彪. 135 MW 全浸式蒸发冷却电机定子的绝缘结构[J]. 高电压技术,2009,35(6):1333-1337.

[63] 丁树业,李伟力,靳慧勇,等. 发电机内部冷却气流状态对定子温度场的影响[J]. 中国电机工程学报,2006,26(3):131-135.

[64] 何山,王维庆,黄嵩,等. 大型永磁风力发电机定子温度场改进的研究[J]. 水力发电,2008,34(11):84-87.

[65] KRAL C, HABETLER T G, HARLEY R G, et al. Rotor temperature estimation of squirrel-cage induction motors by means of a combined scheme of parameter estimation and a thermal equivalent model[J]. IEEE Transactions on Industry Applications, 2004,40(4):1049-1057.

[66] JANG C, KIM J Y,KIM Y J, et al. Heat transfer analysis and simplified thermal resistance modeling of linear motor driven stages for SMT applications[J]. IEEE Transactions on Components and Packaging Technologies, 2003,26(3):532-540.

[67] AL-TAYIE J K, ACARNLEY P P. Estimation of speed, stator temperature and rotor temperature in cage induction motor drive using the extended Kalman filter algorithm [J]. IEE Proceedings - Electric Power Applications, 1997,144(5):301.

[68] A. И. 鲍里先科,B. Г. 丹科,A. И. 亚科夫列夫. 电机中的空气动力学与热传递[M]. 魏书慈,邱建甫,译. 北京:机械工业出版社,1985.

[69] ARMOR A F, CHARI M V K. Heat flow in the stator core of large turbine-generators, by the method of three-dimensional finite elements part Ⅱ: Temperature distribution in the stator iron[J]. IEEE Transactions on Power Apparatus and Systems, 1976, 95 (5):1657-1668.

[70] 李德基,白亚民. 用热路法计算汽轮发电机定子槽部三维温度场[J]. 中国电机工程学报,1986,(6):36-45.

[71] 刘丹,范永达. 冷却器非正常运行传热能力的分析与计算[J]. 大电机技术,1995,(2):37-42,64.

[72] 陈志刚. 等效热网络法和有限元法在电机三维温度场计算中的应用与比较[J]. 中小型电机,1995(1):3-6,35.

[73] 李伟力,周封,侯云鹏,等. 大型水轮发电机转子温度场的有限元计算及相关因素的分析[J]. 中国电机工程学报,2002,22(10):85-90.

[74] 李伟力,赵志海,侯云鹏. 大型同步发电机定子同相槽和异相槽的温度场计算[J]. 电工技术学报,2002,17(3):1-6,92.

[75] 李伟力,丁树业,靳慧勇. 基于耦合场的大型同步发电机定子温度场的数值计算[J]. 中国电机工程学报,2005,25(13):129-134.

[76] LI W L, DING S Y,JIN H Y, et al. Numerical calculation of multicoupled fields in large salient synchronous generator[J]. IEEE Transactions on Magnetics, 2007,43(4):1449-1452.

[77] OHISHI H, et al. 旋转电机单匝线圈股线中的温度分布[J]. 国外大电机, 1987(1):6-13,28.

[78] EMANUEL A E. Estimating the effects of harmonic voltage fluctuations on the temperature rise of squirrel-cage motors[J]. IEEE Transactions on Energy Conversion, 1991, 6(1):162-169.

[79] GERLANDO A, PERINI R. Analytical evaluation of the stator winding temperature field of water-cooled induction motors for pumping drives[C]. ICEM 2000. Espoo, Finland: 1005-1009.

[80] DURAN M J, DURAN J L,PEREZ F M, et al. Induction machine deep-bar and thermal models for sensorless IRFOC application[J]. IEE Proceedings - Electric Power Applications, 2005,152(3):479.

[81] 温嘉斌,孟大伟,鲁长滨. 大型水轮发电机通风发热综合计算[J]. 中国电机工程学报, 2000, 20(11):6-9.

[82] 刘长红,姚若萍. 自循环蒸发冷却电机定子铁心与绕组间的热量传递[J]. 中国电机工程学报, 2008, 28(11):107-112.

[83] 曹君慈,李伟力,程树康,等. 复合笼条转子感应电动机温度场计算及相关性分析[J]. 中国电机工程学报, 2008, 28(30):96-102.

[84] 温志伟,顾国彪,王海峰. 浸润式与强迫内冷结合的蒸发冷却汽轮发电机定子三维温度场计算[J]. 中国电机工程学报, 2006, 26(23):133-138.

[85] 路义萍,陈朋飞,李俊亭,等. 某新型空冷汽轮发电机转子通风方式的流场分析[J]. 中国电机工程学报, 2010, 30(6):63-68.

[86] 葛云中,丁树业,祝琳,等. 大功率风力发电机转子温度场数值仿真[J]. 大电机技术, 2012(2):27-30.

[87] 张志强,戈宝军,吕艳玲,等. 双馈异步发电机通风冷却综合计算[J]. 电机与控制学报, 2012, 16(4):36-42.

[88] 丁树业,葛云中,陈卫杰,等. 双馈风力发电机三维温度场耦合计算与分析[J]. 电机与控制学报, 2012, 16(3):83-89.

[89] 戈宝军,张志强,陶大军,等. 轴向通风双馈异步发电机的温度场计算[J]. 中国电机工程学报, 2012, 32(21):86-92.

[90] 杨强,刘志强,林鸿辉. 兆瓦级双馈风力发电机定子温度场有限元计算[J]. 微电机, 2011, 44(9):25-28.

[91] 丁树业,孙兆琼,苗立杰,等.大型发电机定子主绝缘温度场数值研究[J].电机与控制学报,2010,14(7):53-58.

[92] 赵铮.磁阻型无刷双馈电机的温度场分析[D].北京:北京交通大学,2010.

[93] 丁树业,孙兆琼,姜楠,等.大功率双馈风力发电机内部流变特性数值仿真[J].电机与控制学报,2011,15(4):28-34.

[94] RIBRANT J, BERTLING L M. Survey of failures in wind power systems with focus on Swedish wind power plants during 1997-2005[J]. IEEE Transactions on Energy Conversion,2007,22(1):167-173.

[95] World Wind Energy Association. Wind Energy International 2009-2010[M]. Bonn: World Wind Energy Association,2009.

[96] HAMID A T, SUBHASIS N, CHOI S, et al. 电机建模、状态监测与故障诊断[M].周卫平,于飞,张超,译.北京:机械工业出版社,2014.

[97] 刘国强,赵凌云,蒋继娅. Ansoft 工程电磁场有限元分析[M].北京:电子工业出版社,2005.

[98] 苏绍禹,高红霞.永磁发电机机理、设计及应用[M].2 版.北京:机械工业出版社,2015.

[99] 何山,王维庆,张新燕,等.基于有限元方法的大型永磁直驱同步风力发电机电磁场计算[J].电网技术,2010,34(3):157-161.

[100] 魏雪环,兰志勇,谢先铭,等.永磁体涡流损耗与永磁同步电机温度场研究[J].电机与控制应用,2015(5):28-31,41.

[101] 王昆朋.风电场功率控制与优化调度研究[D].北京:华北电力大学,2014.

[102] FISCHER, NERN, LAHTCHEV, et al. Explicit modelling of the stator winding bar water cooling for model-based fault diagnosis of turbogenerators with experimental verification[C]//1994 Proceedings of IEEE International Conference on Control and Applications. Glasgow, UK. IEEE,2002:1403-1408.

[103] KIM K, PARLOS A G. Induction motor fault diagnosis based on neuropredictors and wavelet signal processing[J]. IEEE/ASME Transactions on Mechatronics,2002,7(2):201-219.

[104] DEXTER A L. Fuzzy model based fault diagnosis[J]. IEE Proceedings - Control Theory and Applications,1995,142(6):545-550.

[105] 张志艳,牛云龙,杨存祥,等.永磁风力发电机转子偏心故障分析[J].微特电机,2015,43(7):36-39.

[106] MCCLELLAN J. H, SCHAFER R. W, Yoder M. A, et al. Signal Proceesing First[M]. New York: Pearson Prentice Hall,2003.

[107] RIBRANT J, BERTLING L M. Survey of failures in wind power systems with focus on Swedish wind power plants during 1997-2005[J]. IEEE Transactions on Energy Conversion, 2007, 22(1): 167-173.

[108] World Wind Energy Association. Wind Energy International 2009-2010[M]. Bonn: World Wind Energy Association, 2009.

[109] LIU B. Selection of wavelet packet basis for rotating machinery fault diagnosis [J]. Journal of Sound and Vibration, 2005, 284(3/4/5): 567-582.

[110] 王瑞闯,林富洪.风力发电机在线监测与诊断系统研究[J].华东电力,2009,37(1):190-193.

[111] 谢源,强珏娴.大型兆瓦级风力发电机组状态监测研究[J].上海电机学院学报,2009,12(4):271-275.

[112] 王德艳.双馈式风力发电机定子绕组匝间短路的故障特征分析[D].北京:华北电力大学,2012.

[113] 王栋.双馈感应发电机绕组匝间短路故障分析[D].北京:华北电力大学,2013.

[114] 董建园,段志善,熊万里.异步电机定子绕组故障分析及其诊断方法[J].中国电机工程学报,1999,(3):26-30.

[115] 唐新安,谢志明,王哲,等.风力机齿轮箱故障诊断[J].噪声与振动控制.2007,27(1):120-124.

[116] 李俊卿,王栋,何龙.双馈式感应发电机定子匝间短路故障稳态分析[J].电力系统自动化,2013,37(18):103-107,131.

[117] 刘春志,黄政,孔维敏.一起水轮发电机横差保护动作的检查及分析[J].水电站机电技术,2009,32(6):20-23,31.

[118] SHAH D, NANDI S, NETI P. Stator inter-turn fault detection of doubly-fed induction generators using rotor current and search coil voltage signature analysis[C]//2007 IEEE Industry Applications Annual Meeting. New Orleans, LA, USA. IEEE, 2007: 1948-1953.

[119] 黄晶晶.发电机定子匝间保护的研究[D].杭州:浙江大学,2008.

[120] SUN Y G, WANG X H, GUI L, et al. Optimized design of main protection configuration scheme for internal faults of Shawan generator[C]//2005 International Conference on Electrical Machines and Systems. Nanjing. IEEE, 2006: 2306-2311.

[121] HU J W. Some discussions about turn-to-turn protection configuration and setting of large hydraulic generator[C]//2011 International Conference on Advanced Power System Automation and Protection. Beijing, China. IEEE, 2012: 1666-1671.

[122] 邓秋玲,黄守道,彭磊.直驱低速 2MW 永磁同步风力发电机设计和有限元分析

[J]. 微电机, 2009, 42(7): 9-12.
[123] 刘雪菁, 朱丹, 宋飞, 等. 风电机组高电压穿越技术研究[J]. 可再生能源, 2013, 31(11): 34-38.
[124] FELTES C, ENGELHARDT S, KRETSCHMANN J, et al. High voltage ride-through of DFIG-based wind turbines[C]//2008 IEEE Power and Energy Society General Meeting - Conversion and Delivery of Electrical Energy in the 21st Century. Pittsburgh, PA, USA. IEEE, 2008: 1-8.
[125] ESKANDER M N., Amer S I. Mitigation of voltage dips and swells in grid-connected wind energy conversion systems[C]//Proceedings of the ICROS-SICE International Joint Conference. Fukuoka, Japan: IEEE, 2009: 885-890.
[126] 艾斯卡尔, 朱永利, 王海龙. 永磁直驱风电机组 HVRT 功能开发及其检验[J]. 电力自动化设备, 2016, 36(12): 18-23.
[127] 叶盛峰, 王维庆, 王海云. 基于储能型 DVR 双馈风电机组高电压穿越技术研究[J]. 水力发电, 2015, 41(12): 105-108.
[128] 许建兵, 江全元, 石庆均. 基于储能型 DVR 的双馈风电机组电压穿越协调控制[J]. 电力系统自动化, 2013, 37(4): 14-20.
[129] 贾超, 李广凯, 王劲松, 等. 直驱型风电系统高电压穿越仿真分析[J]. 电力科学与工程, 2012, 28(10): 1-5.
[130] 代林旺, 秦世耀, 王瑞明, 等. 直驱永磁同步风电机组高电压穿越技术研究与试验[J]. 电网技术, 2018(1): 147-153.
[131] 李少林, 王伟胜, 王瑞明, 等. 双馈风电机组高电压穿越控制策略与试验[J]. 电力系统自动化, 2016, 40(16): 76-82.
[132] 徐海亮, 章玮, 陈建生, 等. 考虑动态无功支持的双馈风电机组高电压穿越控制策略[J]. 中国电机工程学报, 2013(33): 112-119.
[133] 贾俊川, 刘晋, 张一工. 双馈风力发电系统的新型无功优化控制策略[J]. 中国电机工程学报, 2010 (30): 87-92.
[134] 李俊卿, 王丽慧. 汽轮发电机空心股线堵塞时定子温度场的数值仿真[J]. 中国电机工程学报, 2009, 29(12): 70-74.
[135] 盛佳乐, 娄海英, 李杏春, 等. 基于 ADXL202E 的风力发电机振动监测系统[J]. 仪表技术与传感器, 2009(1): 71-73.
[136] 庄哲民, 殷国华, 李芬兰, 等. 基于小波神经网络的风力发电机故障诊断[J]. 电工技术学报, 2009, 24(4): 224-228.
[137] 金嘉琦, 关新, 单光坤. 小波理论在风力发电机振动监测中的应用[J]. 沈阳工业大学学报, 2008, 30(5): 520-524.

[138] 陈长征,梁树民. 兆瓦级风力发电机故障诊断[J]. 沈阳工业大学学报,2009,31(3):277-280.

[139] 周建萍,杨旭红,郑应平. 基于 RBF 网络的汽轮发电机组故障诊断[J]. 上海电力学院学报,2009,25(1):7-9.

[140] 万书亭,管森森,刘洪亮,等. 基于最小二乘支持向量机和机电综合特征的发电机故障诊断[J]. 中国工程机械学报,2009,7(1):80-85.

[141] HE S, WANG W Q,ZHANG X Y. Electromagnetic-Force Study of Permanent Magnet about Large Permanent Magnet Generator in Wind-power[C]. International Conference on Electrical Machines and Systems,2008.

[142] 武玉才,李永刚,万书亭,等. 汽轮发电机转子匝间短路故障下的谐波检测[J]. 电网技术,2008,32(13):30-34.

[143] 许伯强,孙丽玲,李和明. 笼型异步电动机转子断条数目诊断新判据[J]. 中国电机工程学报,2009,29(6):105-110.

[144] 田质广,赵刚. 基于小波包与 Elman 神经网络的整流电路故障诊断[J]. 系统仿真学报,2009,21(10):2981-2984.

[145] 胡雪峰,谭国俊. 应用神经网络和重复控制的逆变器综合控制策略[J]. 中国电机工程学报,2009,29(6):43-47.

[146] 赵林峰,程朗,高玉霞. 1.5 MW 风力发电机组全功率试验台的设计方案[J]. 能源技术,2010(4):210-212.

[147] 罗百敏. 全功率直驱永磁风力发电机组试验台的研究[J]. 电机与控制应用,2011,38(12):49-52.